Leitfäden der Informatik

Beat Brüderlin, Andreas Meier

Computergrafik und Geometrisches Modellieren

Beat Brüderlin, Andreas Meier

Computergrafik und Geometrisches Modellieren

unter Mitarbeit von
Michèle L. Johnson

Teubner

B. G. Teubner Stuttgart · Leipzig · Wiesbaden

Die Deutsche Bibliothek – CIP-Einheitsaufnahme
Ein Titeldatensatz für diese Publikation ist bei
Der Deutschen Bibliothek erhältlich.

Prof. Dr. sc. techn. ETH Beat Brüderlin

Beat Brüderlin ist Professor für Computergrafik an der Fakultät für Informatik und Automatisierung der Technischen Universität Ilmenau und Leiter des Steinbeis-Transferzentrums für Interaktive Computergrafiksyseme/CAD in Ilmenau. Seine Schwerpunkte sind interaktive Computergrafik und Geometrisches Modellieren. Nach dem Physikstudium an der Universität Basel war er Software-Ingenieur und Projektleiter bei CAD Systems in Basel. Er promovierte in Informatik an der ETH in Zürich und war Assistant Professor an der University of Utah, Salt Lake City, Utah, USA.

Prof. Dr. sc. techn. ETH Andreas Meier

Andreas Meier ist Professor für Wirtschaftsinformatik an der Universität Fribourg, Schweiz. Seine Schwerpunkte sind Electronic Business und Daten- und Informationsmanagement. Nach Musikstudien in Wien diplomierte er in Mathematik an der ETH in Zürich, promovierte und habilitierte am Institut für Informatik. Er war Systemingenieur bei der IBM Schweiz, Direktor bei der Großbank UBS und Geschäftsleitungsmitglied bei der CSS Versicherung.

1. Auflage Juli 2001

Der Verlag Teubner ist ein Unternehmen der Fachverlagsgruppe BertelsmannSpringer.

www.teubner.de

Gedruckt auf säurefreiem und chlorfrei gebleichtem Papier.

Umschlaggestaltung: Ulrike Weigel, www.CorporateDesignGroup.de

ISBN-13: 978-3-519-02948-9   e-ISBN-13: 978-3-322-80111-1
DOI: 10.1007/978-3-322-80111-1

Vorwort

Der Cyberspace breitet sich aus: Viele Aktivitäten unseres Wirtschaftslebens werden mit Electronic Business ins Internet verlagert, für die Aus- und Weiterbildung ist ein virtueller Campus im Entstehen, Behörden und politische Kreise debattieren über elektronische Dienstleistungen für die Bevölkerung, Rechtsexperten entwerfen Reglemente zur digitalen Unterschrift und Kulturstätten klinken sich ins Web ein und veranstalten Diskussionsforen online.

Der Siegeszug des Internet und Electronic Business wäre nicht denkbar ohne Multimedia, d.h. der Integration von Text, Bild und Ton. Der multimediale Teil des Internet erlaubt den elektronischen Marktbeziehungen etwas Persönliches zu verleihen. Auf der eigenen Homepage oder auf den Websites der Unternehmen und Organisationen wird mit Bild und Grafik die Kommunikation verbessert. Dazu bedient man sich der Computergrafik und der Computergeometrie.

Im vorliegenden Textbuch *Computergrafik und Geometrisches Modellieren* wollen wir Ihnen Methoden und Techniken dieser bedeutenden Informatikgebiete vermitteln. Dabei beschäftigen wir uns nicht nur mit den klassischen Themen wie Rastergrafik, Zeichnungs- und Füllalgorithmen, Kurven und Flächen, sondern auch mit der Modellierung räumlicher Objekte, mit Licht, Farbe, Beleuchtung und mit dreidimensionalen Schattierungsverfahren. Selbstverständlich lernen Sie dabei die wichtigsten Datenstrukturen und Algorithmen der Computergrafik und Computergeometrie kennen und anwenden.

Das Textbuch richtet sich an Studierende und an Informatiker aus der Praxis, die eine Einführung in die faszinierenden Fachgebiete der Computergrafik und der Computergeometrie suchen. Die Verbindung der beiden Fachgebiete liegt uns am Herzen: Viele Standardwerke der Computergrafik konzentrieren sich auf die grafische Darstellung von Objekten und vernachlässigen wichtige Aspekte des geometrischen Modellierens. Umgekehrt beschränken sich Werke der Computergeometrie auf geometrische Datenstrukturen und Algorithmen; Methoden der Rastergrafik und Darstellungstechniken werden kaum berührt.

Die erste Auflage des Buches wurde in den achtziger Jahren unter dem Titel 'Methoden der grafischen und geometrischen Datenverarbeitung' an der ETH in Zürich erstellt. Auf Wunsch des Teubner Verlages haben wir uns zusammengetan, das Werk zu aktualisieren und mit der ursprünglichen Idee der Verbindung von Grafik und Geometrie neu herauszugeben. An dieser Stelle möchten wir uns bei Peter Spuhler vom Teubner Verlag ganz herzlich bedanken. Mit großer Geduld hat er die Veränderungen des Werkes mitverfolgt und gutgeheißen.

Ohne Michèle Johnson wäre diese Neuauflage nicht denkbar gewesen. Sie hat mit unermüdlichem Einsatz unsere Erweiterungen nachgeführt und anspruchsvolle Grafiken und Darstellungen erstellt. Auch die Koordination zwischen der Technischen Universität Ilmenau und der Universität Fribourg hat sie souverän gemeistert.

Schließlich bedanken wir uns bei unseren Fachkollegen sowie bei den Studierenden, die Teile des Werkes in seinem ersten Entwurf kritisiert und Verbesserungsvorschläge eingebracht haben. Besonders erwähnen möchten wir Paul Michalik, Ulf Döring, Jens Weggemann und Daniel Beier. Für die Abbildungen in Kapitel 7 wurde das IRIT-System von Gershon Elber verwendet [IRIT].

Nun wünschen wir Ihnen viel Spaß beim Studium und hoffen, daß Sie sich an der Auswahl und der Behandlung der Themen freuen. Anregungen nehmen wir gerne unter Beat.Bruederlin@prakinf.tu-ilmenau.de oder Andreas.Meier@unifr.ch entgegen.

Ilmenau und Fribourg, im Dezember 2000
Beat Brüderlin und Andreas Meier

Inhaltsverzeichnis

1 Entwicklungsstand der Computergrafik und Computergeometrie

Dieses Kapitel gibt einen Einblick in das Gebiet der grafischen und geometrischen Datenverarbeitung. Dazu skizzieren wir die historische Entwicklung, führen gleichzeitig die wichtigsten Begriffe ein und zeigen Querverbindungen zwischen verwandten Fachgebieten auf. Sie finden ebenfalls eine Kurzübersicht über die Inhalte der einzelnen Kapitel.

1.1 Historischer Überblick

Seit dem Einsatz von Kathodenstrahlröhren zum Zeichnen einfacher Liniengebilde hat sich die grafische und geometrische Datenverarbeitung rasant entwickelt und ein breites Anwendungsfeld eröffnet. Jede technische Errungenschaft grafischer Geräte hat direkt die grafischen und geometrischen Methoden beeinflußt. Die Abb. 1-1 gibt einen Überblick über die Entwicklung der Computergrafik und Computergeometrie mit den wichtigsten technischen Anwendungen.

Die Vektorgrafik der ersten Geräte ermöglichte einfache Strich- und Kurvenzeichnungen. Entsprechend beschrieb man räumliche Objekte durch Linienelemente. Diese Epoche kann als Analog-Zeitalter der Computergrafik bezeichnet werden.

Die Abspeicherung grafischer Primitiven in einem Bildwiederholspeicher läßt den Benutzer ohne größeren Zeitverlust grafische Daten ändern oder bewegen, eine Voraussetzung für die interaktive Computergrafik. Bei einem sogenannten Skelett- oder Drahtmodell liegen jedoch keine Informationen über Flächen- oder Volumeneigenschaften vor: Operationen wie Schnittbildung oder Evaluation verdeckter Kanten sind direkt nicht möglich. Aufgrund unzureichender räumlicher Modelle ist es auch schwierig, Montage- und Fertigungszellen zu beschreiben oder automatische Kollisionskontrollen durchzuführen. So verwendet man für die Steuerung von Werkzeugmaschinen andere Sprachen als

Im Zeitalter der digitalen Medien haben Rastergrafikgeräte die früher üblichen Vektorgrafikgeräte (Pen-Plotter, Vektorbildschirme) praktisch gänzlich abgelöst. Die damit verbundenen Methoden und Möglichkeiten der Bildsynthese und Verarbeitung spielen in der Computergrafik eine zentrale Rolle. Insbesondere gehören heute 3D-Hardware-Beschleuniger bereits zum Standard bei Personal Computern. Dies ist einerseits der enormen Entwicklung bei der Gerätetechnik, andererseits der Verbreitung digitaler Anwendungen im Consumer-Bereich und deren Anforderungen an Echtzeitverhalten und Realismus zuzuschreiben (vgl. 3D-Computerspiele, Multimedia durch Verschmelzung von Bild, Text und Ton, Filme und Videos mit Virtual Reality). Neue Bildkompressionsverfahren ermöglichen es beispielsweise, ganze Filme in hoher Qualität auf eine DVD (Digital Versatile Disc), einem Datenträger von der Größe einer CD, abzuspeichern.

Grafik	Geometrie	Technische Anwendungen
1950 – 1960 Vektor- bzw. Liniengrafik	Einfache geometrische Algorithmen, 3D- Drahtmodelle	numerische Steuerung, Fräsprogramme
1960 – 1970 Interaktive Computergrafik, Algorithmen für verdeckte Kanten und Flächen	Approximationsmethoden für Kurven und Flächen, Entwicklung geometrischer Programmiersprachen	Entwurfssysteme zum Zeichnen, Simulation, Bildverarbeitung
1970 – 1980 Rastergrafik, Standardvorschläge, Computeranimation, Computerspiele	Eindeutige Darstellung räumlicher Objekte, Komplexitätsbetrachtungen geometrischer Algorithmen	Entwurfssysteme für mechanische Teile, integrierte Schaltungen, Industrieroboter, geographische Systeme
1980 – 1990 Kognitive Computergrafik, Bewegung, Computervision, realistische Bildsynthese	Geometrische Daten- und Methodenbanken, logische Systeme, Standards	Grafische Benutzeroberflächen, Integrierte CAD/CAM-Systeme, wissensbasierte Systeme für Produktionsplanung und Fertigung
1990 – 2000 Echtzeit-Computergrafik, 3D-Grafikhardware, mobile Grafikgeräte	Parametrische und Constraint-basierte Modelle, grafische 3D- Interaktion	Mobile Commerce, Visualisierung, Virtual Reality, Augmented Reality, Multimedia im Web, 3D-Computerspiele

Abb. 1-1 Enwicklungsüberblick und Anwendungsbereiche

Grafik	Geometrie	Technische Anwendungen
1950 – 1960 Vektor- bzw. Liniengrafik	Einfache geometrische Algorithmen, 3D- Drahtmodelle	numerische Steuerung, Fräsprogramme
1960 – 1970 Interaktive Computergrafik, Algorithmen für verdeckte Kanten und Flächen	Approximationsmethoden für Kurven und Flächen, Entwicklung geometrischer Programmiersprachen	Entwurfssysteme zum Zeichnen, Simulation, Bildverarbeitung
1970 – 1980 Rastergrafik, Standardvorschläge, Computeranimation, Computerspiele	Eindeutige Darstellung räumlicher Objekte, Komplexitätsbetrachtungen geometrischer Algorithmen	Entwurfssysteme für mechanische Teile, integrierte Schaltungen, Industrieroboter, geographische Systeme
1980 – 1990 Kognitive Computergrafik, Bewegung, Computervision, realistische Bildsynthese	Geometrische Daten- und Methodenbanken, logische Systeme, Standards	Grafische Benutzeroberflächen, Integrierte CAD/CAM-Systeme, wissensbasierte Systeme für Produktionsplanung und Fertigung
1990 – 2000 Echtzeit-Computergrafik, 3D-Grafikhardware, mobile Grafikgeräte	Parametrische und Constraint-basierte Modelle, grafische 3D-Interaktion	Mobile Commerce, Visualisierung, Virtual Reality, Augmented Reality, Multimedia im Web, 3D-Computerspiele

Abb. 1-1 Enwicklungsüberblick und Anwendungsbereiche

Analytische, interpolierende sowie approximierende Verfahren zur Flächenbeschreibung legen die Basis zu den rechengestützten Entwurfssystemen. Neben dem Erstellen technischer Zeichnungen setzt man die grafischen Systeme auch für die Simulation ein, um physikalische Eigenschaften der Entwurfsobjekte überprüfen zu können. Durch die einheitliche Darstellung in CAD-Modelliersystemen erhält man eine vollständige Geometrieinformation, sowohl für die Visualisierung, interaktiven Entwurf wie auch zur Berechnung physikalischer Eigenschaften und zur automatischen Steuerung des Herstellungsprozesses eines virtuell entworfenen neuen Produkts.

1.2   Aufbau Grafischer Hard- und Software

Abgesehen von Spezialgeräten (z.B. Geräte für die Bildverarbeitung, Computertomographie, Kompressions- und Decodiersysteme in Videogeräten, Grafikbeschleuniger u.a.) setzt man heute fast ausschließlich Universalrechner (z.B. Personal Computer) für grafische Arbeiten ein. Aus diesem Grund ist man interessiert, die grafischen Systeme nach Möglichkeit mit Standardsoftware zu betreiben.

Jede Grafikstation verfügt über Software, welche schichtenartig angeordnet ist. Die unterste Schicht verwaltet die Systemresourcen, enthält ein Dateiverwaltungssystem und steuert die Peripheriegeräte hardwaremäßig. Meistens verwendet man für grafisch-interaktive Anwendungen konventionelle Betriebssysteme, welche aber bereits Dialogelemente zur Verfügung stellen: Fensterverwaltung, Maus- und Tastatureingabe, Interaktionsbausteine (Widgets) mit Menüs, Schieberegler, Texteingabeelemente, Knöpfe und zweidimensionale Grafikfunktionen für Linien, Kreise, farbig gefüllte Rechtecke, Kreise, Polygone etc.. Ebenfalls gehört die Netzwerkfähigkeit zu den Standardanforderungen heutiger Grafikgeräte.

Zur Steuerung der genannten Funktionen sind verschiedene Standardvorschläge gemacht worden, welche sich z.T. mehr oder weniger durchgesetzt haben.

Das grafische Kernsystem (vgl. z. B. [Enderle et al. 1984]) basiert auf einem abstrakten Konzept in Form von Primitiven und Abbildungen, zum Zwecke größtmöglicher Geräte- und Betriebssystemunabhängigkeit. Funktionen von Aus- und Eingabegeräten lassen sich zusammenfassen und definieren einen abstrakten, logischen Arbeitsplatz.

Ein weit verbreiteter Standard für 3D-Grafikfunktionalität ist der OpenGL Standard [OpenGL]. Hier werden unter anderem Funktionen zur Darstellung von dreidimensionalen schattierten Polygonen unter Berücksichtigung von Transformationen, Kameraposition, einer oder mehrerer Lichtquellen, korrekter Sichtbarkeit, Transparenz und auch unter Anwendungen von Texturen dem Anwendungsprogramm zugänglich gemacht. Die meisten Grafikkarten, welche diese Funktionen mittels Hardwareunterstützung realisieren, bieten OpenGL-kompatible Treibersoftware an (die algorithmischen Hintergründe für diese Grafikfunktionen sind in diesem Buch zum Teil in Kapitel 5 beschrieben). Weitere Software zur Unterstützung der Entwicklung interaktiver 3D-Software bauen auf Open GL auf. Die Grafikbibliothek GLUT (GL-Utility Library) z.B. unterstützt die Definition von Grafikprimitiven wie Kugeln, Zylinder, B-Splines, getrimmte B-Splineflächen, welche automatisch in Polygone (meist Dreiecke) umgewandelt werden [GLUT]. Die Bibliothek OpenInventor, welche ebenfalls auf OpenGL basiert, bietet zudem die Möglichkeit, hierarchische Szenen zu definieren. Sie unterstützt das interaktive Selektieren (Picken) von grafischen Elementen und bietet Werkzeuge zum interaktiven räumlichen Manipulieren von grafischen Objekten [OpenInventor].

Im Bereich Geometriemodellierung gibt es eine Reihe von Bibliotheken, welche die dreidimensionalen Grundfunktionen (z.B. Berechnen von Schnittpunkten und Schnittkurven gekrümmter Flächen) aber auch komplexe Operationen wie das Verrunden von scharfen Kanten oder mengentheoretische Operationen (Vereinigung, Durchschnitt und Differenz) anbieten. Diese Systeme repräsentieren die Geometriedaten intern meistens in der sogenannten Randdarstellung (Boundary Representation, wie sie in Kapitel 6 beschrieben wird (vgl. z.B. [OpenCascade]). Ein sehr umfangreiches System für den Bereich der Freiformkurven und -flächen (Bézier, B-Spline, NURBS) bietet das System IRIT [IRIT] an.

1.3   Querverbindungen verwandter Fachgebiete

Die grafische und geometrische Datenverarbeitung umfaßt viele Disziplinen der angewandten Informatik. Es ist nicht immer möglich, die einzelnen Methoden für Wahrnehmung, Beschreibung, Darstellung oder Manipulation grafisch-geometrischer Information gegeneinander klar abzugrenzen. Trotzdem sei in der Abb. 1-2 der Versuch gewagt, die Zusammenhänge zwischen den einzelnen Fachgebieten zu skizzieren.

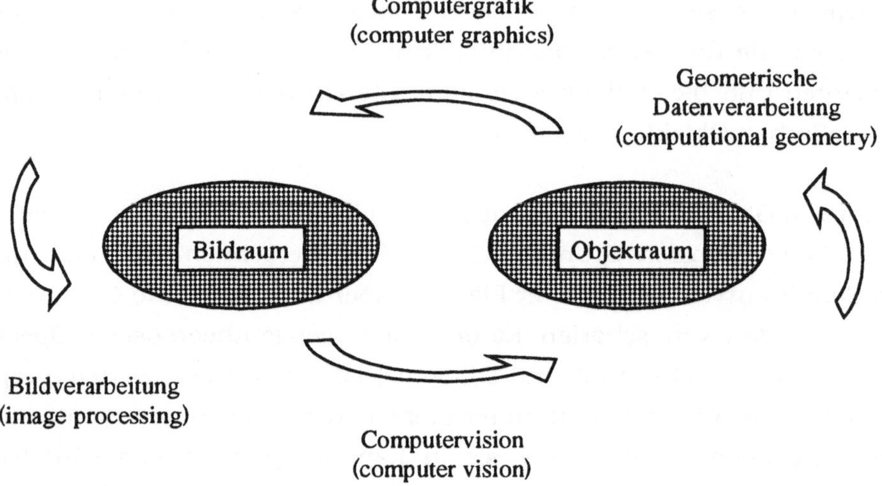

Abb. 1-2 Querverbindungen verwandter Fachgebiete.

Allgemein bezeichnet man mit dem Objektraum den physikalischen Raum oder einen dazu äquivalenten symbolischen Darstellungsraum. Als konkretes Beispiel können wir uns ein Polyeder vorstellen, welches sich durch Begrenzungsflächen, Kanten und Eckpunkte definieren läßt. Neben dem Objektraum spielt in der Computergrafik der sogenannte Bildraum eine wichtige Rolle, um die räumlichen Objekte durch grafische Darstellungen zu veranschaulichen. Als Bildraum denkt man sich am einfachsten eine große, möglicherweise mehrdimensionale diskrete Matrix-Struktur (multivariates Bild). Die Computergeometrie befaßt sich im engeren Sinne mit der Darstellung, Speicherung und Verarbeitung geometrischer Information; sie beschränkt sich also auf den Objektraum. Im Vordergrund stehen mathematische und numerische Verfahren zur Beschreibung der Gestalt von zwei- oder dreidimensionalen Objekten sowie Algorithmen zur Berechnung der geometrischen und topologischen Eigenschaften. Ein Standardwerk mit Methoden für rechnererzeugte Kurven und Flächen ist [Faux/Pratt 1981]. Das Buch [Preparata/Shamos 1985] gibt einen Überblick über die wichtigsten geometrischen Algorithmen.

Bei der Computergrafik ist die Umwandlung von Daten des Objektraumes in grafische Daten des Bildraumes gefragt, wozu Methoden wie Balkendiagramme, Ablaufpläne, Karten, Zeichnungen oder Schaltpläne bis hin zur Illustration dreidimensionaler Objekte zählen. Heutige Standardwerke auf dem Gebiet der Computergrafik sind [Newman/Sproull 1979], [Foley/vanDam et al. 1994] und [Encarnação/Straßer/Klein 1996].

Die Bildverarbeitung (vgl. [Pratt 1978] oder [Rosenfeld/Kak 1982]) wendet Methoden auf unstrukturierten Bildern an, um eine Menge von Pixeln mit jeweiligen Grau- oder Farbstufen auszuwerten. Zu diesem Fachgebiet gehören Algorithmen zur Bildverbesserung (z.B. Elimination von Hintergrundstörungen oder Quantisierungseffekten) und zur Bildauswertung (z.B. Bestimmen der Kontur).

Schließlich führt die Bildanalyse und Wahrnehmung [Minsky/Papert 1969] in den Bereich der Computervision. Hier studiert man Objekteigenschaften und -beziehungen in unstrukturierten Bildern. Dazu müssen Grenzen und Regionen extrahiert und in der räumlichen Anordnung (Topologie) analysiert werden, um danach Suchalgorithmen auf den erzeugten Bildgraphen anwenden und Rückschlüsse auf die Gestalt der realen Objekte gewinnen zu können. Überblicksarbeiten und einführende Literatur aus dem Gebiet der Computervision stammen von [Brady 1981] und [Ballard/Brown 1982].

Das vorliegende Textbuch konzentriert sich auf die Bereiche Bildsynthese (Computergrafik) sowie geometrische Datenverarbeitung (Computational Geometry, Solid Modeling, Computer Aided Geometric Design). In einzelnen Hinweisen zur digitalen Bildverarbeitung oder zur Computervision illustrieren wir zudem die Berührungspunkte der verschiedenen Fachgebiete.

1.4 Überblick über die Kapitel dieses Buches

Im zweiten Kapitel werden Objekte der Computergrafik als Punktmengen im zwei- oder dreidimensionalen Euklidschen Zahlenraum eingeführt. Für diesen Raum gelten die Gesetze der Vektoralgebra bzw. der linearen Algebra. Nach einer allgemeinen Einführung in n-dimensionale Vektorräume und Matrizen werden lineare zwei- und dreidimensionale Objekte (Punkte, Linien, Ebenen, Polygone) und Transformationen im kartesischen Vektorraum definiert. Die Einführung homogener Vektorräume vereinheitlicht die Darstellung geometrischer Objekte sowie Transformationen und Ansichtstransformationen. In Kapitel 2 werden auch elementare geometrische Berechnungen wie Winkel-, Abstand- und Flächenberechnungen sowie Schnitte zwischen Linien oder Flächen eingeführt. Diese Operationen werden unter anderem bei der Diskussion geometrischer Modelle (Kapitel 6) und effizienter Algorithmen (Kapitel 8) vorausgesetzt.

Im dritten Kapitel wird das Farbempfinden des menschlichen Auges besprochen. Aus den physiologischen Prinzipien und der technischen Realisierung des Farbmischens leiten wir die Farbmodelle RGB (Rot, Grün, Blau), CMY (Cyan, Magenta, Yellow) und HSV (Hue, Saturation, Value) her, welche in der Computergrafik gebräuchlich sind. Im weiteren wird die Physik der Lichtausbreitung und Lichtreflexion sowie die davon abgeleiteten Beleuchtungsmodelle nach Lambert und Phong eingeführt. Auch findet eine Diskussion von Beleuchtungsphänomenen wie Spiegelung, Schatten, indirekte Beleuchtung, Kaustik etc. statt, wie sie aufgrund der mehrfachen Lichtreflexion in natürlicher Umgebung auftreten.

Moderne Computergrafik ist praktisch ausschließlich rasterorientiert. Stellvertretend für Rastergrafikgeräte wird im vierten Kapitel das Prinzip eines Videobildschirms basierend auf der Kathodenstrahlröhre erläutert, wie er bei Monitoren für PCs und Workstations und bei Fernsehern verwendet wird. Die Anwendung dieser Technik setzt voraus, daß Linien, Polygone und dreidimensionale Objekte in eine Rasterrepräsentierung aus Pixeln umgewandelt werden können. Verfahren zur Rasterkonvertierung der vektoriell definierten Objekte sind deshalb ein Schwerpunkt in diesem Kapitel. Die konsequente Anwendung von Rastergrafik ermöglicht Vereinheitlichung der Bildrepräsentierung und

Bildverarbeitung. Neben vielen Vorteilen existieren aber auch Probleme der Digitalisierung. Insbesondere treten Quantisierungseffekte der im Objektraum „analog" definierten Daten auf. Dadurch entstehende Artefakte (z.B. Treppeneffekte) wirken unnatürlich und störend. Diese Artefakte werden unter dem Begriff „Aliasing" diskutiert; auch werden Gegenmaßnahmen dazu (Anti-Aliasing) aufgezeigt.

Im fünften Kapitel werden verschiedene Schattierungsverfahren für die Umwandlung von 3D-Szenen in 2D-Rasterbilder besprochen. Bei den hier besprochenen Verfahren werden die Methoden aus den vorhergehenden Kapiteln 2 bis 4 angewendet. Objekte sind zunächst durch Polygone in Euklidschen bzw. homogenen Vektorräumen definiert und werden mit einer „virtuellen Kamera" auf eine Projektionsebene abgebildet, wie dies in Kapitel 2 besprochen wurde. Die Schattierung berücksichtigt hierbei die Lichtquellen und Reflexionseigenschaften entsprechend dem Phong-Beleuchtungsmodell im RBG-Farbraum, gemäß dem dritten Kapitel. Die Schattierungsverfahren unterscheiden sich in Aufwand, Effizienz und Realitätstreue. Man unterscheidet hier hauptsächlich zwischen direkten und indirekten Schattierungsverfahren. Die direkten Verfahren bauen auf den 2D-Raster-Kovertierungsalgorithmen auf, welche im vierten Kapitel besprochen werden. Diese lassen sich effizient implementieren, unterstützen jedoch meist nur einfache Beleuchtungsphänomene (direkte Beleuchtung). Durch die Einführung von Texturen wird zudem eine approximative Behandlung von Reflexion oder Schatten möglich. Diese direkten Verfahren werden hauptsächlich in Echtzeitanwendungen mit Benutzerinteraktion und in VR- (Virtual-Reality) Umgebungen angewendet. Die zweite Kategorie der indirekten Schattierungsverfahren (Ray-Tracing, Radiosity) ermöglichen eine genauere Behandlung der Reflexion, der Lichtbrechung und Objektinteraktion wie Interreflexion und Schattenwirkung. Diese Verfahren erreichen somit einen wesentlich höheren Grad an Realismus, dies jedoch auf Kosten eines höheren Rechenaufwandes. Sie können deshalb kaum in Echtzeitanwendungen verwendet werden, dafür zur Berechnung von realistisch aussehenden Illustrationen und Einzelbildern in vorausberechneten Computeranimationen für die Filmindustrie.

Im sechsten Kapitel werden die Grundlagen und Einsatzmöglichkeiten von grafischen und geometrischen Methoden für den technischen Anwendungsbereich besprochen. Sie reichen von der einfachen Zeichnungserstellung über die Dokumentation von Handbüchern und Katalogen bis zum Entwerfen und Konstruieren von Bau- oder Maschinenteilen. Im Besonderen sind zur Beschreibung und Manipulation von geometrischen Objekten verschiedene Darstellungsformen und Algorithmen entwickelt worden, auf die wir in diesem Kapitel näher eingehen. Neben grundlegenden Begriffen werden Anwendungen im Bereich des geometrischen Modellierens aufgezeigt. Auch werden allgemeine Kriterien für die Auswahl von Darstellungsformen dreidimensionaler Objekte aufgeschrieben. Ein Überblick über die gebräuchlichen Darstellungsformen wird gegeben. Wir beschreiben die Randdarstellung, die ein Objekt durch seine Begrenzungsflächen, Kanten und Ecken definiert. Bei der Konstruktion mit Raumprimitiven lassen sich Würfel, Kugeln und Zylinder durch die Mengenoperationen Vereinigung, Durchschnitt und Differenz kombinieren und durch Translation, Rotation und Skalierung transformieren. Aufgrund verschiedener Darstellungsformen berechnen wir zudem wichtige geometrische Eigenschaften.

Die Approximation von Kurven und Flächen durch geeignete Polynome eröffnet in der Computergrafik ein breites Anwendungsspektrum. Für den Modellbau von Fahrzeugen, Flugzeugen oder Schiffen sowie für Fertigungsverfahren wie Gießen, Schmieden oder Tiefziehen können Interpolations- und Approximationsmethoden verwendet werden. Wir beschreiben im siebten Kapitel vor allem Verfahren, die sich für das rechnergestützte Entwerfen sogenannter Freiformflächen eignen. Zunächst diskutieren wir die Grundelemente zur Flächenbeschreibung, nämlich Parameterdarstellung und implizite Beschreibung von Kurven und Flächen. Danach gehen wir auf die Modellierung von Kurven mit kubischen Polynomen ein, bevor wir die Bézier-Kurven beliebigen Grades besprechen. Diese werden verallgemeinert durch die stückweise Approximation von Kurven durch B-Splinefunktionen. Analog dazu werden Darstellungen von Flächen durch Bézier oder mit B-Splinefunktionen eingeführt und miteinander verglichen.

Effizientes Suchen und Sortieren gehören zu den grundsätzlichen Problemstellungen der Informatik. Entsprechende Datenstrukturen und Algorithmen sind für die Entwicklung von Betriebssystemen oder für die effiziente Speicherung und Bearbeitung in Datenbanken entworfen worden. Im achten Kapitel behandeln wir wichtige Datenstrukturen und Algorithmen zur Darstellung und Verarbeitung geometrischer Sachverhalte, wie sie in der Computergrafik auftreten. Dazu müssen eindimensionale Such- und Sortierprobleme für höhere Dimensionen verallgemeinert werden (z.B. Punkt-im-Polygon-Test oder Bestimmung nächster Nachbarn im mehrdimensionalen Raum). Zuerst führen wir Effizienzkriterien ein, um die Such- und Berechnungsverfahren besser bewerten und vergleichen zu können. Bei den mehrdimensionalen Datenstrukturen zur effizienten Speicherung und Verarbeitung geometrischer Sachverhalte beschreiben wir die mehrdimensionalen Baumstrukturen (k-d-Baum und BSP-Baum) und eine Zellstruktur (Grid-File). Wichtige geometrische Suchfragen wie das Lokalisieren von Punkten in der Ebene und im Raum werden erläutert. Wir prüfen die Konvexität von Punktmengen und berechnen die konvexe Hülle. Anhand der Schnittberechnung geometrischer Objekte veranschaulichen wir bekannte algorithmische Techniken wie Divide-et-Impera, Durchlauftechnik (Plane-Sweep) und geometrische Transformationen. Zum Schluß des Kapitels konzentrieren wir uns auf Nachbarschaftsfragen und Triangulationsmethoden.

2 Grundlagen der Geometrie: Vektoren und Abbildungen

Objekte der Computergrafik werden als Punktmengen im zwei- oder dreidimensionalen Euklidschen Zahlenraum eingeführt. Für diesen Raum gelten die Gesetze der Vektoralgebra, bzw. der linearen Algebra. Nach einer allgemeinen Einführung in n-dimensionale Vektorräume und Matrizen werden lineare zwei- und dreidimensionale Objekte (Punkte, Linien, Ebenen, Polygone) im kartesischen Vektorraum definiert. Danach folgen Transformationen, homogene Vektorräume, homogene Transformationen und Ansichtstransformationen.

2.1 Vektoren und Vektorräume

Ein Vektor x ist ein Element des n-dimensionalen Euklidschen Zahlenraums $\mathbb{R}^n$ ($x \in \mathbb{R}^n$), repräsentiert durch seine reellwertigen Koordinaten $x_1, \ldots, x_n$ in $\mathbb{R}$, geschrieben als Zahlentupel (sogenanntes n-Tupel) entweder in Zeilenschreibweise $x = \langle x_1, \ldots, x_n \rangle$, oder als Spaltenvektor x^T (auch Transponierte von x genannt).

$$x^T = \begin{bmatrix} x_1 \\ x_2 \\ \vdots \\ x_n \end{bmatrix} \tag{2.1}$$

Eine Multiplikation des Vektors x mit einer skalaren Größe $\alpha \in \mathbb{R}$ resultiert wiederum in einem Vektor q in $\mathbb{R}^n$:

$$q = \alpha \cdot x = \langle \alpha \cdot x_1, \alpha \cdot x_2, \ldots, \alpha \cdot x_n \rangle \tag{2.2}$$

Das Addieren von zwei Vektoren im gleichen Vektorraum geschieht durch komponentenweises Addieren der Koordinaten:

$$r, x \in \mathbb{R}^n \qquad x + r = \langle x_1 + r_1, x_2 + r_2, \ldots, x_n + r_n \rangle \tag{2.3}$$

Die Linearkombination von Vektoren ist definiert durch das Verknüpfen von skalarer Multiplikation und Vektoraddition und resultiert in einem Vektor. Zum Beispiel:

$$o, p, q, r \in \mathbb{R}^n, \qquad \alpha, \beta, \gamma \in \mathbb{R}: \quad o = (\alpha \cdot p) + (\beta \cdot q) + (\gamma \cdot r) \tag{2.4}$$

Eine Menge von Vektoren heißt linear unabhängig, wenn keiner von ihnen als Linearkombination der anderen geschrieben werden kann. Anderenfalls sind sie linear abhängig.

Das Skalarprodukt zweier Vektoren $x, r \in \mathbb{R}^n$ resultiert in einer skalaren Größe:

$$x \cdot r = \sum_{i=1}^{n} x_i \cdot r_i \tag{2.5}$$

Geometrisch bedeutet das Skalarprodukt $x \cdot r$, die Länge des auf den Vektor r projizierten Anteils von x, multipliziert mit der Länge von r. Dies ist äquivalent mit der Länge des auf den Vektor x projizierten Anteils von r multipliziert mit der Länge von x, denn $x \cdot r = r \cdot x$. Die Länge oder der Betrag eines Vektors p kann durch ein Skalarprodukt mit sich selbst berechnet werden:

$$|p| = \sqrt{p \cdot p} \tag{2.6}$$

Da der projizierte Anteil eines Vektors auf einen darauf senkrecht (orthogonal) stehenden Vektor Null ist, bleibt das Skalarprodukt von zwei orthogonalen Vektoren ebenfalls Null:

$$x \perp r \quad \rightarrow x \cdot r = 0 \tag{2.7}$$

Eine Menge von n linear unabhängigen Basisvektoren $b_1, \ldots, b_n$ spannt einen Vektorraum der Dimension n auf. Jeder weitere Vektor in diesem Vektorraum kann auf eindeutige Weise durch eine Linearkombination dieser Basisvektoren repräsentiert werden. Oft werden Vektorräume auch durch Orthonormalbasen definiert. Dann haben die Basisvektoren Länge 1 und stehen paarweise senkrecht zueinander.

2.2 Matrizen

Mit Matrizen können Vektormengen (und damit geometrische Objekte) wie auch Gleichungen oder lineare Abbildungen (Transformationen) von Vektoren beschrieben werden. Konkrete Transformationen wie die Rotation von zwei- und dreidimensionalen Körpern werden weiter unten eingeführt. Hier folgen erst allgemeine Definitionen und Operationen.

Die 3x3 Matrix

$$A = \begin{bmatrix} a_{11} & a_{12} & a_{13} \\ a_{21} & a_{22} & a_{23} \\ a_{31} & a_{32} & a_{33} \end{bmatrix} \tag{2.8}$$

kann entweder aus Spaltenvektoren

$$A_{\_j} = \begin{bmatrix} a_{1j} \\ a_{2j} \\ a_{3j} \end{bmatrix} \tag{2.9}$$

oder aus Zeilenvektoren

$$A_{i\_} = \begin{bmatrix} a_{i1} & a_{i2} & a_{i3} \end{bmatrix} \tag{2.10}$$

zusammengesetzt werden.

Das Produkt Matrix A mal Spaltenvektor x resultiert in einem Spaltenvektor r = A·x, dessen i-te Komponenten ein Skalarprodukt aus der i-ten Zeile von A mit dem Vektor x ist. Hier wird die Matrix von links multipliziert:

$$\begin{bmatrix} a_{11} & a_{12} & a_{13} \\ a_{21} & a_{22} & a_{23} \\ a_{31} & a_{32} & a_{33} \end{bmatrix} \cdot \begin{bmatrix} x_1 \\ x_2 \\ x_3 \end{bmatrix} = \begin{bmatrix} r_1 \\ r_2 \\ r_3 \end{bmatrix} ; \quad r_i = A_{i\_} \cdot x = \sum_{k=1}^{n} a_{ik} \cdot x_k \tag{2.11}$$

Multipliziert man zwei Matrizen A und B, so resultiert eine Matrix C. Jede Komponente c_{ij} ist gleich dem Skalarprodukt aus der i-ten Reihe von A mit der j-ten Spalte von B. [1]

$$c_{ij} = A_{i\_} \cdot B_{\_j} = \sum_{k=1}^{n} a_{ik} \cdot b_{kj} \qquad (2.12)$$

Bei der Einheitsmatrix 1 sind die diagonalen Koeffizienten Eins, die übrigen Null. Multipliziert man eine Matrix oder einen Vektor mit einer Einheitsmatrix, bleiben diese unverändert. Für die inverse Matrix von A, ausgedrückt durch A^{-1}, muß gelten: $A \cdot A^{-1} = 1$. Methoden zur Invertierung von Matrizen findet man in der Standardliteratur zur linearen Algebra, z.B. [Anton 1995].

Bei einer Transposition der Matrix A^T werden die Rollen von Zeilen und Spalten vertauscht. Die entsprechenden Komponenten der transponierten Matrix erhält man durch Vertauschen der Indizes: $\left(A^T\right)_{ij} = A_{ji}$. Eine äquivalente Matrixoperation für Zeilenvektoren (statt Spaltenvektoren) kann ausgedrückt werden, indem man diese mit der transponierten Matrix von rechts (statt links) multipliziert. Das Resultat ist in diesem Falle ein Zeilenvektor. Ebenfalls wird bei der Transposition die Reihenfolge der Matrizen umgekehrt.

$$\langle x, y, z \rangle \cdot A^T \ \hat{=}\ A \cdot \begin{bmatrix} x \\ y \\ z \end{bmatrix} \ ; \qquad (A \cdot B)^T = B^T \cdot A^T \qquad (2.13)$$

Matrix- und Vektormultiplikationen sind assoziativ, aber im Allgemeinen nicht kommutativ:

$$A \cdot (B\,(C \cdot r)) = A \cdot ((B \cdot C) \cdot r) = \ldots = (A \cdot (B \cdot C)) \cdot r \ ; \quad A \cdot (B \cdot C) = (A \cdot B) \cdot C \qquad (2.14)$$

$$A \cdot B \neq B \cdot A \qquad (2.15)$$

Diese Eigenschaften werden bei den Transformationen eine wichtige Rolle spielen.

---

1 Bei der Vektoraddition und bei Skalarprodukten wird jeweils vorausgesetzt, daß die verknüpften Vektoren aus demselben Vektorraum stammen. Diese Bedingung gilt auch für die obigen Definitionen der Matrixmultiplikation. Eine Folge davon ist, daß $m \times n$ Matrizen nur mit $n \times o$ Matrizen multipliziert werden können. Das Resultat ist eine $m \times o$ Matrix.

2.3　Objekte in zwei- und dreidimensionalen kartesischen Koordinatensystemen

Geometrische Objekte in der Computergrafik werden üblicherweise durch Vektoren im zwei oder dreidimensionalen kartesischen Koordinatenraum dargestellt. Ein dreidimensionales, rechtshändiges kartesisches Koordinatensystem wird aufgespannt durch die drei orthonormalen Einheitsvektoren[2]:

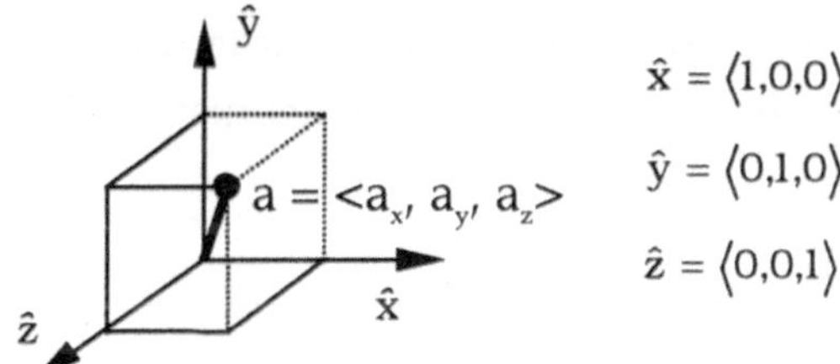

$$\hat{x} = \langle 1,0,0 \rangle$$
$$\hat{y} = \langle 0,1,0 \rangle$$
$$\hat{z} = \langle 0,0,1 \rangle$$

Abb. 2-1 Dreidimensionales kartesisches Koordinatensystem

Es gilt die Rechte-Hand-Regel: Zeigen die Finger der rechten Hand in einem Bogen von der positiven x-Achse in Richtung y-Achse, dann zeigt der Daumen in z-Richtung (siehe Abb. 2-2). Entsprechendes gilt durch zyklisches Vertauschen der Koordinaten auch für die anderen Richtungen.

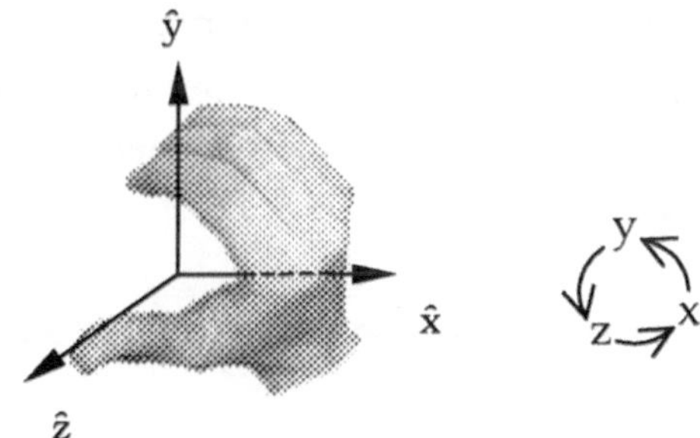

Abb. 2-2 Rechte-Hand-Regel

Ein Punkt a wird durch den Ortsvektor $< a_x, a_y, a_z >$ repräsentiert, der vom Koordinatenursprung <0,0,0> zum Punkt a (Abb. 2-1) läuft. Ein Richtungsvektor

---

2　Ein zweidimensionaler kartesischer Vektorraum wird entsprechend durch zwei Basisvektoren $\hat{x} = <1,0>$ und $\hat{y} = <0,1>$ aufgespannt. Vektoren und damit Punkte im zweidimensionalen Raum sind durch entsprechende 2-Tupel $<a_x, a_y>$ definiert.

ist ein Differenzvektor zwischen zwei Ortsvektoren (z.B. $v = b - a$). Er drückt die Richtung von Punkt a nach Punkt b aus. Orts- und Richtungsvektoren unterscheiden sich im Euklidschen Vektorraum nicht grundsätzlich in ihrer Definition, jedoch in ihrem Gebrauch.

Die folgenden Definitionen geometrischer Objekte (Linien, Segmente, Ebenen, Dreiecke, Polygone, etc.) sind, wo nicht anders vermerkt, jeweils gleichermaßen für zwei- wie auch für dreidimensionale Vektorräume definiert. Entsprechend obiger Definitionen der Vektoroperationen muß beachtet werden, daß die Verknüpfungen nur für Vektoren aus dem selben Vektorraum definiert sind.

2.3.1 Linien

Eine unendlich ausgedehnte Linie l kann wie folgt als Linearkombination von Vektoren definiert werden:

$$l = p + \lambda \cdot d; \quad -\infty < \lambda < +\infty \tag{2.16}$$

Die Linie startet im Punkt p (Ortsvektor) in Richtung d (Richtungsvektor) (Abb. 2-3a). Zusammen mit der Ungleichung für λ ist eine zusammenhängende Menge von unendlich vielen Punkten ausgedrückt, welche auf der Geraden l liegen. Diese Gerade ist in beiden Richtungen unbegrenzt und spannt einen eindimensionalen Unterraum des Vektorraumes auf.

Ein zwischen zwei Punkten a und b begrenztes Liniensegment (Abb. 2-3b) kann man durch folgende Formel ausdrücken:

$$l = a + \lambda(b - a); \quad 0 \leq \lambda \leq 1 \tag{2.17}$$

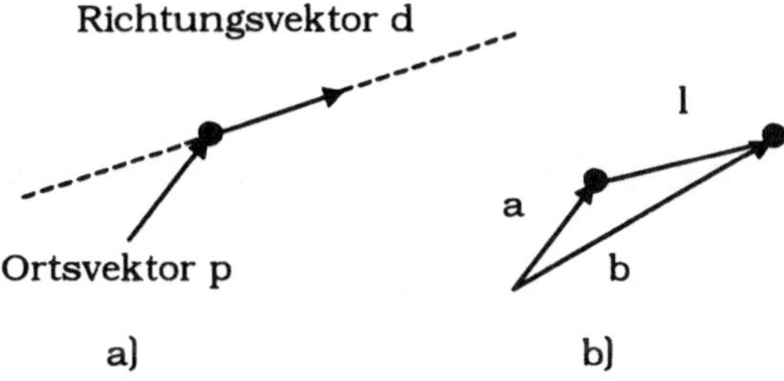

Abb. 2-3 Linie (a) ; Liniensegment (b)

Mit λ ist eine Parametrisierung der Linie bzw. des Liniensegmentes definiert. Wir können l (λ) als vektorwertige Funktion des Parameters λ verstehen. Die Ungleichung für λ definiert dabei ihren Definitionsbereich. Für jeden Wert von λ ist ein eindeutiger Punkt auf der Geraden definiert.

2.3.2 Ebenen

Eine Ebene p wird durch zwei linear unabhängige Vektoren aufgespannt:

$$p = q + \alpha \cdot r + \beta \cdot s \tag{2.18}$$

Bei einer unendlich ausgedehnten Ebene sind die Skalare α und β unbegrenzt.

Ein Dreieck (Abb. 2-5) definiert eine begrenzte ebene Fläche durch drei Punkte a, b und c (resp. durch ihre Ortsvektoren) wie folgt:

$$p = a + \alpha \cdot (b - a) + \beta \cdot (c - a), \tag{2.19}$$

wobei die Werte für α und β durch Ungleichungen begrenzt sind:

$$0 \leq \alpha \leq 1; \quad 0 \leq \beta \leq 1 - \alpha \tag{2.20}$$

2.3.3 Abstände, Winkel und Flächeninhalt

Im dreidimensionalen Raum ist die Länge eines Vektors $p = \langle x, y, z \rangle$:

$$|p| = \sqrt{x^2 + y^2 + z^2} \qquad (2.21)$$

Der Abstand zwischen zwei Punkten ist gleich dem Betrag des Differenzvektors.

Der Winkel φ zwischen den Vektoren $b = <b_x, b_y, b_z>$ und $a = <a_x, a_y, a_z>$ berechnet sich aus der Beziehung

$$|a \cdot b| = |a| \cdot |b|\ cos\varphi \Rightarrow cos\varphi = \frac{a \cdot b}{|a||b|} \qquad (2.22)$$

Ein Vektorprodukt (Kreuzprodukt) $a \times b$ der Vektoren a und b ist definiert durch die folgende Determinante:

$$a \times b = \begin{vmatrix} \hat{x} & \hat{y} & \hat{z} \\ a_x & a_y & a_z \\ b_x & b_y & b_z \end{vmatrix} = \begin{matrix} \hat{x} \cdot (a_y b_z - a_z b_y) \\ + \hat{y} \cdot (a_z b_x - a_x b_z) \\ + \hat{z} \cdot (a_x b_y - a_y b_x) \end{matrix} = \begin{bmatrix} a_y b_z - a_z b_y \\ a_z b_x - a_x b_z \\ a_x b_y - a_y b_x \end{bmatrix} \qquad (2.23)$$

Das Kreuzprodukt von a und b resultiert in einem Vektor, welcher senkrecht auf a und b steht (Abb. 2-4). Das Vorzeichen hängt von der Reihenfolge der Vektoren ab. Es gilt: $a \times b = - b \times a$.

Der Betrag des Kreuzprodukts ist gleich dem Flächeninhalt des durch diese beiden Vektoren aufgespannten Parallelogramms. Daraus ergibt sich wiederum die Beziehung für den Zwischenwinkel β:

$$|a \times b| = |a| \cdot |b| \cdot sin\beta \qquad (2.24)$$

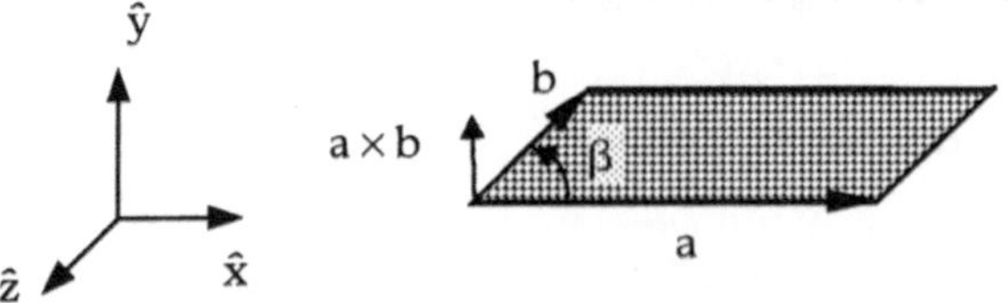

Abb. 2-4: Kreuzprodukt

Den Flächeninhalt eines Dreiecks kann man mit dem Kreuzprodukt wie folgt
berechnen:

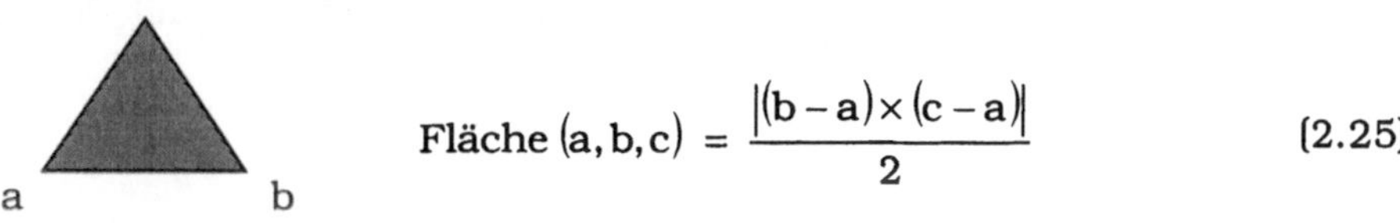

$$\text{Fläche}\,(a,b,c) \;=\; \frac{|(b-a)\times(c-a)|}{2} \tag{2.25}$$

Abb. 2-5 Dreiecksfläche

Für zweidimensionale Dreiecke ist natürlich nur die z-Koordinate des Vektor-
produkts ungleich Null. Damit wird die Fläche = ½ [$(b_x - a_x)\,(c_y - a_y) - (b_y - a_y)\,(c_x - a_x)$]. Das Vorzeichen hängt wiederum von der Orientierung des Dreiecks ab.
Liegen die Punkte wie im Bild im Gegenuhrzeigersinn, ist das Vorzeichen positiv,
andernfalls negativ.

2.3.4 Ebenengleichung

Alternativ zu der oben eingeführten parametrischen Definition für Ebenen aus
Vektoren (explizite Form), verwendet man oft die implizite Form einer Ebe-
nengleichung. Wir leiten diese aus der parametrischen Form $p = q + \alpha r + \beta s$ her:
Das Vektorprodukt $n = r \times s$ ergibt eine Flächennormale zur Ebene. Für jeden
Punkt $p' = \langle x',y',z'\rangle$ der Ebene gilt, daß der Differenzvektor zum Punkt q in der
Ebene liegt, also senkrecht zur Normalen n steht. Damit kann die folgende Glei-
chung für Punkte der Ebene p' ausgedrückt werden:

$$(p' - q)\cdot n = 0 \tag{2.26}$$

oder

$$\underbrace{p'\cdot n - q\cdot n}_{\text{konstant}\,=\,d} = 0. \tag{2.27}$$

Mit den Komponenten des Normalenvektors ergibt dies:

$$x' \cdot n_x + y' \cdot n_y + z' \cdot n_z - d = 0 \qquad (2.28)$$

Die allgemeine Ebenengleichung ist eine lineare Gleichung mit den Variablen x, y und z:

$$a \cdot x + b \cdot y + c \cdot z - d = 0 \, , \qquad (2.29)$$

wobei die Koeffizienten a,b,c den Koordinaten des Normalenvektors entsprechen. Die Gleichung kann normiert werden mit $|n| = 1$. Damit wird die Konstante $d = q \cdot n$ gleich dem Abstand der Ebene zum Koordinatennullpunkt (Abb. 2-6).

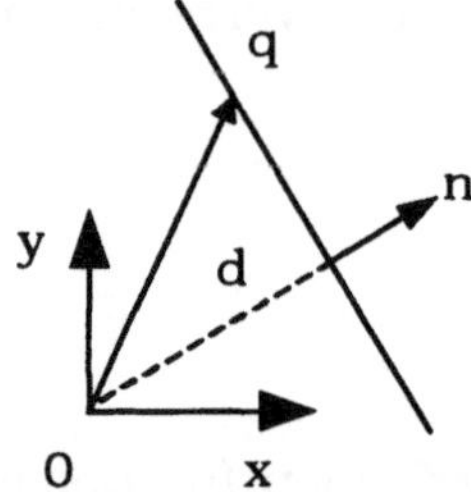

Abb. 2-6 Ebene (Schnitt)

Aus der normierten Ebenengleichung kann die Funktion

$$\text{Dist}(p) = ax + by + cz - d \qquad (2.30)$$

abgeleitet werden, welche den gerichteten Abstand des Punktes p zur Ebene (gemessen in Richtung des Normalenvektors) ausdrückt. Sie ist identisch Null für Punkte auf der Ebene.

2.3.5 Schnitt einer Linie mit der Ebene

Zur Berechnung eines Schnittpunktes einer Linie mit einer Ebene definieren wir die Ebene durch die Ebenengleichung $n \cdot P = d$ und die Linie parametrisch durch $l = a + \lambda b$. Wir substituieren die Punkte der Linie in der Definition der Ebene:

$$n \cdot (a + \lambda b) = d \quad \text{oder} \quad n \cdot a + n \cdot \lambda b = d \tag{2.31}$$

Dies ergibt aufgelöst nach λ den Schnittpunktparameter λ_s

$$\lambda_s = \frac{d - n \cdot a}{n \cdot b} \tag{2.32}$$

Durch Substituieren von λ_s in der Linie folgt der Schnittpunkt s:

$$s = a + \lambda_s \cdot b \tag{2.33}$$

2.3.6 Schnitt von zwei Ebenen

Zwei Ebenen A und B seien durch die folgenden Gleichungen in Vektorform gegeben:

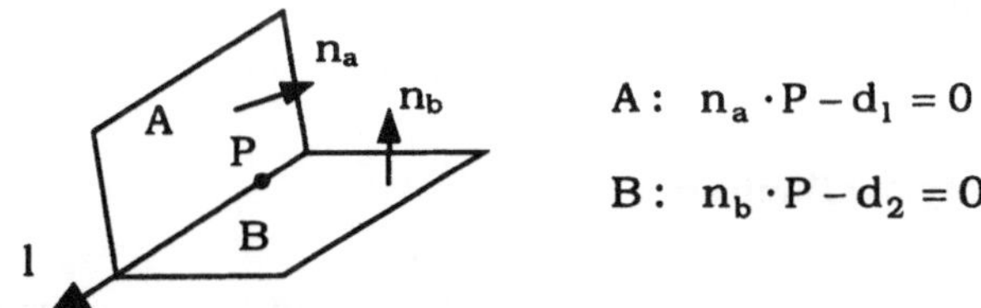

$$A: \quad n_a \cdot P - d_1 = 0$$
$$B: \quad n_b \cdot P - d_2 = 0$$

Abb. 2-7 Schnittgerade zweier Ebenen

Die Schnittlinie l liegt in beiden Ebenen, d.h. senkrecht zu den Normalen n_a und n_b. Damit ergibt sich der Richtungsvektor der Linie zu $l = n_a \times n_b$. Wir suchen nun einen Punkt P auf der Schnittgeraden. Dazu wählen wir eine dritte Ebene senkrecht zu l, d.h. mit einer Flächennormale parallel zu l. Wir definieren diese Ebene durch den Nullpunkt, mit der Gleichung $l_x \cdot x + l_y \cdot y + l_z \cdot z = 0$.

Den Punkt P = <x, y, z> finden wir als Schnittpunkt der drei Ebenen, durch Lösen des durch die entsprechenden drei Ebenengleichung gegebenen Gleichungssystems. In unserem Fall lautet das Gleichungssystem in Matrixform:

$$
\begin{bmatrix} l_x & l_y & l_z \\ n_{ax} & n_{ay} & n_{az} \\ n_{bx} & n_{by} & n_{bz} \end{bmatrix} \cdot \begin{bmatrix} x \\ y \\ z \end{bmatrix} = \begin{bmatrix} 0 \\ d_1 \\ d_2 \end{bmatrix}
\tag{2.34}
$$

Nachdem wir den Punkt P gefunden haben, ist die Schnittlinie vollständig bestimmt. Die Gleichung hat eine eindeutige Lösung, wenn die zwei Normalenvektoren n_a und n_b nicht linear abhängig sind.

2.3.7 Polygone

Polygone können als Tupel von Vektoren <P_0, P_1, ..., P_{n-1}> (d.h. als Matrix) dargestellt werden. Im dreidimensionalen Vektorraum muß man dabei beachten, daß die Punkte alle in ein und derselben Ebene liegen. Diese Bedingung verlangt, daß beliebige drei Differenzvektoren zwischen jeweils zwei Punkten linear abhängig sein müssen. Bei Polygonen in der Ebene und bei Dreiecken ist dies natürlich automatisch erfüllt.

2.3.8 Berechnung von Polygonflächen

Zur Berechnung des Flächeninhalts von Polygonen, unterteilen wir die Fläche in Dreiecke und addieren die Flächeninhalte der Dreiecke welche in bekannter Weise (2.25) berechnet und addiert werden.

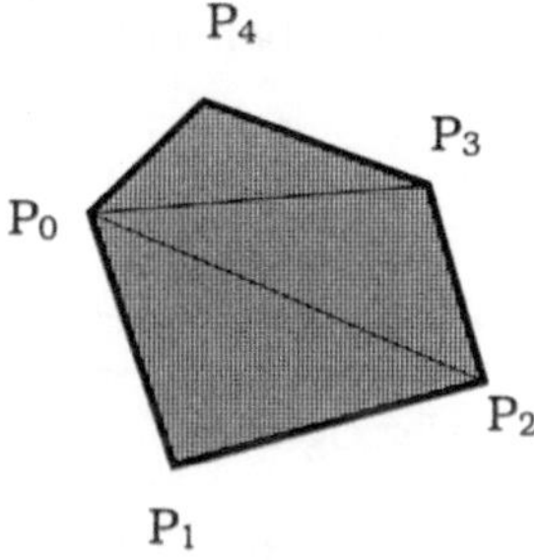

Abb. 2-8 Polygonfläche (n = 5)

$$\text{Gesamtfläche}: \quad F = 1/2 \left| \sum_{i=1}^{n-2} (P_i - P_0) \times (P_{i+1} - P_0) \right| \tag{2.35}$$

Bei konvexen Polygonen geht dies offensichtlich problemlos, da sich die Dreiecke nicht überlappen. Benutzt man dieses Schema bei allgemeinen, nicht-konvexen Polygonen, werden manche Flächenteile mehrfach gezählt, andere Teile liegen sogar außerhalb des Polygons (Abb. 2-9):

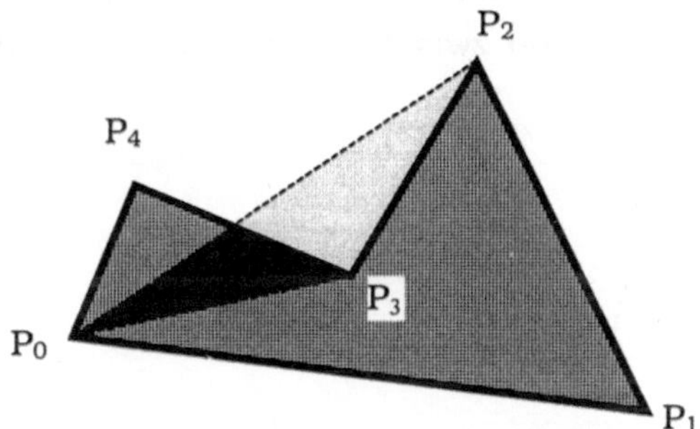

Abb. 2-9 Nicht-konvexes Polygon; Flächenberechnung

Die oben angegebene Formel addiert jedoch bereits die Flächeninhalte mit dem jeweiligen Vorzeichen des Kreuzproduktes und berücksichtigt damit die Orientierung der Dreiecke. Die unterschiedlichen Vorzeichen sorgen dafür, daß die Flächeninhalte von überlappenden Dreiecken innerhalb des Polygons nur einmal gezählt werden und sich außerhalb gegenseitig auslöschen (siehe Schema in Abb. 2-10). Der Betrag (Länge des Normalenvektors) wird erst am Schluß berechnet. Damit ist gewährleistet, daß der Flächeninhalt auch bei nicht konvexen Polygonen richtig gerechnet wird.

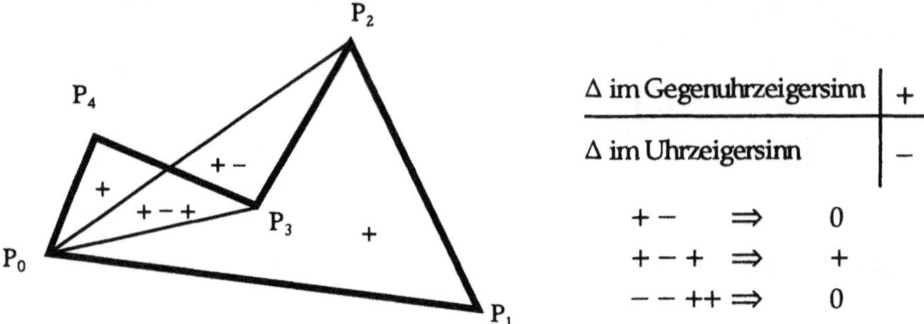

Abb. 2-10 Überlappende Anteile der Dreiecksteilflächen mit entsprechendem Vorzeichen werden im Ergebnis keinmal (0) oder einmal (+) gezählt

2.3.9 Punkt-im-Polygon-Test

Eine weitere wichtige Aufgabe bei Polygonen ist es festzustellen, ob ein Punkt innerhalb oder außerhalb der Polygonumrandung liegt. Die Winkelsummenmethode berechnet dazu die Summe der Winkel zwischen P und je zwei aufeinanderfolgenden Punkten P_i and P_{i+1}:

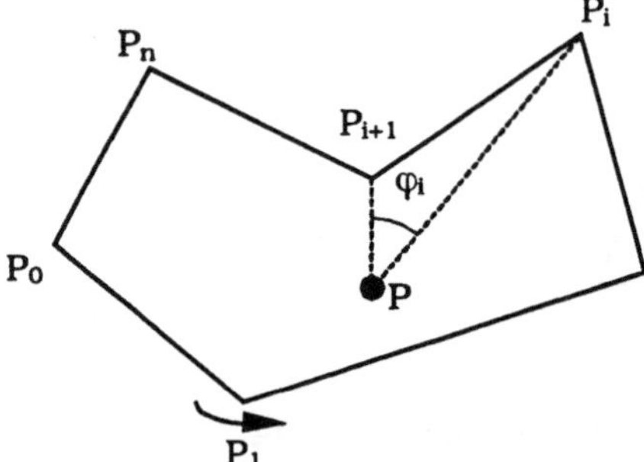

Abb. 2-11 Winkelmethode für Punkt-im-Polygon-Test

Aus der Beziehung (2.24) leiten wir her

$$\sin \varphi_i = \frac{((P_i - P) \times (P_{i+1} - P))_z}{|P_i - P| \cdot |P_{i+1} - P|}$$

(2.36)

Im Zähler steht die z-Komponente des Kreuzprodukts. Diese Formel liefert jedoch nur Winkel zwischen $-\pi/2 \leq \varphi_i \leq \pi/2$. Im folgenden brauchen wir aber Winkel zwischen 0 und 2π. Diese erhalten wir mit Hilfe der zweiargumentigen Funktion atan2, welche Zähler und Nenner als Argument erhält.

Aus (2.22) folgt für φ_i:

$$\cos \varphi_i = \frac{(P_i - P) \cdot (P_{i+1} - P)}{|P_i - P| \cdot |P_{i+1} - P|} \tag{2.37}$$

Aus (2.36) und (2.37) folgt

$$\tan \varphi_i = \frac{\sin \varphi_i}{\cos \varphi_i} = \frac{\left((P_i - P) \times (P_{i+1} - P)\right)_z}{|P_i - P| \cdot |P_{i+1} - P|} \tag{2.38}$$

Durch Benutzung von atan2 folgt daraus

$$\sum \varphi_i = \sum_{i=0}^{n} \text{atan2}\left[\left((P_i - P) \times (P_{i+1} - P)\right)_z, \ (P_i - P) \cdot (P_{i+1} - P)\right] \tag{2.39}$$

wobei $P_{n+1} = P_0$.

Falls P im Polygon liegt, wird die Winkelsumme $\sum \varphi_i = 2\pi$.

Falls P außerhalb liegt, wird die Winkelsumme $\sum \varphi_i = 0$. $\tag{2.40}$

Damit haben wir ein Kriterium zum Entscheiden ob ein Punkt P innerhalb oder außerhalb des Polygons liegt.

Was resultiert, wenn P auf dem Rand liegt? Dazu betrachten wir zwei Spezialfälle:

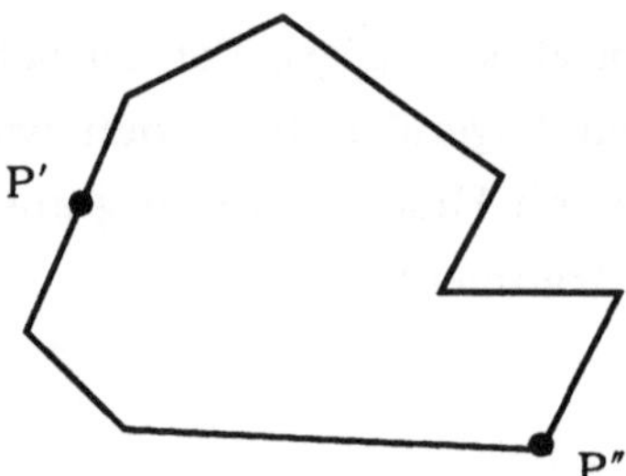

Abb. 2-12 Punkte auf dem Rand

P′ liegt auf einer Kante:

$$\Rightarrow \quad \sum \varphi_i = \pi \tag{2.41}$$

P″ fällt mit einem Eckpunkt zusammen:

$$\Rightarrow \quad \sum \varphi_i \text{ ist gleich dem Winkel der zwei angrenzenden Linien} \tag{2.42}$$

In der Computergrafik gibt es viele Anwendungen des Punkt-im-Polygon-Tests. Schneidet man z.B. ein Liniensegment mit einem Polygon im Raum, kann man zuerst den Schnittpunkt der Linie mit der Polygonebene wie im Abschnitt 2.3.5 berechnen. Danach testet man, ob der Schnittpunkt innerhalb des Liniensegments liegt $(0 \le \lambda \le 1)$ und nutzt den Punkt-im-Polygon-Test, um festzustellen, ob der Punkt innerhalb des Polygons liegt. Anwendungen dafür werden z.B. beim Ray Tracing gefunden (Kapitel 5). Für weitere Varianten und effiziente Methoden siehe auch Kapitel 8, Abschnitt 8.3.

2.4   Geometrische Transformationen

Im Folgenden werden geometrische Transformationen anhand von zweidimensionalen Beispielen eingeführt. Mit homogenen Koordinaten im nächsten Abschnitt vereinfachen sich die unterschiedlichen Transformationen zu Matrizenoperationen. Die Verallgemeinerung dieser Matrizen für drei Dimensionen folgt damit auf einfache Weise.

2.4.1 Translation

Einen Punkt P = <x,y> kann man verschieben, indem man zum entsprechenden Ortsvektor einen Richtungsvektor T = <Dx, Dy> addiert. Zum Verschieben eines Objekts, das aus mehreren Punkten besteht, muß man zu jedem Punkt des Objekts (d.h. zu dessen Ortsvektor) denselben Verschiebungsvektor addieren.

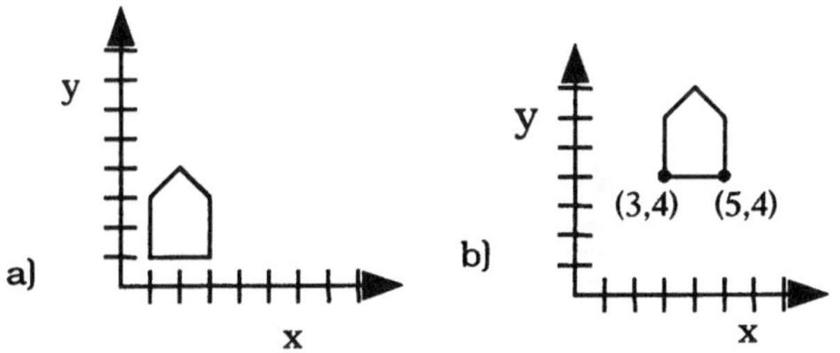

Abb. 2-13 a) Das Polygon "Haus" {<1,1>,<3,1>,<3,3>,<2,4>,<1,3>}
         b) Translation des Objekts "Haus" um den Vektor <2,3>

2.4.2 Skalierung

Eine Skalierung bedeutet eine Streckung oder Stauchung der Koordinaten eines Punktes bzw. eines Objektes bezüglich des Koordinatenursprungs. Die uniforme Skalierung kann durch eine skalare Multiplikation der Vektoren mit dem Skalierungsfaktor realisiert werden (siehe Abschnitt 2.1).

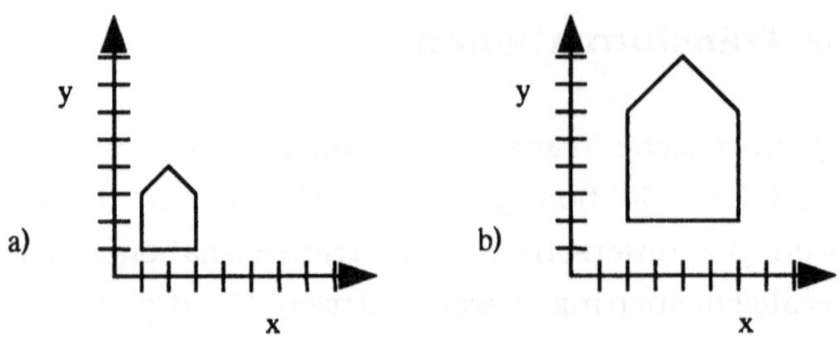

Abb. 2-14   a) "Haus" = {<1,1>,<3,1>,<3,3>,<2,4>,<1,3>}
            b) 2· "Haus" ={<2,3>,<6,2>,<6,6>,<4,8>,<2,6>}

Beachte: Durch die Skalierung des Hauses wird seine Größe in beiden Richtungen sowie sein Abstand vom Koordinatenursprung verändert. Nur Punkte im Ursprung <0,0> selbst bleiben durch die Operation unverändert (Fixpunkt der Transformation). Will man den Ortsvektor eines Punktes P = <x, y> mit unterschiedlichen Skalierfaktoren Fx und Fy in x- und y-Richtung verändern, so ergibt sich $P' = \,< x', y' >$:

$$x' = x \cdot Fx \quad \text{und} \quad y' = y \cdot Fy \tag{2.43}$$

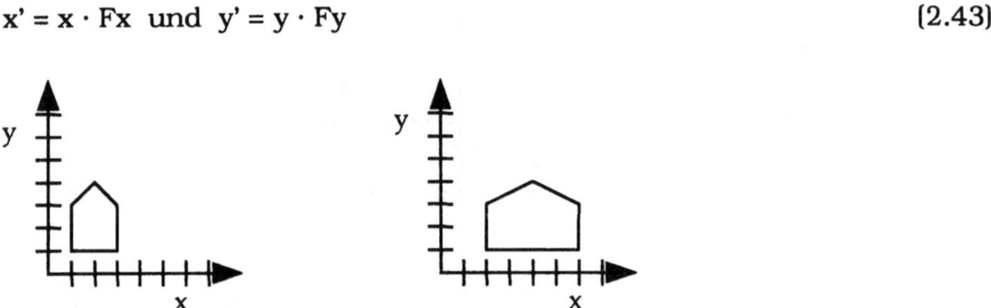

Abb. 2-15 Nicht-uniforme Skalierung mit Fx=2, Fy=1

2.4.3 Rotation

Zur Definition einer Drehung (oder Rotation) eines Vektors mit einem bestimmten Drehwinkel um den Koordinatenursprung führen wir zuerst Polarkoordinaten ein:

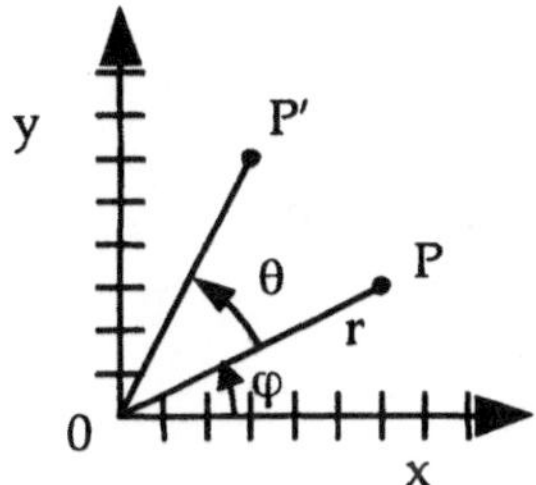

Abb. 2-16 Rotation in Polarkoordinaten

Der Punkt P hat einen Abstand r vom Koordinatenursprung und einen Winkel φ gemessen zwischen der Verbindungslinie OP und der x-Achse. Dadurch ergeben sich die Polarkoordinaten von P als

$$<r,\varphi>, \text{ mit } r = \sqrt{x^2 + y^2} \,, \ r \cdot \cos\varphi = x \quad \text{und} \quad r \cdot \sin\varphi = y \tag{2.44}$$

$$\tan\varphi = \frac{y}{x} \ \Rightarrow \ \varphi = \operatorname{atan}\left(\frac{y}{x}\right) \quad \text{oder}^3 \quad \varphi = \operatorname{atan2}(y,x) \tag{2.45}$$

Der um θ gedrehte Punkt P läßt sich in Polarkoordinaten einfach berechnen: $P' = \langle r, \varphi + \theta \rangle$. Um das Resultat wieder in x- und y-Koordinaten zu erhalten, rechnen wir:

$$x' = r \cdot \cos(\varphi + \theta); \ y' = r \cdot \sin(\varphi + \theta) \tag{2.46}$$

Es gelten die folgenden trigonometrischen Sätze:

$$\cos(\varphi + \theta) = \cos\varphi\cos\theta - \sin\varphi\sin\theta \tag{2.47}$$

$$\sin(\varphi + \theta) = \cos\varphi\sin\theta + \sin\varphi\cos\theta$$

Dadurch ergibt sich:

$$x' = r \cdot \cos\varphi \cdot \cos\theta - r \cdot \sin\varphi \cdot \sin\theta \tag{2.48}$$

---

3 Die zweiargumentige Funktion atan2 resultiert in einem Winkel zwischen 0 und 2π.

$$y' = r \cdot \cos\varphi \cdot \sin\theta + r \cdot \sin\varphi \cdot \cos\theta$$

Unter Verwendung von $r \cdot \cos\varphi = x$ und $r \cdot \sin\varphi = y$ erhalten wir:

$$x' = x \cdot \cos\theta - y \cdot \sin\theta \tag{2.49}$$

$$y' = x \cdot \sin\theta + y \cdot \cos\theta$$

Diese Gleichungen lassen sich als Matrixoperation für Reihenvektoren wie folgt schreiben:

$$\langle x', y' \rangle = \langle x, y \rangle \cdot \begin{bmatrix} \cos\theta & \sin\theta \\ -\sin\theta & \cos\theta \end{bmatrix} \quad ; \quad P' = P \cdot R \tag{2.50}$$

Für die in der Computergrafik üblichen Spaltenvektoren wird die transponierte Matrix von links multipliziert:

$$P'^{T} = R^{T} \cdot P^{T} \tag{2.51}$$

2.5 Homogene Koordinaten und Matrixdarstellung von zwei- dimensionalen Transformationen

In den obigen Ausführungen wurden unterschiedliche Transformationen unterschiedlich repräsentiert. Eine Translation wurde als Vektoraddition realisiert, eine uniforme Skalierung als skalare Multiplikation und die Rotation durch eine Matrizenoperation. Diese Vorgehensweise ermöglichte zwar eine intuitive Herleitung, läßt aber keine einheitliche Behandlung zu.

Mit den homogenen Koordinaten wird es möglich, alle Transformationen einheitlich als Matrixoperationen darzustellen. Damit können unter anderem mehrere Transformationen durch Matrizenmultiplikation verknüpft werden. Auch die Verallgemeinerung von zwei- auf dreidimensionale Transformationen wird durch homogene Transformationen vereinfacht.

Dem zweidimensionalen kartesischen Vektorraum mit x- und y-Koordinaten entspricht ein dreidimensionaler homogener (x,y,w)-Vektorraum (Abb. 2-17). Dabei entspricht einem homogenen Vektor <x, y, w> ein kartesischer Vektor <x/w, y/w>.

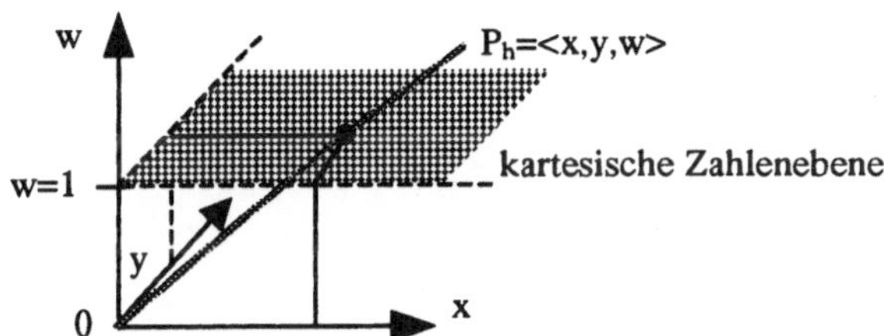

Abb. 2-17 Homogenes Koordinatensystem

Für die meisten Anwendungen der Computergrafik kann die homogene Koordinate w als 1 gesetzt werden (kartesische Ebene). Skalare Multiplikation eines homogenen Vektors verändert den entsprechenden kartesischen Vektor nicht:

$$\alpha \cdot P_h = \left\langle \alpha \cdot x, \alpha \cdot y, \alpha \cdot w \right\rangle \qquad \left\langle \frac{\alpha x}{\alpha w}, \frac{\alpha y}{\alpha w} \right\rangle = \left\langle \frac{x}{w}, \frac{y}{w} \right\rangle \qquad (2.52)$$

Daraus folgt: Jeder Punkt auf der Geraden durch den Nullpunkt und <x,y,1> im homogenen Koordinatensystem repräsentiert denselben kartesischen Punkt <x,y>.

2.5.1 Translation von homogenen Vektoren

Wir können nun zeigen, daß sich eine Translation als 3x3-Matrix A in homogenen Koordinaten darstellen läßt. Wir stellen ein Gleichungssystem für die Matrixkoeffizienten auf:

$$A \cdot P = P + \langle \Delta x, \Delta y \rangle; \quad \begin{bmatrix} a_{11} & a_{12} & a_{13} \\ a_{21} & a_{22} & a_{23} \\ a_{31} & a_{32} & a_{33} \end{bmatrix} \cdot \begin{bmatrix} x \\ y \\ 1 \end{bmatrix} = \begin{bmatrix} x + \Delta x \\ y + \Delta y \\ 1 \end{bmatrix} \tag{2.53}$$

$$\text{i)} \quad a_{11} \cdot x + a_{12} \cdot y + a_{13} \cdot 1 = x + \Delta x$$
$$a_{11} = 1, \; a_{12} = 0, \; a_{13} = \Delta x \tag{2.54}$$

$$\text{ii)} \quad a_{21} \cdot x + a_{22} \cdot y + a_{23} \cdot 1 = y + \Delta y$$
$$a_{21} = 0, \; a_{22} = 1, \; a_{23} = \Delta y \tag{2.55}$$

$$\text{iii)} \quad a_{31} \cdot x + a_{32} \cdot y + a_{33} \cdot 1 = 1$$
$$a_{31} = 0, \; a_{32} = 0, \; a_{33} = 1 \tag{2.56}$$

Eine gültige Lösung der Gleichung ist demzufolge:

$$A = \begin{bmatrix} 1 & 0 & \Delta x \\ 0 & 1 & \Delta y \\ 0 & 0 & 1 \end{bmatrix} = T(\Delta x, \Delta y) \tag{2.57}$$

2.5.2 Rotationsmatrix in homogenen Koordinaten

Die homogene Matrix läßt sich einfach aus der weiter oben hergeleiteten kartesischen Form ableiten (2.50). Die Rotation wirkt nur auf die x- und y-Koordinaten und läßt den homogenen Teil unverändert:

$$R_\theta \cdot P = \begin{bmatrix} \cos\theta & -\sin\theta & 0 \\ \sin\theta & \cos\theta & 0 \\ 0 & 0 & 1 \end{bmatrix} \cdot \begin{bmatrix} x \\ y \\ 1 \end{bmatrix} = \begin{bmatrix} x\cos\theta - y\sin\theta \\ x\sin\theta + y\cos\theta \\ 1 \end{bmatrix} \tag{2.58}$$

2.5.3 Verknüpfung von Transformationen

Durch die einheitliche Darstellung von Rotation und Translation als homogene Matrizen ist es möglich, diese Operationen zu verknüpfen. Im folgenden Beispiel wird auf das Objekt „Haus" erst eine Rotation von 45 Grad um den Ursprung, dann eine Translation um 4 Einheiten in x-Richtung ausgeführt. Diese Operationen werden nach obigem Muster als homogene (3x3)-Matrizen formuliert und auf die Vektoren des Objekts angewendet. Für Spaltenvektoren wird dies symbolisch ausgedrückt durch: $T \cdot R \cdot \{\text{Haus}\}$

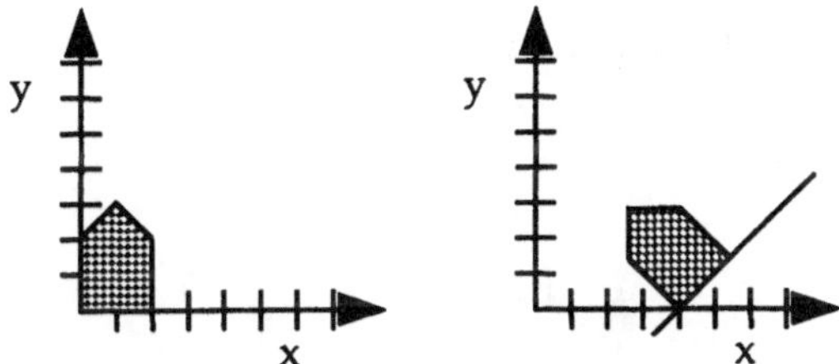

Abb. 2-18 Rotation, dann Translation

Man beachte, daß Matrixmultiplikationen zwar assoziativ, im Allgemeinen jedoch nicht kommutativ sind. Das Resultat ist beim obigen Beispiel verschieden, wenn man die Operationen in umgekehrter Reihenfolge anwendet:

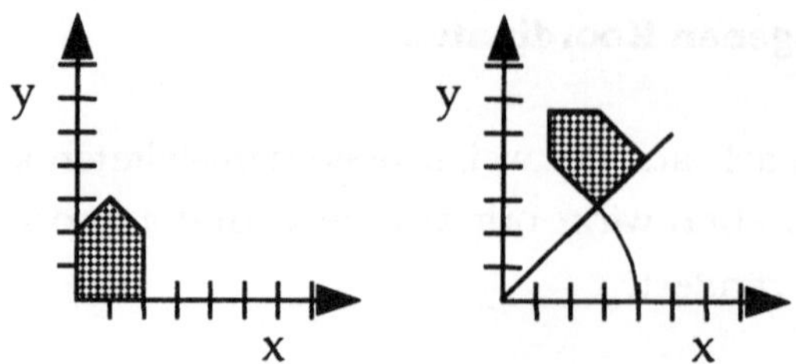

Abb. 2-19 Translation, dann Rotation

Es gibt aber auch Ausnahmen: Zwei Rotationen in der Ebene hintereinander ausgeführt sind kommutativ: $R_\theta \cdot R_\phi = R_{\theta+\phi} = R_\phi \cdot R_\theta$. Ebenso sind Translationen (wegen der Kommutativität der Vektoraddition) kommutativ: $T_{\Delta 1} \cdot T_{\Delta 2} = T_{\Delta 2} \cdot T_{\Delta 1}$.

Durch die Verknüpfung von Operationen können Transformationen mit beliebigen Fixpunkten realisiert werden. Im folgenden Beispiel soll das Haus um den Pivotpunkt P rotiert werden (Abb. 2-20). Dies kann durch Verknüpfen von Translation und Rotation realisiert werden (Abb. 2-21).

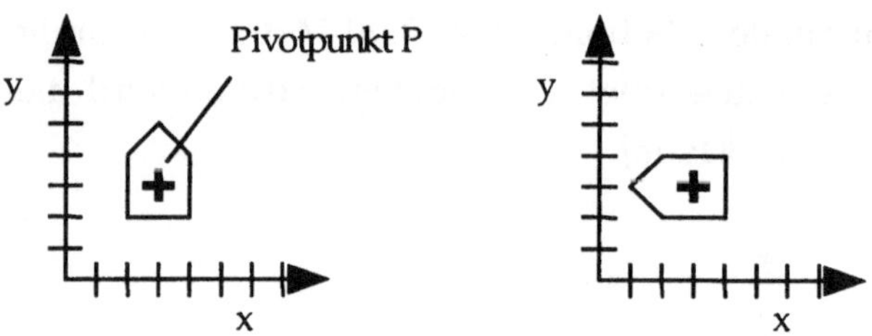

Abb. 2-20 Drehung um Fixpunkt

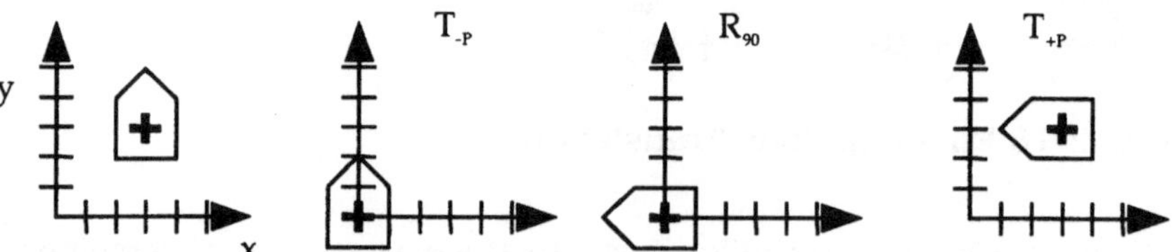

Abb. 2-21 Zusammengesetzte Transformation

1. Verschiebe P in den Ursprung T_{-P}
2. Rotiere 90° um Ursprung R_{90}
3. Translation zurück T_{+P}

Diese drei Operationen können durch homogene Matrizen einfach definiert werden. Wegen der Assoziativität der Matrix- und Vektormultiplikation (2.14) ist es nicht notwendig, die Operationen einzeln und nacheinander auf die Vektoren des Polygons anzuwenden; sondern man kann zuerst die Matrizen miteinander multiplizieren und die resultierende Matrix einmal auf alle Vektoren anwenden: $(T_P \cdot R_{90} \cdot T_{-P}) P_i$. Dies ist effizient, wenn eine Transformation auf Objekte mit vielen Punkten angewendet wird.

2.5.4 Skalierung, Spiegelung, Projektion

Eine nichtuniforme Skalierung mit zwei Faktoren F_x und F_y wird ausgedrückt durch die Matrix:

$$S_{F_x, Y_x} = \begin{bmatrix} F_x & 0 & 0 \\ 0 & F_y & 0 \\ 0 & 0 & 1 \end{bmatrix} \cdot \begin{bmatrix} x \\ y \\ 1 \end{bmatrix} = \begin{bmatrix} F_x \cdot x \\ F_y \cdot y \\ 1 \end{bmatrix} \tag{2.59}$$

wobei $F_x, F_y > 0$. Bei uniformer Skalierung gilt zusätzlich: $F_x = F_y$.

Eine Skalierung mit einem vom Nullpunkt verschiedenen Fixpunkt (z.B. P=<1,1>) kann wiederum durch Kombination mit Translation erreicht werden:

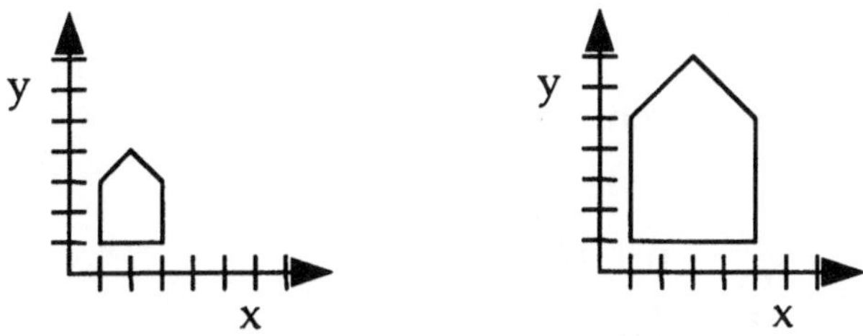

Abb. 2-22 Skalierung mit Fixpunkt

1. Translation um <-1, -1>

2. Uniforme Skalierung mit einem Faktor 2

3. Translation um <1,1>

Durch Verwendung von negativen Skalierungsfaktoren kann man Spiegelungen ausdrücken, z.B. eine Spiegelung an der y-Achse: $F_x = -1$, $F_y = 1$; oder Spiegelung am Ursprung: $F_x = F_y = -1$. Ist ein Skalierungsfaktor Null, wird dadurch eine Projektion ausgedrückt; $F_x = 0$, $F_y = 1$ z.B. definiert eine Projektion auf die y-Achse.

2.5.5 Inverse Transformationen

Inverse Transformationen können durch die Berechnungen der Inversen der Transformationsmatrix, T^{-1}, definiert werden, oder einfach dadurch, daß man bei den Matrizen jeweils die negativen Transformationsparameter einsetzt. Die inverse Translation lautet:

$$T^{-1}_{(\Delta x, \Delta y)} = T_{(-\Delta x, -\Delta y)} = \begin{bmatrix} 1 & 0 & -\Delta x \\ 0 & 1 & -\Delta y \\ 0 & 0 & 1 \end{bmatrix} \tag{2.60}$$

Man kann leicht zeigen, daß $T^{-1} \cdot T = 1$:

$$\begin{bmatrix} 1 & 0 & -\Delta x \\ 0 & 1 & -\Delta y \\ 0 & 0 & 1 \end{bmatrix} \cdot \begin{bmatrix} 1 & 0 & \Delta x \\ 0 & 1 & \Delta y \\ 0 & 0 & 1 \end{bmatrix} = \begin{bmatrix} 1 & 0 & \Delta x - \Delta x \\ 0 & 1 & \Delta y - \Delta y \\ 0 & 0 & 1 \end{bmatrix} = \begin{bmatrix} 1 & 0 & 0 \\ 0 & 1 & 0 \\ 0 & 0 & 1 \end{bmatrix} \tag{2.61}$$

Die inverse Skalierung ist definiert durch:

$$S^{-1}_{(Fx,Fy)} = S_{(1/Fx, 1/Fy)} = \begin{bmatrix} \frac{1}{Fx} & 0 & 0 \\ 0 & \frac{1}{Fy} & 0 \\ 0 & 0 & 1 \end{bmatrix} \tag{2.62}$$

Man beachte, daß die inverse Skalierung nur für Faktoren $F \neq 0$ definiert ist. Für Projektionen gibt es beispielsweise keine eindeutige Umkehroperation.

Eine inverse Rotation ergibt sich als Drehung im Uhrzeigersinn:

$$R_\theta^{-1} \;=\; R_{-\theta} = \begin{bmatrix} \cos(-\theta) & -\sin(-\theta) & 0 \\ \sin(-\theta) & \cos(-\theta) & 0 \\ 0 & 0 & 1 \end{bmatrix} \qquad \boxed{\begin{array}{l} \sin(-\theta) = -\sin\theta \\ \cos(-\theta) = \cos\theta \end{array}} \tag{2.63}$$

Gegenuhr- Uhrzeiger-
zeigersinn sinn

$$R_{-\theta} = \begin{bmatrix} \cos\theta & \sin\theta & 0 \\ -\sin\theta & \cos\theta & 0 \\ 0 & 0 & 1 \end{bmatrix} = R_\theta^T \tag{2.64}$$

Die inverse Rotationsmatrix ist also gleich der Transponierten von R.

2.5.6 Invertieren von verknüpften Operationen

Beim Invertieren von verknüpften Transformationen werden die invertierten Transformationen in umgekehrter Reihenfolge angewendet:

$$(A \cdot B \cdot C)^{-1} = C^{-1} B^{-1} A^{-1} \tag{2.65}$$

Die folgenden Umformungen gelten:

$$(ABC)^{-1} ABC = C^{-1} B^{-1} A^{-1} \cdot ABC = C^{-1} B^{-1} \cdot BC = 1 \tag{2.66}$$

2.5.7 Scherung

Eine weitere geometrische Transformation ist die Scherung. Eine Scherung in x-Richtung kann als Translation der x-Koordinate, proportional zur y-Koordinate beschrieben werden. Ein Rechteck wird dadurch beispielsweise zum Parallelogramm verformt:

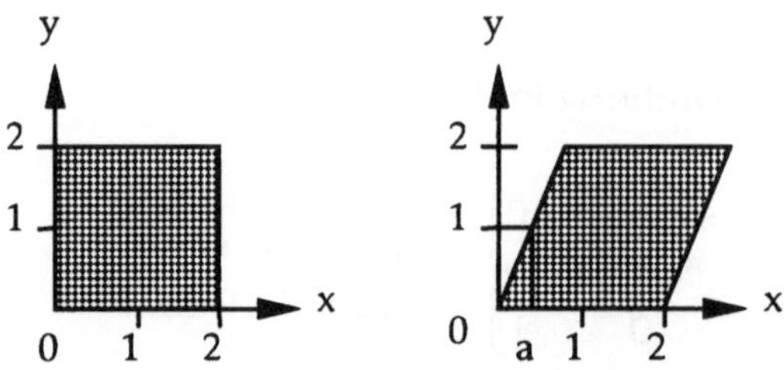

Abb. 2-23 Scherung in x-Richtung

Diese Transformation kann ebenfalls in Matrixform geschrieben werden:

$$\text{Scherung in x-Richtung:} \quad \begin{bmatrix} 1 & a & 0 \\ 0 & 1 & 0 \\ 0 & 0 & 1 \end{bmatrix} \begin{bmatrix} x \\ y \\ w \end{bmatrix} = \begin{bmatrix} x + a \cdot y \\ y \\ w \end{bmatrix} \tag{2.67}$$

Eine Scherung in y-Richtung kann analog formuliert werden:

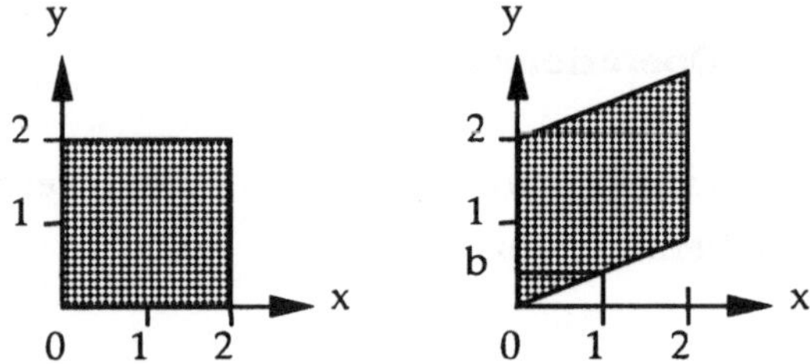

Abb. 2-24 Scherung in y-Richtung

$$\begin{bmatrix} 1 & 0 & 0 \\ b & 1 & 0 \\ 0 & 0 & 1 \end{bmatrix} \begin{bmatrix} x \\ y \\ w \end{bmatrix} = \begin{bmatrix} x \\ y + b \cdot x \\ w \end{bmatrix} \tag{2.68}$$

Scherung, Translation, Rotation und Skalierung sind sogenannte affine Transformationen, welche parallele Linien invariant lassen.

2.6 Dreidimensionale Transformationen

Dreidimensionale homogene Matrizen lassen sich als Transformationen in einem 4-dimensionalen Vektorraum als 4x4 Matrizen darstellen. Die Herleitung folgt aus der Definition für zweidimensionale Objekte auf einfache Weise:

$$\text{Der kartesische Punkt P} <x, y, z> \text{ entspricht} \quad \begin{bmatrix} x \\ y \\ z \\ w \end{bmatrix}_{=1} \tag{2.69}$$

$$\text{Translation: } T_{(\Delta x, \Delta y, \Delta z)} = \begin{bmatrix} 1 & 0 & 0 & \Delta x \\ 0 & 1 & 0 & \Delta y \\ 0 & 0 & 1 & \Delta z \\ 0 & 0 & 0 & 1 \end{bmatrix} \tag{2.70}$$

$$\text{Skalierung: } S_{(Fx, Fy, Fz)} = \begin{bmatrix} Fx & 0 & 0 & 0 \\ 0 & Fy & 0 & 0 \\ 0 & 0 & Fz & 0 \\ 0 & 0 & 0 & 1 \end{bmatrix} \tag{2.71}$$

2.6.1 Rotation im dreidimensionalen Raum

Eine Drehung um die z-Achse ist dasselbe wie eine zweidimensionale Drehung im (x,y)-Raum, d.h. die z-Koordinate bleibt unverändert.

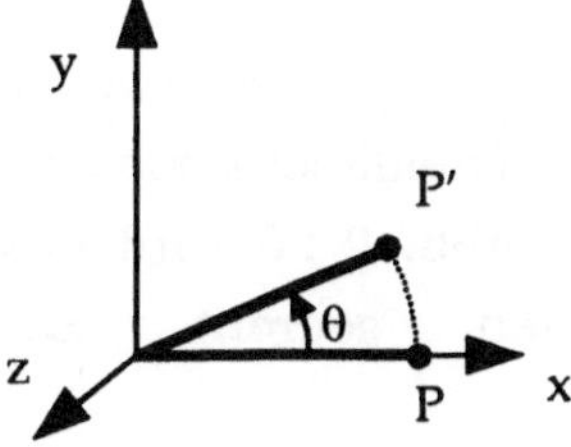

Abb. 2-25 Rotation um z-Achse

Daraus folgt die Matrixdarstellung:

$$R_{z\theta} = \begin{bmatrix} \cos\theta & -\sin\theta & 0 & 0 \\ \sin\theta & \cos\theta & 0 & 0 \\ 0 & 0 & 1 & 0 \\ 0 & 0 & 0 & 1 \end{bmatrix} \tag{2.72}$$

Diese Matrix hat dieselbe 2×2 Untermatrix wie im Zweidimensionalen. Drehungen um die x- und y-Achsen können durch zyklisches Vertauschen der Koordinaten bewirkt werden. Entsprechend erhalten wir die Matrixdarstellung für eine Drehung um die x-Achse. Dies entspricht einer zweidimensionalen Drehung in der (y,z)-Ebene; die x-Koordinaten bleiben unverändert:

$$R_{x\theta} = \begin{bmatrix} 1 & 0 & 0 & 0 \\ 0 & \cos\theta & -\sin\theta & 0 \\ 0 & \sin\theta & \cos\theta & 0 \\ 0 & 0 & 0 & 1 \end{bmatrix} \tag{2.73}$$

Bei einer Drehung um die y-Achse resp. Drehung in der (z,x)-Ebene bleiben die y-Koordinaten unverändert:

$$R_{x\theta} = \begin{bmatrix} \cos\theta & 0 & \sin\theta & 0 \\ 0 & 1 & 0 & 0 \\ -\sin\theta & 0 & \cos\theta & 0 \\ 0 & 0 & 0 & 1 \end{bmatrix} \tag{2.74}$$

Operationen vom selben Typ (z.B zwei Rotationen um die selbe Achse, zwei Translationen, zwei Skalierungen) sind auch im Dreidimensionalen jeweils kommutativ, aber generell gilt: $A \cdot B \neq B \cdot A$. In der Abb. 2-26 wird das Haus nacheinander um zwei verschieden Achsen gedreht. Es gilt: $R_{y+90} \cdot R_{z-90} \neq R_{z-90} \cdot R_{y+90}$.

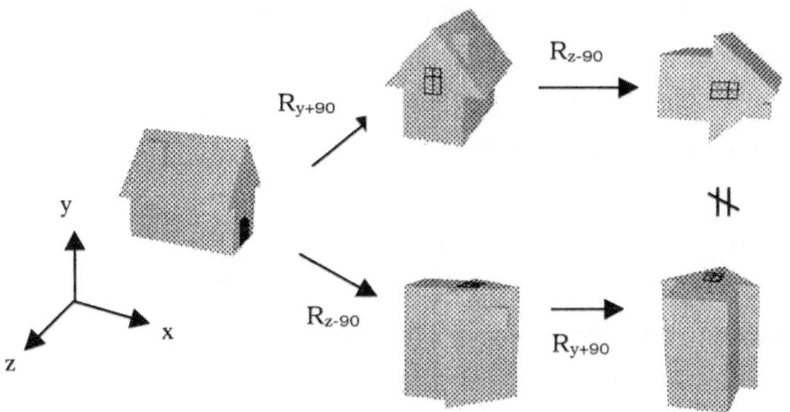

Abb. 2-26 Nicht-Kommutativität zweier dreidimensionaler Drehungen

2.6.2 Rotation um beliebige räumliche Achsen

Auch im Dreidimensionalen können wir Operationen mit verschiedenen Fixpunkten durch Verknüpfen von einfachen Transformationen erreichen. Eine
wichtige Operation ist zum Beispiel die Rotation eines Objektes um eine beliebige räumliche Achse (Abb. 2-27).

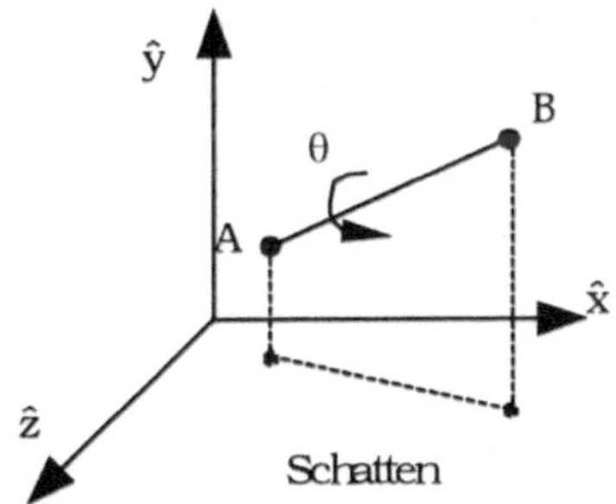

Abb. 2-27 Drehung um die Achse $\overline{AB}$ mit Winkel θ

Wir vereinfachen dieses Problem (ähnlich wie beim zweidimensionalen Drehen
um einen Pivotpunkt), indem wir die Drehachse zuerst auf eine der Koordinatenachsen ausrichten. Dann drehen wir die Punkte mit dem gewünschten Winkel um diese Koordinatenachse und transformieren anschließend die Drehachse
wieder zurück. Dies geschieht in folgenden sieben Schritten (siehe Abb. 2-28):

1. Translation der Achse um -A zum Ursprung: T_{-A}

2. Rotiere Drehachse in die (y-z)-Ebene

    (Rotiere um y-Achse mit Winkel $-\alpha$): $R_{y-\alpha}$

3. Rotiere die Drehachse auf die z-Achse

    (Rotiere um x-Achse mit Winkel β): $R_{x\beta}$

4. Rotiere um z-Achse mit Winkel θ: $R_{z\theta}$

5. Invertiere Transformation von Schritt 3: $R_{x-\beta}$

6. Invertiere Transformation von Schritt 2: $R_{y\alpha}$

7. Invertiere Transformation von Schritt 1: T_{A}

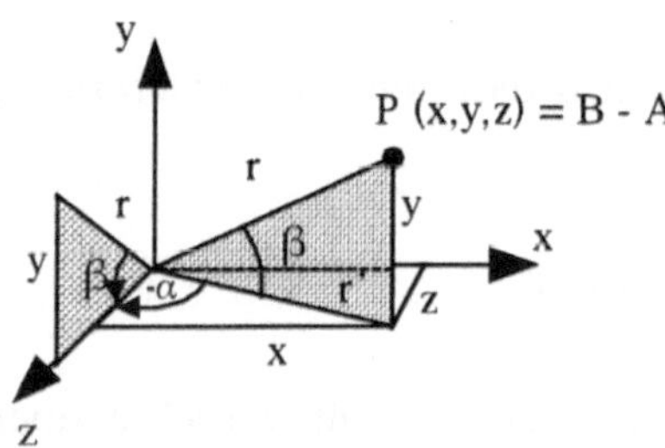

Abb. 2-28 Winkel und Abstände für Abb. 2-27

Alle sieben Operationen können mit den oben eingeführten Matrixtypen für die Grundoperationen (Translation, Rotation um Koordinatenachse) durchgeführt werden. Die trigonometrischen Beziehungen sind in der folgenden Illustration ersichtlich (Abb. 2-29 und 2-30):

Zum Beispiel für $R_{y-\alpha}$:

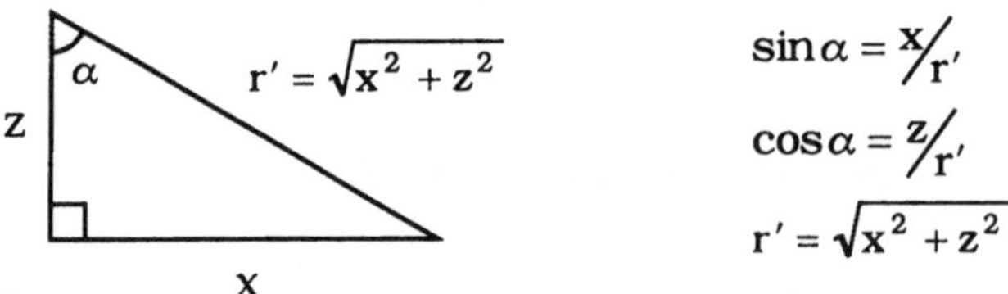

Abb. 2-29 Trigonometrische Beziehungen für $R_{y-\alpha}$

$$R_{y-\alpha} = \begin{bmatrix} z/r' & 0 & -x/r' & 0 \\ 0 & 1 & 0 & 0 \\ x/r' & 0 & z/r' & 0 \\ 0 & 0 & 0 & 1 \end{bmatrix} \qquad (2.75)$$

Die Matrix $R_{x\beta}$:

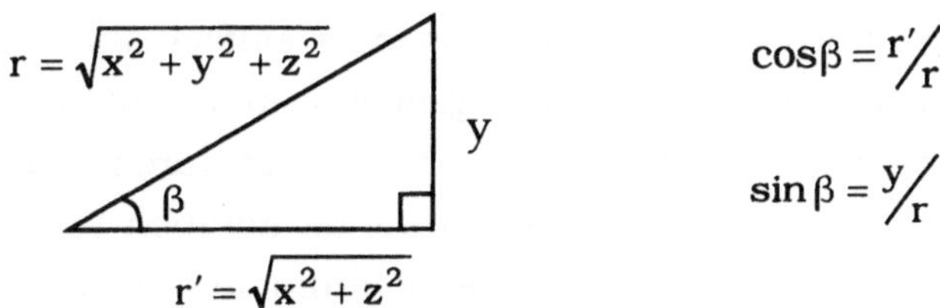

Abb. 2-30 Trigonometrische Beziehungen für $R_{x\beta}$:

Die zusammengesetzte Operation lautet: $R_{\overline{AB}\,\theta} = T_A \cdot R_{y\alpha} \cdot R_{x\text{-}\beta} \cdot R_{z\theta} \cdot R_{x\beta} \cdot R_{y\text{-}\alpha} \cdot T_{\text{-}A}$

Die hier beschriebene Operation hat vielen Anwendungen in der Computergrafik, in der Animation, Roboterprogammierung und im computergestützten Konstruieren (z.B. Ausrichten von Baugruppen an Referenzobjekten), etc.

2.7 Koordinatentransformation

In der Computergrafik müssen manchmal Objekte von einem Koordinatensystem in ein anderes transformiert werden. Zum Beispiel sollen Objektkoordinaten relativ zu einem lokalen Koordinatensystem, definiert durch die Achsen $\hat{x}', \hat{y}', \hat{z}'$, repräsentiert werden. Typischerweise kann eine solche Transformation durch eine Kombination von Translation und Rotationen (d.h. eine sogenannte starre Körpertransformation) erreicht werden. Besonders einfach wird die Operation, wenn die beiden Koordinatensysteme den gleichen Nullpunkt haben (dies läßt sich immer durch eine Translation erreichen) und diese durch eine Orthonormalbasis repräsentiert sind. Die noch auszuführende Rotation um den Ursprung läßt sich durch eine Projektion der Objektkoordinaten auf die lokalen Koordinatenachsen berechnen.

Mit einem zweidimensionalen Beispiel soll der Punkt P in ein durch die orthonormalen Vektoren $\hat{x}'$ und $\hat{y}'$ repräsentiertes lokales Koordinatensystem transformiert werden (Abb. 2-31):

lokales
Koordinatensystem:

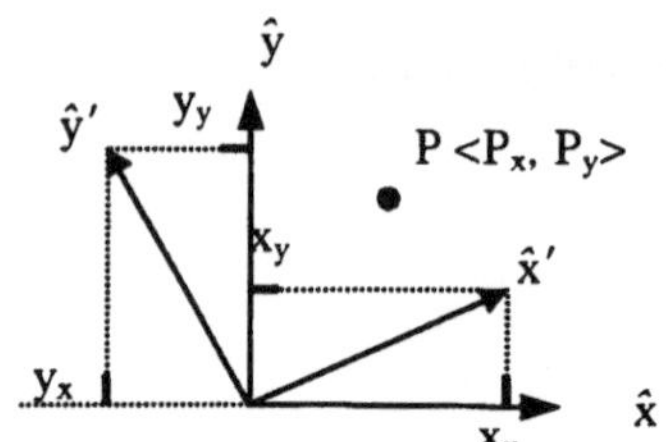

$$\hat{x}' = \left\langle x_x, x_y \right\rangle$$

$$\hat{y}' = \left\langle y_x, y_y \right\rangle$$

$$\left|\hat{x}'\right| = \left|\hat{y}'\right| = 1 \; ; \quad \hat{x}' \perp \hat{y}'$$

Abb. 2- 31 Koordinatentransformation

Die Projektion auf die neuen Koordinatenachsen P(x',y') wird als Skalarprodukt der Punktkoordinaten mit den neuen Koordinatenachsen berechnet:

$$Px' = \hat{x}' \cdot P = \left\langle x_x, x_y \right\rangle\!\!\left\langle P_x, P_y \right\rangle$$
$$Py' = \hat{y}' \cdot P = \left\langle y_x, y_y \right\rangle\!\!\left\langle P_x, P_y \right\rangle$$

(2.76)

Diese Operation läßt sich mit einer 2 x 2 Matrix darstellen:

$$P' = T \cdot P = \begin{bmatrix} x_x & x_y \\ y_x & y_y \end{bmatrix} \cdot \begin{bmatrix} P_x \\ P_y \end{bmatrix} \tag{2.77}$$

Für dreidimensionale homogene Koordinaten wird die Transformation entsprechend als 4 x 4 Matrix repräsentiert:

$$T = \begin{bmatrix} x_x & x_y & x_z & 0 \\ y_x & y_y & y_z & 0 \\ z_x & z_y & z_z & 0 \\ 0 & 0 & 0 & 1 \end{bmatrix} \tag{2.78}$$

2.8 Ansichten im Raum

Zur Synthese von computergenerierten Bildern muß berechnet werden, welches Bild ein Beobachter resp. eine Kamera aus einem bestimmten Blickwinkel von einem Objekt sieht (Abb. 2.32). Dazu wird eine Ansichtstransformation durchgeführt.

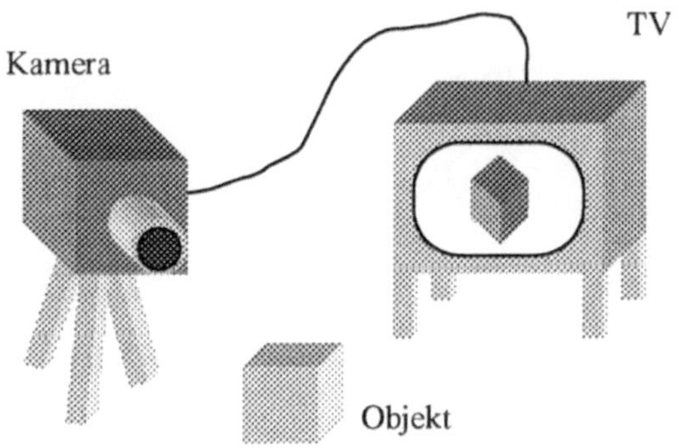

Abb. 2-32 Ansichtstransformation: Schematischer Aufbau

Die Kamera transformiert dabei die Objekte von ihren „globalen" kartesischen dreidimensionalen Koordinatensystem auf das zweidimensionale Koordinatensystem des Bildschirms. Kamera und Objekt sind in der Computergrafik natürlich nur virtuell, und die Transformation auf Bildschirmkoordinaten werden durch (geometrische) Vektoroperationen simuliert.

Intuitiv stell man die Situation folgendermaßen geometrisch dar: Halten Sie in Gedanken eine Glasscheibe in gewissem Abstand in Blickrichtung vor Ihre Augen (Abb. 2-33). Die Scheibe soll dabei senkrecht zur Blickrichtung D stehen. Markieren Sie die Umrisse der Objekte, welche Sie durch diese Scheibe sehen, mit einem Stift. Jeder markierte Punkt P' ist ein Schnittpunkt einer Geraden vom Augenpunkt E zum entsprechenden Objektpunkt P mit der Ebene der Scheibe. Sie erhalten dadurch eine perspektivische Ansicht, welche die weiter entfernten Objekte kleiner (verkürzt) aufzeichnet.

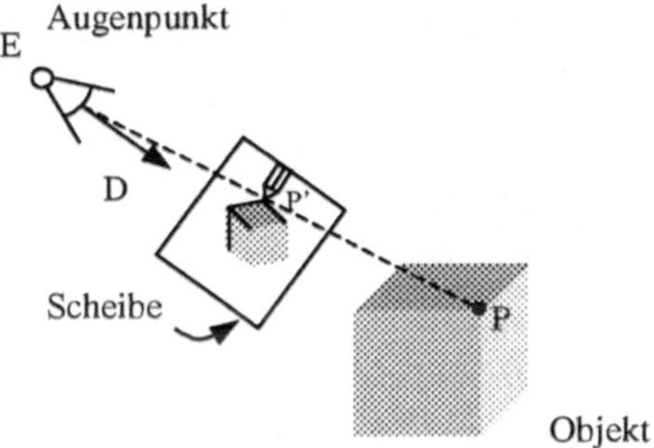

Abb. 2-33 Perspektive Abbildung

Diesen geometrischen Sachverhalt werden wir im Folgenden durch Vektoroperationen definieren:

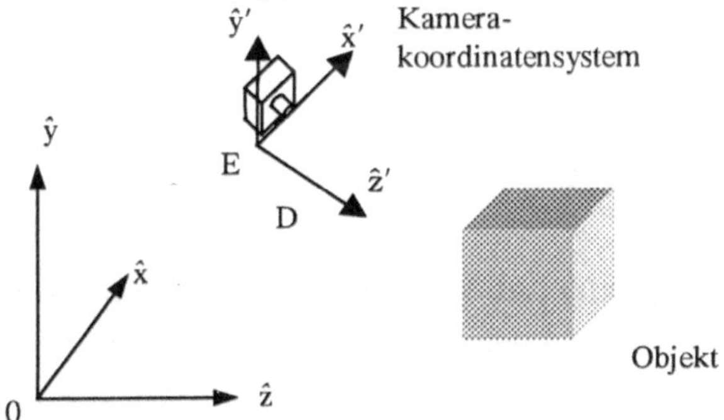

Abb. 2-34 Kamerakoordinatensystem

Wir drücken die Sichtparameter durch zwei Vektoren aus:

Augenpunkt E   Blickrichtung D

Daraus definieren wir das lokale Kamerakoordinatensystem $\hat{z}' = D$ (in Blickrichtung), $\hat{x}'$ liegt entlang der Basislinie der Kamera und senkrecht zu $\hat{z}'$ und $\hat{y}'$. Diese Vektoren werden auf Einheitslängen normiert.

Indem wir das Objekt vom seinen globalen Koordinaten in das Kamerakoordinatensystem transformieren, wird die Situation vereinfacht. Diese Transformation besteht aus einer Translation T um -E und einer Rotation R in die Kamerakoordinaten. Dafür benutzen wir die oben hergeleitete Matrix für Koordinaten-transformation (2.78). Die Matrizen T und R sind dann:

$$
T = \begin{bmatrix} 1 & 0 & 0 & -E_x \\ 0 & 1 & 0 & -E_y \\ 0 & 0 & 1 & -E_z \\ 0 & 0 & 0 & 1 \end{bmatrix}; \quad R = \begin{bmatrix} x'_x & x'_y & x'_z & 0 \\ y'_x & y'_y & y'_z & 0 \\ z'_x & z'_y & z'_z & 0 \\ 0 & 0 & 0 & 1 \end{bmatrix} \tag{2.79}
$$

Diese Ansichtstransformation ist eine starre Körpertransformation. Die Objekte der Szene sind nach der Transformation weiterhin 3D-Objekte, wobei die z-Koordinate die Tiefe (Abstand vom Augenpunkt) bedeutet. Wir können danach noch Sichtbarkeitsberechnungen durchführen und perspektivische Verkürzungen berechnen, bevor die Objekte auf die Ansichtsebene (engl. view plane) projiziert werden.

2.8.1 Orthographische Projektion

Die einfachste, nicht-perspektivische Abbildung ist die Parallelprojektion, senkrecht auf die Projektionsebene der Kamera (Abb. 2-35). Dazu brauchen wir lediglich die Objektkoordinaten der Liniensegmente nach der Ansichtstransformation (Translation und Rotation in das Kamerakoordinatensystem) auf die „Kamerarückwand" zu projizieren, indem wir die z' -Koordinaten zu Null setzen.

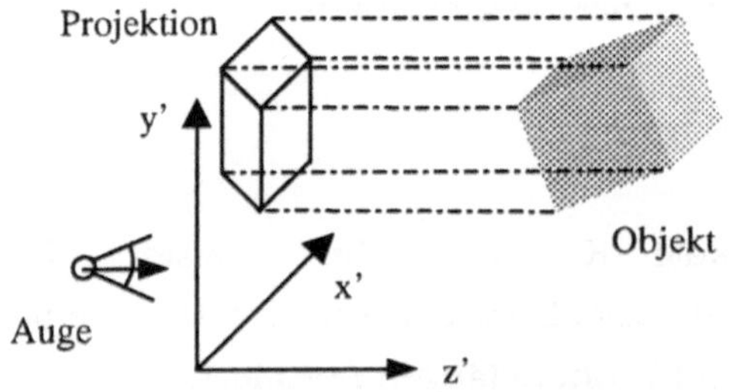

Abb. 2-35 Orthographische Projektion im Kamerakoordinatensystem

2.8.2 Perspektiven

Um die oben beschriebene perspektivische Verkürzung von weiter entfernten Objekten bei der Berechnung der Ansicht zu berücksichtigen, betrachten wir zuerst einen Schnitt durch die (y', z')-Ebene des Kamerakoordinatensystems.

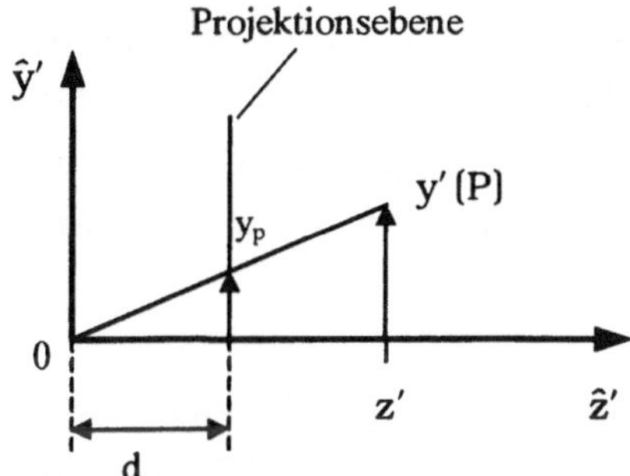

Abb. 2-36: Perspektivische Projektion im Kamerakoordinatensystem

Die Kamera ist im Ursprung 0 des lokalen Koordinatensystems lokalisiert und in z'-Richtung ausgerichtet. Die Projektionsebene (engl. view plane), im Abstand d vom Augenpunkt, entspricht dabei der transparenten Scheibe (Abb. 2-33). y_P ist die auf der Scheibe markierte (projizierte) y-Koordinate eines Punktes P nach der Ansichtstransformation. Aus dem Strahlensatz ergeben sich folgende Beziehungen (Abb. 2-36):

$$\frac{y_P}{d} = \frac{y'}{z'} \quad \Rightarrow \quad y_P = \frac{d \cdot y'}{z'} \tag{2.80}$$

Entsprechend ist die Abbildung von x:

$$x_P = \frac{d \cdot x'}{z'} \tag{2.81}$$

Wir beobachten Folgendes: Je weiter weg das Objekt von der Kamera ist (d.h. je größer seine z'-Koordinaten), desto kleiner wird seine Projektion in der perspektivischen Abbildung. Umgekehrt wird ein Objekt, welches direkt im Ursprung des Kamerasystems sitzt, unendlich groß (Division durch Null). Der Abstand der

Ansichtsebene vom Auge d kann als konstanter Zoom-Faktor für die Skalierung des perspektivischen Abbildes verwendet werden. Objekte oder Teilobjekte, die sich zu nahe am Augenpunkt befinden, und auch solche die über den rechteckigen Abbildungsbereich hinausragen, müssen vor der Darstellung auf dem Bildschirm weggeschnitten werden.

Nach der perspektivischen Abbildung haben wir immer noch ein (zwar verzerrtes) dreidimensionales Objekt mit den Koordinaten $<x_p, y_p, z'>$. Die z'-Koordinate entspricht dabei dem Abstand des Objekts vom Auge. Mit dieser Information können die Sichtbarkeit beziehungsweise Verdeckung durch weiter vorne liegende Objekte und andere Effekte berechnet werden.

Die perspektivische Abbildung in die Bildschirmebene läßt sich ebenfalls als homogene Matrix darstellen (2.82). Wie unten gezeigt, wird hier erstmals die homogene Koordinate ungleich 1 gesetzt. Beim Konvertieren in kartesische Koordinaten wird die Division entsprechend der obigen Herleitung ausgeführt (2.80, 2.81).

$$S = \begin{bmatrix} 1 & 0 & 0 & 0 \\ 0 & 1 & 0 & 0 \\ 0 & 0 & 0 & 0 \\ 0 & 0 & 1/d & 0 \end{bmatrix} \cdot \begin{bmatrix} x \\ y \\ 0 \\ 1 \end{bmatrix} = \begin{bmatrix} x \\ y \\ 0 \\ z/d \end{bmatrix} \Rightarrow \text{kartesisch}: \begin{bmatrix} d \cdot x/z \\ d \cdot y/z \\ 0 \end{bmatrix} \qquad (2.82)$$

Die Gesamtansichtstransformation angewendet auf einen Objektpunkt P ist damit $(S \cdot R \cdot T)\,P$.

2.9 Repräsentierung von Objekten mit homogenen Koordinaten

Um Objekte in der Computergrafik zu visualisieren, stellen wir sie typischerweise als Drahtgittermodelle (engl. wire frame) aus einzelnen Liniensegmenten dar oder als Polyeder. In beiden Fällen können diese Objekte durch homogene Koordinaten dargestellt und durch eine Ansichtstransformation auf die Bildschirmebene projiziert werden.

Richtungsvektoren können als homogene Vektoren mit einer Differenz zweier Ortsvektoren dargestellt werden. Damit wird ihre homogene Koordinate $w = 0$.

$$\text{Richtungsvektoren} \quad d = \begin{bmatrix} d_x \\ d_y \\ d_z \\ 0 \end{bmatrix} \tag{2.83}$$

Dies ist gleichbedeutend mit einem kartesischen Vektor mit unendlicher Länge. Damit wird im homogenen Vektorraum ein Unterschied zwischen Orts- und Richtungsvektoren gemacht. Mann kann zeigen, daß z.B. eine homogene Rotation auf Richtungs- und Ortsvektoren wirkt, während eine homogene Translation nur auf Ortsvektoren, nicht aber auf Richtungsvektoren wirkt (siehe Übungsaufgaben). Diese Eigenschaft ist erwünscht, wenn Objekte aus Richtungs- und Ortsvektoren zusammengesetzt sind (z.B. für Linien und Ebenen). Man kann nun beliebige homogene Transformationen auf solche zusammengesetzte Objekte anwenden. Ebenfalls gilt, daß die Addition zweier Richtungsvektoren wieder ein Richtungsvektor ergibt, während die Summe eines Orts- und eines Richtungsvektors einen Ortsvektor ergibt. Eine Linie ist demzufolge eine Menge von Ortsvektoren.

$$\text{Linie} \quad l = \underset{\substack{\uparrow \quad \nearrow \\ \text{Ortsvektoren}}}{p} + \underset{\substack{\uparrow \\ \text{Richtungsvektor}}}{\lambda d} \qquad p = \begin{bmatrix} p_x \\ p_y \\ p_z \\ 1 \end{bmatrix} \qquad d = \begin{bmatrix} d_x \\ d_y \\ d_z \\ 0 \end{bmatrix} \tag{2.84}$$

Auch Flächennormalen werden durch Richtungsvektoren repräsentiert. Man beachte allerdings, daß die Summe von Ortsvektoren die Bedeutung eines arithmetischen Mittels annimmt (siehe Übungsaufgaben).

2.10 Übungsaufgaben

1. Zeigen Sie, daß die Vektoren $\hat{x}, \hat{y}$ und $\hat{z}$ (Abb. 2-1) eine Orthonormalbasis bilden.

2. Zeigen Sie, daß die Inverse einer Rotation, multipliziert mit der Rotation selbst die Einheitstransformation ergibt. Hinweis: Zeigen Sie, daß $R_\theta \cdot R_{-\theta} = 1$ unter Verwendung der Beziehung $\cos^2 + \sin^2 = 1$

3. Diskutieren Sie Eigenschaften (Winkel, Distanzen, Flächeninhalte, etc.), welche durch die Operationen wie Translation, Rotation, uniforme Skalierung oder nicht uniforme Skalierung, invariant gelassen beziehungsweise verändert werden.

4. Zeigen Sie, daß die Nichtkommutativität eine notwendige Eigenschaft bei der Herleitung einer Drehung um einen beliebigen Pivotpunkt ist. (Umgekehrt: Was würde resultieren, wenn die Reihenfolge bei Translation und Rotation egal wäre?)

5. Zeigen Sie durch Verwenden der entsprechenden zweidimensionalen homogenen Matrizen und Vektoren, daß:

   a) Translationen homogene Richtungsvektoren invariant lassen

   b) Rotationen sich entsprechend auf Richtungs- wie Ortsvektoren auswirken

   c) die Vektoraddition von Richtungs- und Ortsvektoren (in verschiedenen Kombinationen) unterschiedliche Bedeutung hat.

6. Ein im Nullpunkt zentriertes und um 45 Grad gedrehtes Quadrat soll nun mit einem Faktor 2 in x-Richtung (nicht uniform) skaliert werden. Welche Folgen hat dies für seine Form?

7. Welche Verknüpfung von Grundoperationen ermöglicht es, ein im Nullpunkt zentriertes und um 45 Grad gedrehtes Quadrat in Richtung des Vektors <1,1> um den Faktor 2 zu skalieren? Schreiben Sie die Teiloperationen als Matrizen und die Verknüpfung als Matrixmultiplikation in der richtigen Rei-

henfolge auf. Welche Form hat das Quadrat nach der Skalierung? Vergleichen Sie mit dem Resultat von Aufgabe 6. Definieren Sie das Ergebnis als Ausnahme von Aufgabe 6.

8. Gegeben sind folgende zweidimensionalen Transformationen und deren Inverse, als homogene Matrizen: Translation um 1 in x-Richtung (T_{x1}, T_{x1}^{-1}), Rotation 45 Grad (R_{45}, R_{45}^{-1}), Skalieren in x-Richtung mit einem Faktor 2 (F_{x2}, F_{x2}^{-1}). Setzen Sie daraus folgende Transformationen zusammen:

a)   Skalieren in y-Richtung mit Faktor 0.5

b)   Translation in Richtung $(1,1)$

c)   Translation in Richtung $(1,2)$

(Sie können dabei nur obige 6 Matrizen anwenden, diese dafür auch mehrfach. Versuchen Sie mit möglichst wenig Operationen auszukommen.)

3 Licht, Farbe und Beleuchtung

In diesem Kapitel wird das Farbempfinden des menschlichen Auges besprochen. Aus den physiologischen Prinzipien und der technischen Realisierung des Farbmischens leiten wir die Farbmodelle RGB, CMY und HSV her, welche in der Computergrafik gebräuchlich sind. Im weiteren wird die Physik der Lichtausbreitung und Lichtreflexion sowie die davon abgeleiteten Beleuchtungsmodelle nach Lambert und Phong eingeführt.

3.1 Farbempfindung und Reproduktion

Mit Licht bezeichnen wir das sichtbare Spektrum der elektromagnetischen Wellen, zwischen Infrarot (IR) und Ultraviolett (UV), welche sich im Vakuum mit Lichtgeschwindigkeit (d.h. ca. 300,000 km/s oder die Distanz Erde-Mond in einer Sekunde) ausbreiten. Sichtbares Licht hat Wellenlängen zwischen ca. 400 und 700 Nanometer (1 nm = 10^{-9} m). Verschiedene Wellenlängen werden vom Auge als unterschiedliche Farben empfunden. Das Diagramm in Abb. 3-1 beschreibt die Empfindlichkeit des menschlichen Auges in Abhängigkeit der Wellenlänge. Die höchste Empfindlichkeit liegt bei ca. 580 nm (gelbe Farbe). Dies entspricht einer Frequenz von 500 THz (Terahertz).

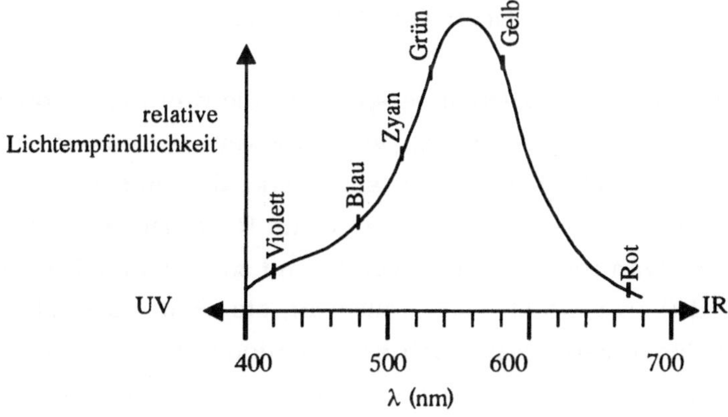

Abb. 3-1 Wellenlängeabhängige Lichtempfindlichkeit des menschlichen Auges

$$\text{Frequenz} \approx \frac{300 \cdot 10^{6} \, \text{m}}{600 \cdot 10^{-9} \, \text{m} \cdot \text{s}} = 500 \cdot 10^{12}/\text{s} = 500 \text{ THz (Terahertz)}$$

Das Farbempfinden des Auges wird mit der Tristimulustheorie erklärt. Danach besitzt das menschliche Auge drei Arten von Sensoren (Synapsen) mit unterschiedlicher frequenzabhängiger Empfindlichkeit. Die Sensitivität der Sensoren ist mit deren gemessenen Absorptionsspektrum (Abb. 3-2) korreliert, so daß das absorbierte Licht in elektrische Signale umgewandelt und diese dem Gehirn zur Verarbeitung zugeführt werden. Die drei Absorptionskurven werden in Analogie zu den Primärfarben Rot, Grün und Blau mit R, G, und B oder RGB bezeichnet. Die in Abb. 3-1 gezeigte Empfindlichkeitskurve verläuft proportional zur Summe der einzelnen Absorptionskurven R + G + B.

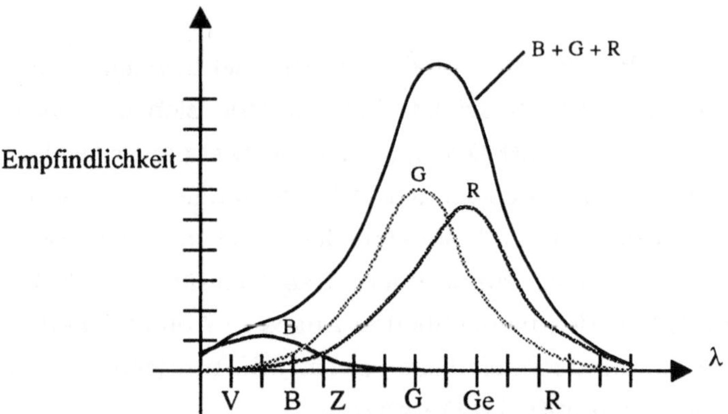

Abb. 3-2 Empfindlichkeit der unterschiedlichen Synapsen (V=Violett (Magenta), B=Blau, Z=Zyan, G=Grün, Ge=Gelb, R=Rot)

Lichtquellen unterschiedlicher Wellenlänge sprechen die drei Arten von Sensoren in unterschiedlichen Verhältnissen an, was zu jeweils verschiedenen Farbempfindungen beim Betrachter führt. Entsprechend den Absorptionskurven regt Violett beispielsweise B maximal an, aber G und R werden praktisch überhaupt nicht angeregt. Zyan regt hauptsächlich B und zum Teil auch G an. Gelbes Licht regt G und R zu etwa gleichen Teilen an, etc. Statt einer Lichtquelle mit nur einer Wellenlänge kann man auch zwei Lichtquellen mit unterschiedlichen Wellenlängen so überlagern, daß sie zusammen auf der Netzhaut auftreffen. Zum Beispiel wenn eine rote und eine etwa gleich starke grüne Lichtquelle auf der selben Stelle der Netzhaut auftreffen, sieht der Betrachter an der entsprechenden Stelle einen gelben Lichtfleck. Dies kann aus den obigen Empfindlichkeitskurven damit erklärt werden, daß die Sensoren R und G insgesamt im gleichen Verhältnis angeregt werden, wie dies bei einer einfarbigen gelben Lichtquelle der Fall wäre. Diese Eigenschaft kann man natürlich benutzen, um gewisse Farben aus anderen zu mischen. Unter anderem kann man auch Zyan aus Blau und Grün mischen oder Violett (Magenta) aus Rot und Blau. Die empfundene Farbe entspricht näherungsweise einer Interpolation der gemischten Farben im Frequenzbereich. Durch Ändern der relativen Intensität der jeweiligen Farbkomponenten in der Mischung wird der Effekt mehr gegen die eine oder andere Farbe verschoben. Die Tristimulustheorie kann experimentell dadurch verifiziert werden, daß das Auge den Effekt zweier gemischten Lichtquellen kaum von einer entsprechenden einfarbigen Lichtquelle unterscheiden kann. Sonnenlicht enthält ein Gemisch von Licht aller Frequenzen zu etwa gleichen Anteilen und erscheint dem Betrachter als Weiß. Mischt man rotes, grünes und blaues Licht im gleichen Verhältnis, so erscheint es dem Betrachter ebenfalls als Weiß. Durch systematisches Nachweisen dieser Phänomene kann gezeigt werden, daß sich beliebige Farben, welche das Auge unterscheiden kann, durch Mischen der drei Primärfarben Rot, Grün und Blau in verschiedenen Verhältnissen (zumindest annähernd) erzeugen lassen. Wir leiten aus dieser Tatsache im nächsten Abschnitt das sogenannte RGB-Farbmodell ab.

3.1.1 Additive Farbmischung: RGB-Farbmodell

Das Farbdiagramm in Abb. 3-3 stellt die Mischung aus zwei beziehungsweise drei Primärfarben, Rot, Grün und Blau schematisch dar.

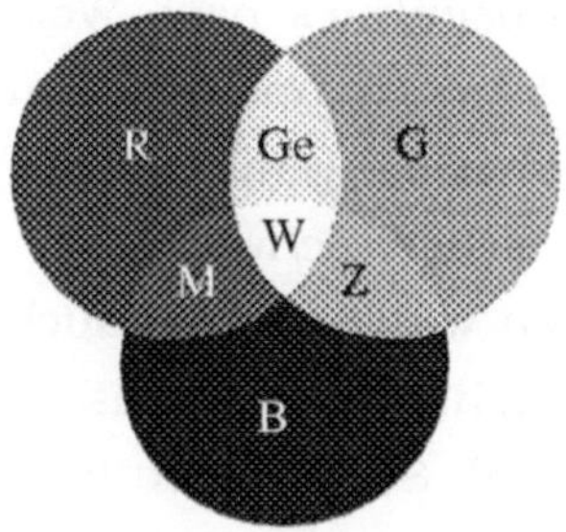

Abb. 3-3 Additive Farbmischung

Im RGB-Farbmodell werden die drei Lichtquellen der Farben Rot, Grün und Blau als unabhängige Koordinaten <R, G, B> eines dreidimensionalen Raumes repräsentiert (Abb. 3-4). Die Werte der Koordinaten zwischen 0 und 1 entsprechen der relativen Lichtstärke der einzelnen Quellen R, G und B zwischen 0% und 100%. Der Wertebereich ist hier auf das Volumen eines Würfels mit Seitenlänge 1 beschränkt.

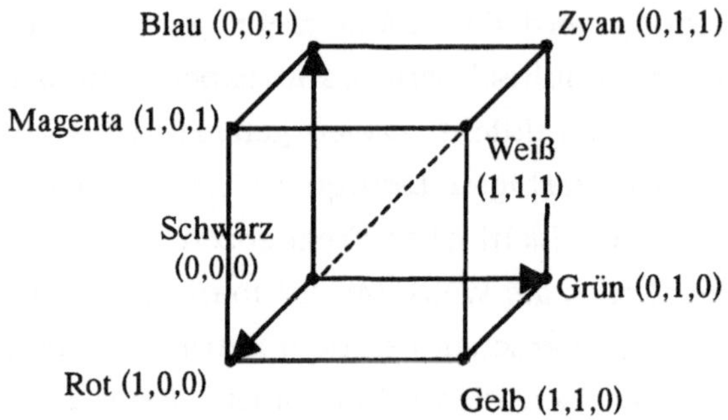

Abb. 3-4 Der RGB-Farbraum

Der Koordinatenursprung <R, G, B> = <0, 0, 0> entspricht Schwarz (Abwesenheit von Licht). Gelb ist bei <1, 1, 0>, Zyan ist bei <0, 1, 1>, Magenta ist bei <1, 0, 1>. Andere bekannte Farben können in diesem Koordinatensystem dargestellt werden. Zum Beispiel hat die Farbe Orange etwa die Koordinaten <1, 0.5, 0> (d.h. ein Zwischenton zwischen Rot und Gelb). Das Mischen zweier Farben erzeugt jeweils eine reine Farbe, da diese wie eine Lichtquelle mit einer einzigen Wellenlänge (Spektralfarbe) empfunden wird. Diese Farben befinden sich auf den Koordinatenebenen, d.h. auf den rückseitigen Flächen des RGB-Würfels. Die Zumischung einer dritten Farbe verschiebt den Farbeindruck nach Weiß (bzw. Grau) hin. Entlang der Raumdiagonalen zwischen Schwarz und Weiß im RGB-Würfel sind die drei Primärfarben im gleichen Verhältnis gemischt. Dies entspricht Grautönen unterschiedlicher Helligkeit (zwischen Schwarz und Weiß), welche als völlig ungesättigt bzw. farblos empfunden werden (siehe auch HSV-Modell im Abschnitt 3.1.3). Die Farbe Braun entsteht durch Zumischen von Blau zur reinen Farbe Orange (ungefähr <1, 0.5, 0.2>). Somit liegen Brauntöne irgendwo zwischen Orange und Grau.

Analysiert man die Empfindlichkeitskurven R, G und B der Synapsen genauer, sieht man, daß sie sich in weiten Bereichen überlappen. Diese Tatsache ist dafür verantwortlich, daß eine Mischung aus zwei Grundfarben nicht ganz genau einer reinen Spektralfarbe entsprechen kann. Weil die zwei Grundfarben mehr im Überlappungsbereich der jeweils dritten Art von Sensoren liegen als die reine Spektralfarbe, wird die gemischte Farbe etwas weniger gesättigt erscheinen. Würde man statt Rot, Grün und Blau andere Farben zur Mischung verwenden, wäre das noch deutlicher zu sehen. Die Wahl der Grundfarben Rot, Grün und Blau zur Mischung anderer Farben erweist sich physiologisch als optimal. So kann man im Prinzip Grün auch durch Addition von Gelb und Zyan mischen. Dabei können die Sensoren G und R etwa im selben Verhältnis wie beim reinen Grün angeregt werden. Im Gegensatz zum reinen Grün regen die beiden Mischfarben auch B nicht unerheblich an, was in einem weniger gesättigten, weißlichen Grün resultiert.

Eine wichtige technische Anwendung der addditiven Farbmischung mit dem RGB-Modell ist die Farbkathodenstrahlröhre, wie sie für Computermonitore oder Fernsehbildschirme verwendet wird (siehe Kapitel 4). Andere Geräte wie Flüßigkristallbildschirme, Videoprojektoren oder farbige Plasmabildschirme beruhen ebenfalls auf dem RGB-Modell.

3.1.2 Subtraktive Farbmischung: CMY-Farbmodell

Subtraktive Farbmischung kann durch die Verwendung von farbigen Filtern erreicht werden. Die Absorptionsspektren von fotografischen Farbfiltern sind in Abb. 3-5 qualitativ dargestellt. Eine ungefilterte, weiße Lichtquelle enthält alle Spektralfarben. Farbfilter absorbieren einen Teil des Spektrums, während andere Farben ungehindert durchgelassen werden. Ein fotografischer Gelbfilter absorbiert beispielsweise blaues Licht und läßt rotes und grünes Licht gleichermaßen durch. Durch additive Mischung der durchgelassenen Farben wird das resultierende Licht als Gelb empfunden (siehe RGB-Modell). Ein Zyan-Filter absorbiert rotes Licht und läßt Grün und Blau durch, was als Zyan erscheint. Ein Magentafilter absorbiert Grün und läßt Blau und Rot durch, was zu Violett (Magenta) führt.

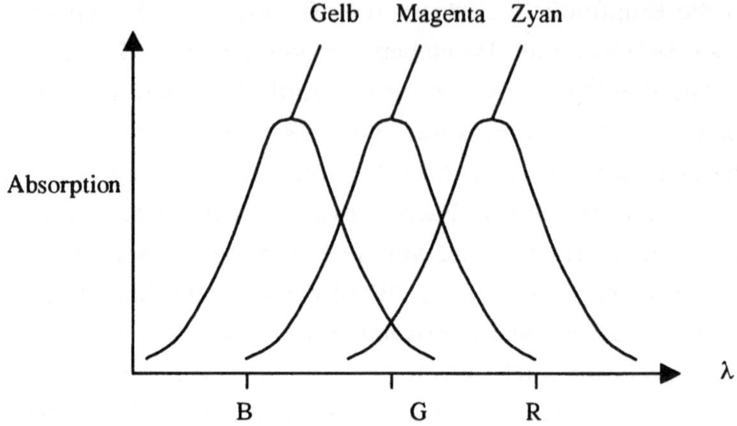

Abb. 3-5 Absorptionsspektren von Farbfiltern CMY

Subtraktives Mischen von Farben kann durch Übereinanderlegen von zwei oder
drei Filtern der Farben Zyan (engl. Cyan), Magenta und Gelb (engl. Yellow) reali-
siert werden. Das davon abgeleitete Modell heißt dementsprechend CMY-Modell.
Die Absorption des Lichtes wird durch das Übereinanderlegen der Filter addiert.
Beispielsweise absorbieren die Filter Gelb und Magenta zusammen Blau und
Grün und lassen nur noch rotes Licht durch. Magenta und Zyan absorbieren
Rot und Grün und lassen nur Blau durch. Gelb und Zyan absorbieren Blau und
Rot und lassen nur noch Grün durch. Alle drei Filter übereinandergelegt absor-
bieren alle Wellenlängen und lassen demzufolge kein Licht durch. Damit kann
auch Schwarz im CMY-Modell realisiert werden.

Das folgende Diagramm (Abb. 3-6) zeigt die subtraktive Mischung der drei Farben Zyan, Magenta und Gelb. Ähnlich dem RGB-Modell kann das CMY-Modell
durch ein Koordinatensystem mit den drei Achsen C, M und Y repräsentiert
werden. Eine beliebigen Farbe kann wiederum als Punkt im CMY-Würfel dargestellt werden.

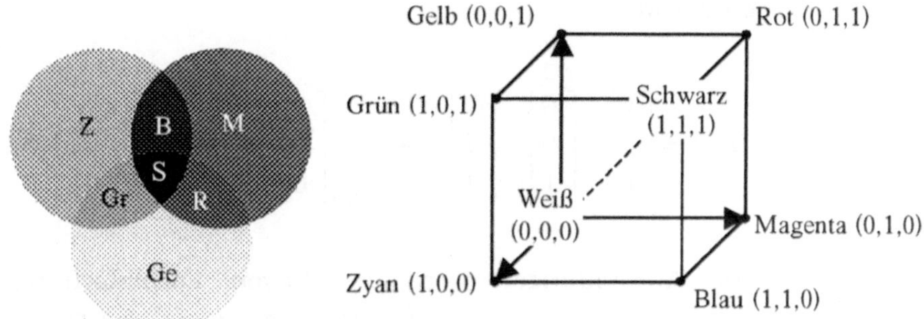

Abb. 3-6 Subtraktive Farbmischung, der CMY-Farbraum

Die Farbmodelle CMY und RGB können durch folgende Gleichungen miteinander in Beziehung gesetzt werden. Vektoren im CMY- bzw. RGB-Koordinatenraum sind jeweils Komplemente bezüglich des Vektors <1,1,1> im jeweiligen Koordinatensystem. Damit können Farben einfach von RGB nach CMY und zurück transformiert werden.

$$\text{CMY Vektor}: \begin{bmatrix} C \\ M \\ Y \end{bmatrix} \tag{3.1}$$

$$\text{RGB nach CMY}: \begin{bmatrix} C \\ M \\ Y \end{bmatrix} = \begin{bmatrix} 1 \\ 1 \\ 1 \end{bmatrix} - \begin{bmatrix} R \\ G \\ B \end{bmatrix} \tag{3.2}$$

$$\text{CMY nach RGB}: \begin{bmatrix} R \\ G \\ B \end{bmatrix} = \begin{bmatrix} 1 \\ 1 \\ 1 \end{bmatrix} - \begin{bmatrix} C \\ M \\ Y \end{bmatrix} \tag{3.3}$$

$$\text{z.B. Zyan in RGB} = \begin{bmatrix} 1 \\ 1 \\ 1 \end{bmatrix}_{CMY} - \begin{bmatrix} 1 \\ 0 \\ 0 \end{bmatrix}_{CMY} = \begin{bmatrix} 0 \\ 1 \\ 1 \end{bmatrix}_{RGB} \tag{3.4}$$

Mischen von Farben in CMY:

$$\text{Magenta} + \text{Gelb} = \begin{bmatrix} 0 \\ 1 \\ 0 \end{bmatrix} - \begin{bmatrix} 0 \\ 0 \\ 1 \end{bmatrix} = \begin{bmatrix} 0 \\ 1 \\ 1 \end{bmatrix} \rightarrow \begin{bmatrix} 1 \\ 0 \\ 0 \end{bmatrix}_{RGB} = \text{Rot} \qquad (3.5)$$

Wichtige technische Anwendungen der subtraktiven Farbmischung sind Farbdrucke und die Farbfotografie. Die Farben Zyan, Magenta und Gelb wirken als punktförmige Farbfilter, welche entsprechende Wellenlängen aus dem weißen Spektrum des Papiers herausfiltern. Durch Steuerung der Größe bzw. Dichte der Farbpigmente werden die einzelnen Wellenlängen mehr oder weniger stark absorbiert, womit der gewünschte Farbeffekt erreicht wird. Obwohl die drei Farben Zyan, Magenta und Gelb theoretisch ausreichen, wird beim Drucken oft zusätzlich mit Schwarz als vierte Farbe gearbeitet. Der Grund dafür ist technischer Art. Durch Subtraktion werden gemischte Farben natürlich dunkler als die Grundfarben CMY. Es erweist sich daher als besser, die Farben CMY etwas transparenter zu gestalten, wobei allerdings keine tiefschwarzen Farben mehr erzeugt werden können. Dies kompensiert man dadurch, daß man Schwarz explizit als vierte Farbe einführt. Auch farbneutrale Grautöne können so besser realisiert werden. Dieses modifizierte CMY-Modell heißt CMYK (K steht für Black) und wird fast überall in der Druckindustrie aber auch in Tintenstrahldruckern und Laserdruckern verwendet. Für Kunstdrucke hoher Qualität werden sogar sechs oder mehr Farben verwendet, um eine getreue Wiedergabe zu ermöglichen. Generell müssen gedruckte Bilder wie auch Fotografien durch eine Farbkorrektur genau kalibriert und von möglichen Farbstichen befreit werden. Da diese im Umgebungslicht betrachtet werden, kompensiert das Auge zwar eventuell vorhandene leichte Abweichungen im dominierenden Umgebungslicht, aber nicht die auf dem Druck vorhandenen Farbfehler. Anders ist dies bei im Dunkeln betrachteten Dias oder bei Farbmonitoren, wo Farbfehler vom Auge zum Teil kompensiert werden und eine Farbkorrektur deshalb nicht unbedingt notwendig ist. Weitere Bemerkungen über das Thema Komplementärfarben befinden sich im Abschnitt 3.1.4.

Aquarellfarben können auch nach dem CMY-Modell gemischt werden, wobei üblicherweise mehr vordefinierte Farben zur Verfügung stehen. Das Mischen von

Deckfarben, wie sie beispielsweise zum Anstreichen verwendet werden, nimmt eine Zwischenstellung zwischen additivem und subtraktivem Mischen ein. Diese Farben sind typischerweise undurchsichtig und wirken sowohl als Filter wie als Reflektor. So ist es beispielsweise möglich, eine dunkle Farbe durch Zumischen von weißer Farbe aufzuhellen, was im CMY-Modell nicht vorgesehen ist.

3.1.3 Das HSV-Modell

Während die Farbmodelle RGB und CMY einen direkten Bezug zur Steuerung technischer Geräte haben, ist es auch sinnvoll, ein Farbmodell zu definieren, welches eher dem Farbempfinden des menschlichen Sehens entspricht. Ein solches physiologisches Farbmodell ist das HSV-Modell (HSV steht für Hue, Saturation, Value). Wie schon oben erwähnt, empfinden wir einfarbige Lichtquellen als reine (gesättigte) Farben, während ein gleichmäßiges Gemisch aus allen Farben als ungesättigt oder farblos (Grau, bzw. Schwarz-Weiß) empfunden wird. Wir definieren den Farbtyp der reinen Farben durch ihre Wellenlänge. Die entsprechenden Wellenlängen im sichtbaren Bereich werden auf einen sogenannten Farbwinkel (engl. Hue) zwischen H = 0 Grad (Rot) und H=300 Grad (Magenta) abgebildet. Damit sind die Farben zyklisch angeordnet, was der Tatsache Rechnung trägt, daß Magenta durch Mischen von Blau und Rot (an beiden Enden des Spektrums) erzeugt werden kann. Die Sättigung (engl. Saturation) S wird auf den Bereich zwischen völlig gesättigten Farben S=1 und völlig ungesättigten Farben (Weiß) S = 0 abgebildet. Die beiden Werte H und S bilden zusammen ein polares Koordinatensystem welches auf die Kreisfläche mit Radius 1 begrenzt ist. Im Zentrum der Kreisfläche, dem Koordinatenursprung, ist die Farbe Weiß, während auf der Peripherie des Kreises die gesättigten Farben liegen (Abb. 3-7).

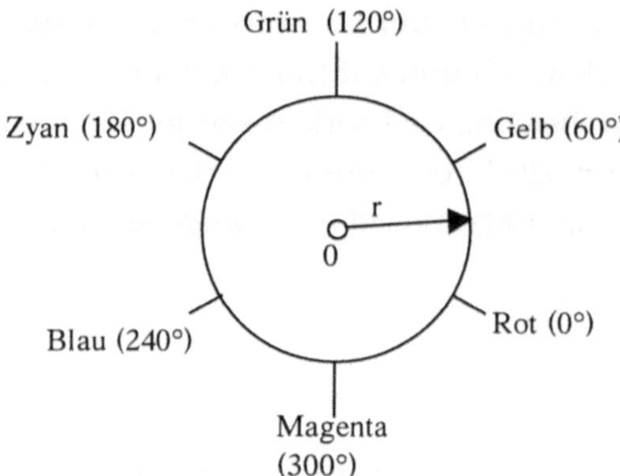

Abb. 3-7 HS-Koordinaten

Das vollständige HSV-Modell definiert zudem den Helligkeitswert V (engl. Value)
als dritte Dimension. Das dreidimensionale Koordinatensystem wird durch Zy-
linderkoordinaten dargestellt. Entlang der Achse des Zylinders sind Helligkeitswerte zwischen 0 (Schwarz) und 1 (maximale Helligkeit) möglich (Abb. 3-8).

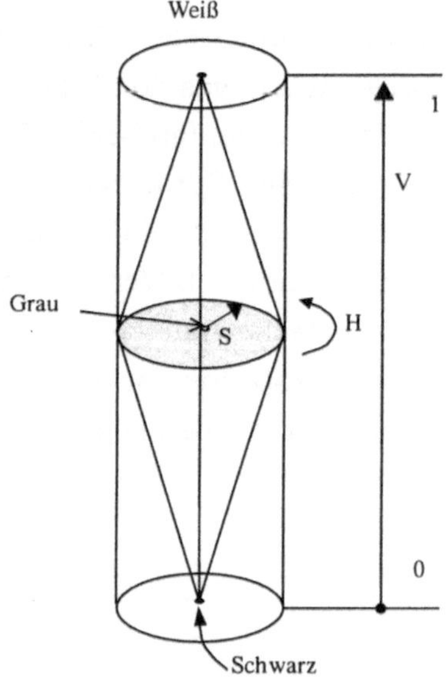

Abb. 3-8 Der HSV-Farbraum

Da das menschliche Auge im Dunkeln weniger Farb- und Sättigungswerte unterscheiden kann, ist es nicht sinnvoll, den Zylinder für alle Helligkeitswerte voll

auszunützen. Im Falle von V = 0 können natürlich keine Farb- oder Sättigungswerte unterschieden werden (Schwarz bleibt Schwarz). Ebenfalls sind auch im oberen Bereich, z. B. durch das Erreichen der maximalen Stärke der Lichtquellen R, G und B nicht mehr alle Farb- und Sättigungswerte realisierbar. Der maximale Helligkeitswert V = 1 ist somit nur für weißes Licht erreichbar. Deshalb begrenzt man die realisierbaren Werte im HSV-Modell nicht auf das ganze Zylindervolumen, sondern durch den in der Abb. 3-8 angedeutete Doppelkegel. Typischerweise kann das Auge bei mittlerer Helligkeit ca. 130 vollgesättigte Farben (H-Werte entlang der Kreisperipherie) unterscheiden. Insgesamt können ca. 300.000 Farb-, Helligkeits- und Sättigungswerte (HSV-Koordinaten im Doppelkegel) unterschieden werden.

Eine Variante des HSV-Modells begrenzt die Farb- und Sättigungswerte innerhalb einer Sechseckfläche bzw. die HSV-Werte innerhalb einer Doppelpyramide. Für weitere Einzelheiten, insbesondere Methoden zur Umwandlung der HSV-Werte in die RGB- bzw. CMY-Farbmodelle und zurück, verweisen wir auf die Standardliteratur z.B [Foley van Dam et al. 1994].

3.1.4 Experimente

Für die folgenden Experimente braucht man ein bis drei Tageslichtprojektoren, fotografische Gelatinfilter der Farben Rot, Grün, Blau, Zyan, Magenta und Gelb.

Man lege je einen Filter der Farbe Rot, Grün und Blau auf jeweils einen der Tageslichtprojektoren. Der Rest soll so abgedunkelt werden, daß das Licht nur durch den Filter scheint. Man projiziere die Farben auf eine weiße Wand, so daß die farbigen Reflexionen sich jeweils paarweise (oder alle drei) überlappen. Man bestätige die Mischeffekte im RGB-Modell, insbesondere die Mischung von Zyan, Magenta, Gelb und Weiß. Man ordne die Projektoren so an, daß die Grund- und Mischfarben nebeneinander zu liegen kommen (ähnlich wie Abb. 3-3). Durch teilweises Abdunkeln der einzelnen Farben können auch Zwischentöne erzeugt werden.

Man lege die drei Filter Zyan, Magenta und Gelb zusammen auf einen Tageslichtprojektor, so daß sie sich teilweise überlappen. Man bestätige das CMY-

Farbmodell. (Man beachte, daß die gemischten Farben wesentlich dunkler als die ungemischten Farben sind. Durch Abdunkeln des Randes können diese Mischfarben besser sichtbar gemacht werden.) Insbesondere sollen die Farben Rot, Grün und Blau und auch Schwarz erzeugt werden.

Man betrachte die Farbkonfiguration für ca. 20 Sekunden, möglichst ohne die Augen zu bewegen. Danach wende man den Blick auf den schwarzen Hintergrund. Dort sollte nun ein Muster mit den Komplementärfarben zu sehen sein. Rot wird zu Zyan, Zyan wird zu Rot, Grün wird zu Magenta, Blau wird zu Gelb, Weiß wird zu Schwarz, etc. Komplementärfarben können im RGB-Modell berechnet werden, indem man den RGB-Vektor vom Vektor <1,1,1> (Weiß) subtrahiert. Im HSV-Modell liegen die Komplementärfarben von reinen Farben jeweils auf der gegenüberliegenden Seite der Kreisperipherie (H-Wert + 180 Grad modulo 360 Grad).

Das Phänomen der Komplementärfarben ist physiologisch bedingt. Das Auge schwächt nach einiger Zeit die Empfindlichkeit der angeregten Synapsen ab und kompensiert sie durch Signale der jeweils nicht angeregten Farbsensoren. Dieser Effekt ist auch dafür verantwortlich, daß eine Farbkorrektur des Umgebungslichtes stattfindet. So ist eine Umgebung etwa bei künstlicher Beleuchtung durch eine Glühlampe sehr viel gelber als bei Tageslicht. Unser Auge kompensiert dies jedoch zu einem großen Teil, so daß wir dies kaum wahrnehmen. Bei Fotografien, welche bei künstlicher Beleuchtung aufgenommen wurden, tritt dies hingegen sehr stark in Erscheinung, weshalb diese einer Farbkorrektur unterzogen werden müssen.

3.2 Beleuchtungsphänomene

Eine der wichtigsten Aufgaben der Computergrafik ist die Synthese von Bildern aus computerrepräsentierten, dreidimensionalen Objekten. Zur Berechnung solcher Bilder ist es notwendig, die Phänomenologie der Lichtausbreitung und Lichtreflexion zu verstehen. Hierbei spielen sowohl die geometrischen Beziehungen zwischen Lichtquellen, den beleuchteten Objekten und dem Betrachter, wie auch die Materialeigenschaften eine Rolle. Im Allgemeinen sind sowohl die Lichtquellen wie auch die reflektierenden Oberflächen farbig. Im Folgenden werden geeignete mathematische Modelle für solche Beleuchtungsphänomene aus geometrischen und physikalischen Gegebenheiten hergeleitet. Zunächst beschränken wir uns auf monochrome Lichtquellen und Oberflächen. Erweiterungen auf farbiges Licht und Materialien werden am Ende des Kapitels erläutert. Im Kapitel 5 über Schattierungsalgorithmen werden diese Beleuchtungsmodelle in konkreten Verfahren zur Berechnung synthetischer Bilder angewendet.

3.2.1   Lichtquellen

Als physikalisches Maß für die Helligkeit einer beleuchteten Oberfläche bzw. einer Lichtquelle wird die Leuchtdichte I, d.h. die ausgestrahlte bzw. eingestrahlte Licht-Leistung pro Flächeneinheit (z.B. gemessen in Watt pro m^2) verwendet (siehe Abb. 3-9). Verschiedene Lichtquellen und Oberflächen zeigen unterschiedliche Abstrahlungscharakteristiken.

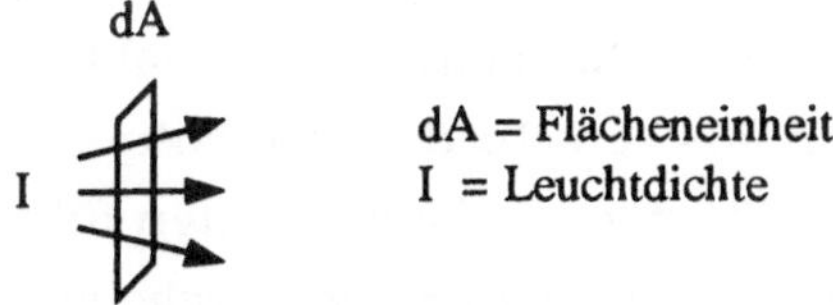

Abb. 3-9 Leuchtdichte

Von einer punktförmigen Lichtquelle im Endlichen (z.B. eine 60 W Glühbirne) wird Lichtleistung gleichmäßig in alle Richtungen kugelförmig abgestrahlt. Die Leuchtdichte nimmt deshalb, entsprechend der Zunahme der Kugeloberfläche mit r^2, mit dem Quadrat des Abstandes ab (Abb. 3-10a). Eine linienförmige Lichtquelle strahlt zylinderförmig aus. Entsprechend nimmt die Leuchtdichte mit $1/r$ ab. Von einer Lichtquelle im Unendlichen breiten sich die Lichstrahlen parallel aus (Abb. 3-10b). Die Leuchtdichte ist konstant, d.h. ortsunabhängig. Unendliche Lichtquellen approximieren beispielsweise direktes Sonnenlicht oder sonstige weit entfernte Lichtquellen.[1]

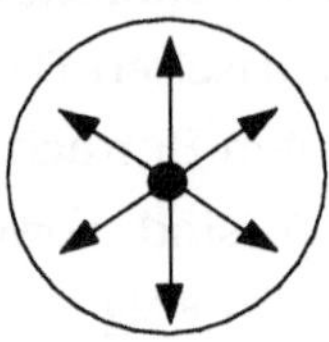

a) Punktlichtquelle   b) Lichtquelle im Unendlichen

Abb. 3-10 Verschiedene Lichtquellen

Spotlichtquellen bündeln ihre Lichtleistung in einer Vorzugsrichtung wie beim Lichtkegel in Abb. 3-11a. Je nach Anordnung können unterschiedliche Abstrahlcharakteristiken vorkommen.

Ambientes Licht hat keine einheitliche Richtung, d.h. das Licht wird aus allen Richtungen in alle Richtungen gestrahlt (Abb. 3-11b). Dies entspricht annähernd der Beleuchtungssituation bei bedecktem Himmel oder in Räumen, in denen hauptsächlich indirektes Licht vorhanden ist. Ambientes Licht ist in den meisten Umgebungen mehr oder weniger vorhanden, weil auch gerichtetes Licht an Partikeln der Luft und an Gegenständen in alle Richtungen gestreut wird.

Eine flächig ausgedehnte Lichtquelle (Abb. 3-11c) nimmt eine Zwischenstellung zwischen unendlichen, punktförmigen und linienförmigen Lichtquellen ein. In der Nähe der Lichtquelle ist die Leuchtdichte konstant, d.h. unabhängig vom Abstand. Man beachte, daß Lichtstrahlen aus verschiedenen Richtungen auf ein Objekt auftreten, was unter anderem zu Effekten wie Halbschatten führen kann (siehe Abschnitt 3.2.5). Wird der Abstand zur Lichtquelle verglichen mit der Ausdehnung der Lichtquelle groß, so wird die Lichtquelle immer mehr eine Punktlichtquelle bzw. eine unendlich weit entfernte Lichtquelle.

---

[1] Parallele Lichtstrahlen lassen sich z.B. auch durch Verwenden eines Parabolspiegels realisieren.

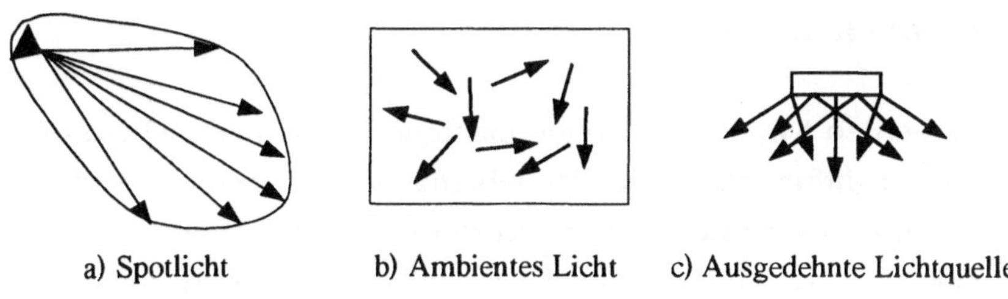

a) Spotlicht   b) Ambientes Licht   c) Ausgedehnte Lichtquelle

Abb. 3-11 Lichtquellen

In den meisten praktischen Anordnungen besteht die Beleuchtung aus einer
Mischung von lokalen, unendlichen, punktförmigen, gerichteten und ambienten
Lichtquellen.

3.2.2   Lichtreflexion

Die Abb. 3-12 beschreibt eine typische Situation der Computergrafik. Licht wird
von einer Lichtquelle abgestrahlt, trifft auf der Oberfläche eines Objekts auf und
wird von dort reflektiert. Zum Erzeugen eines synthetischen Bildes muß man
berechnen, was ein Betrachter, welcher auf einen bestimmten Punkt der Oberfläche schaut, dort sehen würde, d.h. mit welcher Leuchtdichte Licht von jeweiligen Objektpunkten in dessen Richtung gestrahlt wird. Wir charakterisieren die
Umstände durch die Lichteinfallsrichtung, gemessen als Winkel φ zur Flächennormalen n, und dem Winkel α zwischen der Beobachtungsrichtung und der
Flächennormalen. Solange man anisotrope Eigenschaften der Materialoberfläche
oder Polarisierung des Lichtes etc. vernachlässigen kann, genügen diese Parameter.

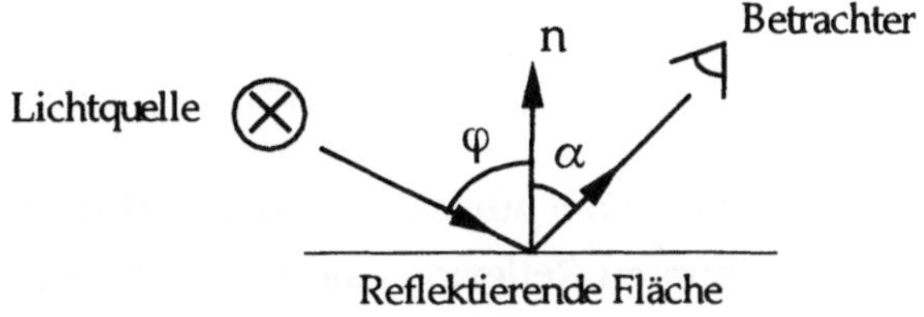

Abb. 3-12 Lichtreflexion

3.2.3   Diffuse Reflexion

Als erstes betrachten wir eine gerichtete Lichtquelle im Unendlichen, welche auf einen Punkt einer diffus reflektierenden Oberfläche (z.B. weißes Papier) auftrifft. Bei diffuser Reflexion wird das Licht nicht direkt von der Materialoberfläche reflektiert, sondern dringt etwas unter die Oberfläche und wird dort unabhängig vom Einfallswinkel in alle Richtungen gestreut.

Die Lichtquelle hat eine Leuchtdichte I_0 (Lichtleistung pro Flächeneinheit). Da hier eine Lichtquelle im Unendlichen angenommen wird, ist die empfangene Leuchtdichte überall auf der Materialoberfläche gleich groß. Licht, welches durch ein Flächenstück A senkrecht zur Ausbreitungsrichtung scheint, wird auf der Materialoberfläche auf ein größeres Flächenstück A' entsprechend dem Einfallswinkel φ verteilt.

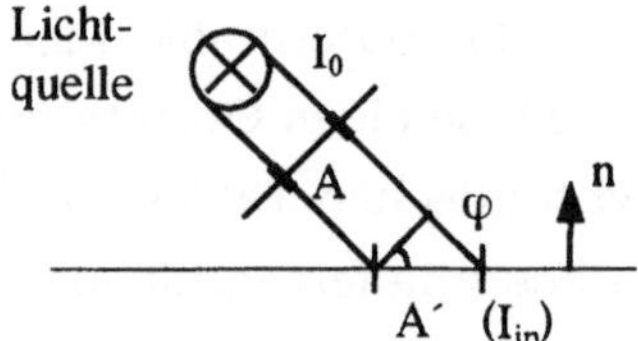

Abb. 3-13 Lichteinfall

Aus diesem Grund wird die Leuchtdichte des einfallenden Lichtes I_{in} gemessen auf der Oberfläche im Verhältnis A/A' kleiner sein als I_0. Damit ergibt sich die Leuchtdichte auf der Oberfläche:

$$I_{in} = \frac{A}{A'}I_0 = I_0 \cos\varphi \tag{3.6}$$

Die reflektierte Leuchtdichte I_{refl} ist proportional zur einfallenden Lichtenergie I_{in} multipliziert mit einem empirisch bestimmten Reflexionsfaktor R_{diff} (Materialkonstante).

$$I_{refl} = I_0 \cdot R_{diff} \cdot \cos\varphi \tag{3.7}$$

Da das Licht unter die Oberfläche dringt, wird es bei der Reflexion gleichmäßig in alle Richtungen gestreut. Der Weg des Lichts im Material (und damit dessen Dämpfung) ist umgekehrt proportional zu cos α. Geometrisch kann die Intensität der mit einem Winkel α reflektierten Leuchtdichte I_{out} als Projektion der in Normalenrichtung maximalen Leuchtdichte I_{refl} auf den ausfallenden Lichtstrahl berechnet werden.

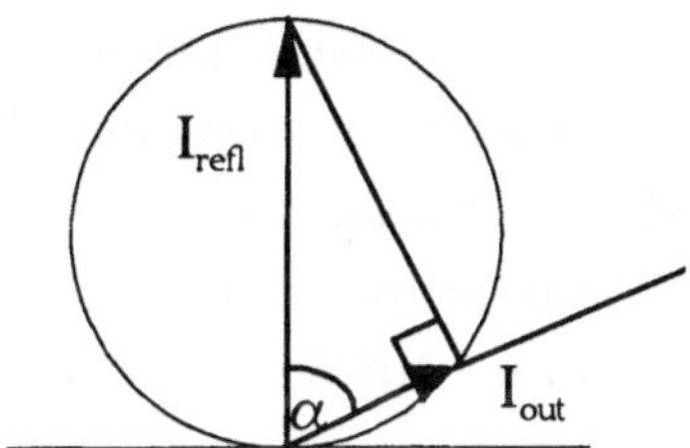

Abb. 3-14 Diffus reflektierte Leuchtdichte

$$\frac{I_{out}}{I_{refl}} = \cos\alpha \qquad I_{out} = I_{refl} \cdot \cos\alpha \tag{3.8}$$

Die vom Betrachter empfangene Leuchtdichte I muß wieder auf die Leistung pro Flächeneinheit A normiert werden. Somit ergibt sich:

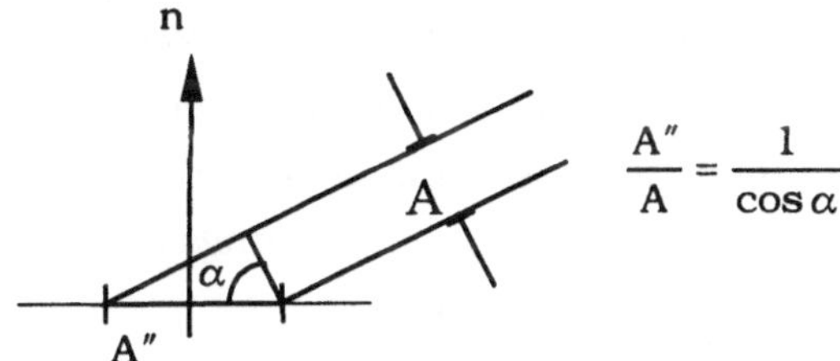

Abb. 3-15 Vom Betrachter empfangene Leuchtdichte

$$\Rightarrow \quad I = \frac{I_{out}}{\cos\alpha} = I_{refl} \tag{3.9}$$

Damit ist I nur abhängig vom Einfallswinkel der Lichtquelle und unabhängig vom Blickwinkel des Beobachters. Dieses Gesetz wird nach seinem Entdecker als Lambert-Gesetz für diffuse Reflexion genannt:

$$I = I_0 \cdot R_{diff} \cdot \cos\varphi \qquad\qquad (3.10)$$

3.2.4 Das Phong-Beleuchtungsmodell

Das Phong-Modell [Phong 1975] bietet eine quantitative Formulierung von allgemeineren Reflexionsphänomenen. Man unterscheidet hier zwischen diffuser und spekulärer Reflexion. Die diffuse Reflexion wird, wie oben, durch das Lambert-Gesetz bestimmt. Bei der spekulären Reflexion wird angenommen, daß das Licht von der Oberfläche wie von einem nicht idealen Spiegel gestreut reflektiert wird. Eine ideal spiegelnde Oberfläche reflektiert das Licht nur in der Richtung mit dem entgegengesetzt gleichen Winkel, mit dem es auf der Oberfläche auftrifft.

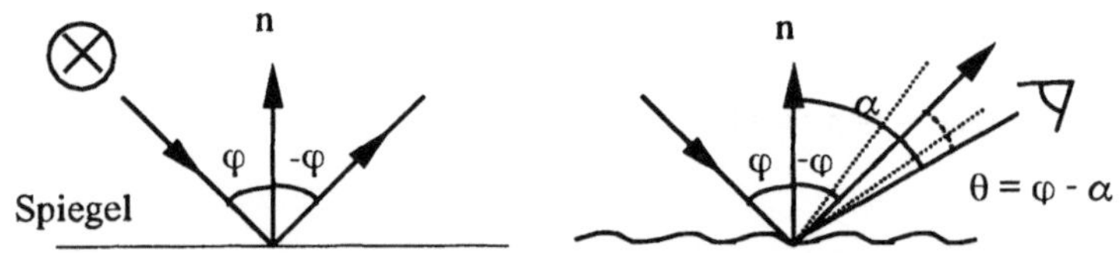

Abb. 3-16 Ideale und gestreute Spiegelung

Bei der spekulären Reflexion wird das reflektierte Licht von der Oberfläche in einer gewissen Umgebung der Spiegelungsrichtung (Einfallswinkel gleich Ausfallswinkel) verteilt. Man unterscheidet glatte (glänzende) Oberflächen, bei denen die Verteilung eng um die Spiegelungsrichtung gebündelt ist, und rauhe Oberflächen, bei denen das Licht weiter gestreut wird. Die Verteilungskurve der spekulären Reflexion ist durch die folgende Formel gegeben:

$$I_{spec} = I_0 \cdot R_{spec}(\varphi)\cos^n \theta \qquad\qquad (3.11)$$

Der Winkel θ mißt die Differenz des Betrachterwinkels α von der idealen Spiegelungsrichtung. Der spekuläre Reflexionsfaktor R_{spec} wird oft als konstant angenommen, kann aber wie hier als Funktion des Einfallswinkels definiert sein. Der Exponent n in der Formel definiert die Breite der Streuung. Für kleine Werte des Exponenten, z.B. n = 1, wird die Streuung sehr breit. Wir sprechen von gerichtet diffuser Reflexion. Um glänzende Oberflächen zu simulieren, verwenden wir hohe Exponenten. Zum Beispiel wird n = 32 als glänzend und n = 128 als hochglänzend empfunden. Im Gegensatz zur diffusen Reflexion, welche nur vom Einfallswinkel des Lichts, nicht aber vom Winkel des Betrachters zur Oberfläche abhängt, ist bei der spekulären Reflexion der Betrachterwinkel sehr entscheidend.

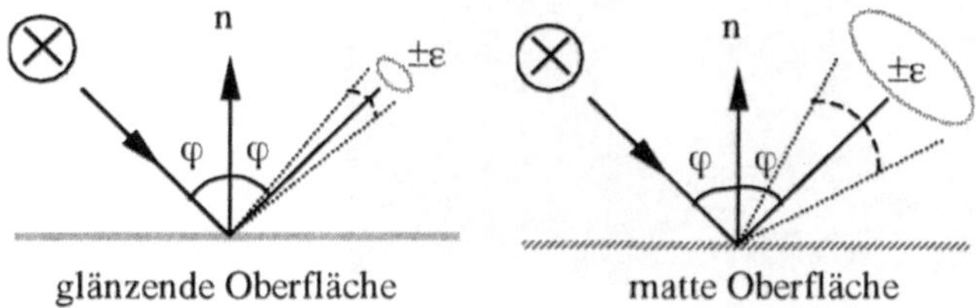

Abb. 3-17 Gestreute Spiegelung im Phong-Modell

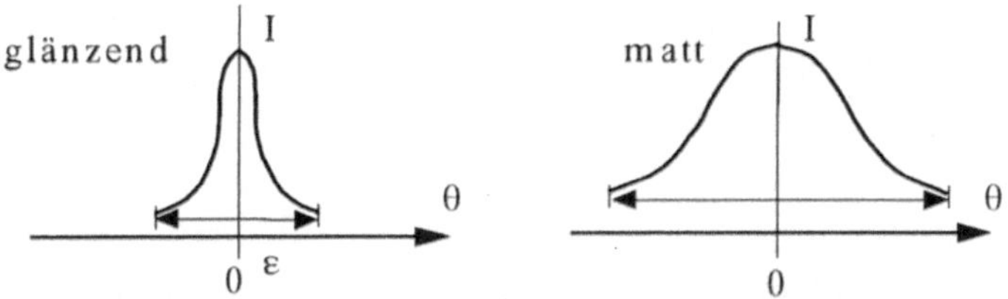

Abb. 3-18 Verteilungsfunktion im Phong-Modell

Im vollständigen Phong-Modell wird die Reflexion als Kombination aus diffuser (R_{diff}), spekulärer (R_{spek}) und ambienter Reflexion (R_{amb}) beschrieben:

$$I = I_0 \cdot \left(R_{amb} + R_{diff} \cdot \cos\varphi + R_{spec}(\varphi) \cos^n \theta \right)$$
(3.12)

Die drei Reflexionskoeffizienten R_{diff}, R_{spek}, R_{amb} und der Exponent n sind die Parameter, welche die Materialeigenschaft und damit das Aussehen eines Objektes bestimmen. Die folgende Illustration (Abb. 3-19) zeigt Beispiele des Phong-Modells mit verschiedenen Parameterwerten.

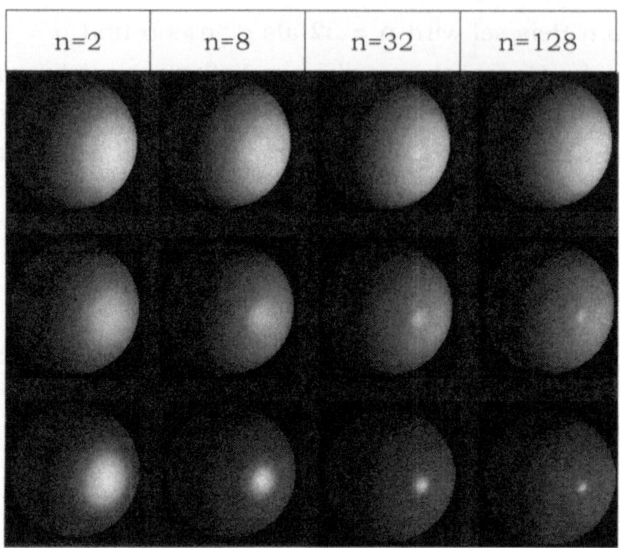

Abb. 3-19 Phong-Beleuchtungsmodell. Obere Reihe: Diffuse Reflexion überwiegt. Mittlere Reihe: Gemischt diffuse, spekuläre Reflexion. Untere Reihe: Spekuläre Reflexion überwiegt.

Zum Simulieren realistisch aussehender farbiger Oberflächen und farbiger Lichtquellen wird das Phong-Modell erweitert, indem man sowohl die Lichtquellen als auch die Reflexionskoeffizienten in ihre RGB-Komponenten zerlegt:

$$I_R = I_{OR} \cdot \left(R_{amb\,R} + R_{diff\,R} \cdot \cos\varphi + R_{spec\,R} \cos^n \theta \right)$$

$$I_G = I_{OG} \cdot \left(R_{amb\,G} + R_{diff\,G} \cdot \cos\varphi + R_{spec\,G} \cos^n \theta \right)$$

$$I_B = I_{OB} \cdot \left(R_{amb\,B} + R_{diff\,B} \cdot \cos\varphi + R_{spec\,B} \cos^n \theta \right)$$

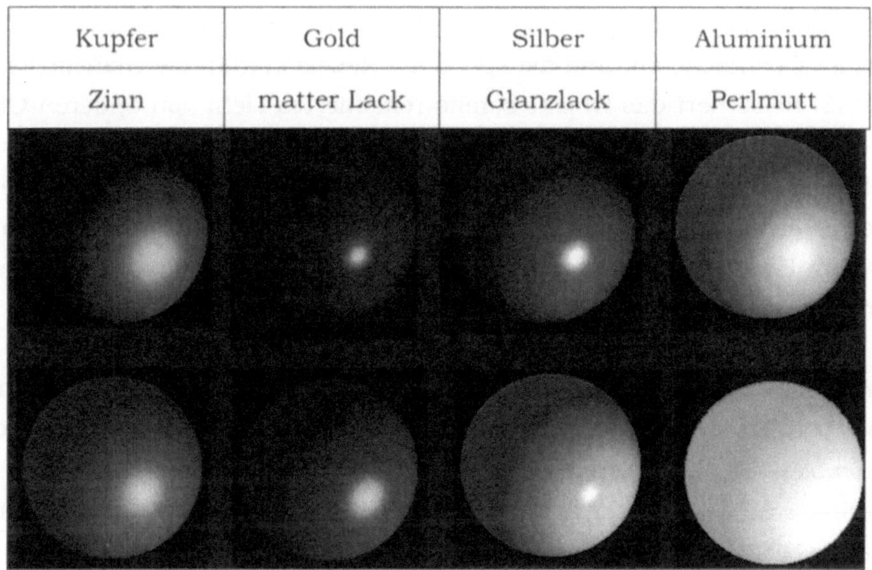

Abb. 3-20 Simulation verschiedener Materialeigenschaften im Phong-Modell

Material	Exponent	R_{diff} (R,G,B)			R_{spek} (R,G,B)		
Kupfer	n = 2	1,0	0,5	0,4	0,9	0,7	0,3
Gold	n = 32	0,5	0,5	0,0	1,0	1,0	0,0
Silber	n= 32	0,5	0,5	0,5	1,0	1,0	1,0
Aluminium	n = 4	1,0	1,0	1,0	1,0	1,0	1,0
Zinn	n = 8	0,8	0,8	0,8	1,0	1,0	1,0
matter Lack	n= 8	0,0	1,0	1,0	1,0	1,0	1,0
Glanzlack	n = 64	1,0	1,0	0,0	1,0	1,0	1,0

Tab. 3-1 Parameter verschiedener Materialien

Die farbspezifischen Reflexionskoeffizienten R_{diff}, R_{spek}, R_{amb} und der Exponent n definieren die optischen Materialeigenschaften. In einfachen Fällen definiert der diffuse Reflexionskoeffizient die eigentliche Oberflächenfarbe des Materials, wobei der spekuläre Reflexionskoeffizient farbneutral gehalten wird. Damit lassen sich zum Beispiel Gegenstände aus Plastik oder farbig lackierte Objekte gut darstellen. Ist die Farbe der Lichtquelle weiß, nimmt das diffus reflektierte Licht die Farbe der Oberfläche an, und die spekuläre Reflexion (d.h. die Glanzlichter) werden weiß. Reflektiert das Objekt bereits reflektiertes Licht von anderen Objekte, wird das Glanzlicht die Farbe des gespiegelten Objekts annehmen. Bei gewissen metallischen Oberflächen (z.B. Gold, Kupfer) hat auch der spekuläre Anteil eine Farbe. Verschiedene Materialien bei weißer Beleuchtung sind in der Abb. 3-20 nach dem Phong-Modell gezeigt. Die dazugehörigen Parameter sind in der darunter stehenden Tabelle 3-1 notiert.

Es muß hier klar gestellt werden, daß das Phong-Modell nur eine Annäherung an die Realität sein kann. Insbesondere metallische Oberflächen haben oft ein viel komplexeres Reflexionsverhalten, bei dem die reflektierte Farbe vom Reflexionswinkel abhängt. Man sollte sich bewußt machen, daß es im sichtbaren Spektrum beispielsweise nicht eine spezielle Farbe "Kupfer" (etwa als RGB-Wert) gibt. Daß wir ein Metall als solches erkennen, hängt mit dem Farbverlauf als Funktion der Oberflächenform und der Lichtverhältnisse zusammen. Um also solche Materialien realistisch darzustellen, brauchen wir ein aufwendigeres Reflexionsmodell. Das Reflexionsmodell nach Cook-Torrance ([Foley/vanDam et al. 1994]) berechnet die winkelabhängige Reflexion aus der Mikrostruktur der Oberfläche. Natürlich wird diese Funktion nicht nur vom Material selbst, sondern auch von der Oberflächenbearbeitung definiert. Um korrekte Resultate zu erhalten, kann man z.B. genaue winkelabhängige Reflexionsmessungen am jeweiligen Material machen und diese dann (z.B. in Tabellenform) in das Rendering-Verfahren einbeziehen. Aus einer solchen Tabelle können für jeden Lichteinfallswinkel die entsprechenden RGB-Werte gelesen und bei der Reflexionsberechnung angewendet werden.

3.2.5   Mehrfachreflexion und Beleuchtungsphänomene

In den bisherigen Betrachtungen hatten wir jeweils nur eine Lichtquelle und eine Reflexion angenommen. In realistischen Szenen der Computergrafik trifft das Licht von einer oder von mehreren Lichtquellen auf eine Oberfläche auf. Von dort wird es reflektiert und kann direkt (oder indirekt über weitere Reflexionen) auf den Betrachter treffen. Dabei wird jede Reflexion selbst wieder zur Lichtquelle für andere Objekte. Oft sind diese Sekundärreflexionen wesentlich schwächer als das primäre Licht (z.B. bei Sonnenbestrahlung im Freien) und können vernachlässigt werden. In Innenräumen oder bei indirekter Beleuchtung ist es oft umgekehrt. Im folgenden Diagramm (Abb. 3-21) sind die Wechselwirkungen zweier aufeinander folgenden Reflexionen qualitativ charakterisiert. Ausgehend vom Phong-Beleuchtungsmodell unterteilen wir jede Reflexion in ihre spekulären und diffusen Anteile. Im Allgemeinen sind bei Reflexionen beide Anteile gemischt vorhanden. Folgen zwei solche Reflexionen aufeinander, sprechen wir von gemischt-gemischter Wechselwirkung (siehe Abb. 3-21a).

Aufeinanderfolgende diffuse Reflexionen treten meistens im Falle von indirekter Beleuchtung in Innenräumen auf. Aber auch diffus reflektierende Objekte werden oft in glänzenden Objekten gespiegelt bzw. spekulär reflektiert. Wird das Licht zuerst spekulär reflektiert und dann diffus gestreut, spricht man von Kaustik. Ein Beispiel dafür sind Lichtstrahlen, welche von Wasserwellen reflektiert werden und dann auf einer Wand auftreffen und sich dort überlagern. Bei allen Reflexionsphänomenen muß natürlich beachtet werden, daß zwischen der Lichtquelle und der reflektierenden Oberfläche (oder zwischen zwei Reflexionen) sich Hindernisse befinden können, welche das Licht abdecken und zu einem Schatten führen. Bei ausgedehnten Lichtquellen gibt es auch noch das Phänomen der Halbschatten (Penumbra). Bei Schatten ist die Lichtquelle vollständig abgedeckt und es trifft dort möglicherweise noch ambientes Licht (oder Licht aus anderen Lichtquellen) auf. Im Übergang zwischen Licht und Schatten trifft Licht von einem Teil der Lichtquelle auf das Objekt auf. Daraus resultiert ein kontinuierlicher Übergang vom Schatten zum Licht, ein sogenannter Halbschatten.

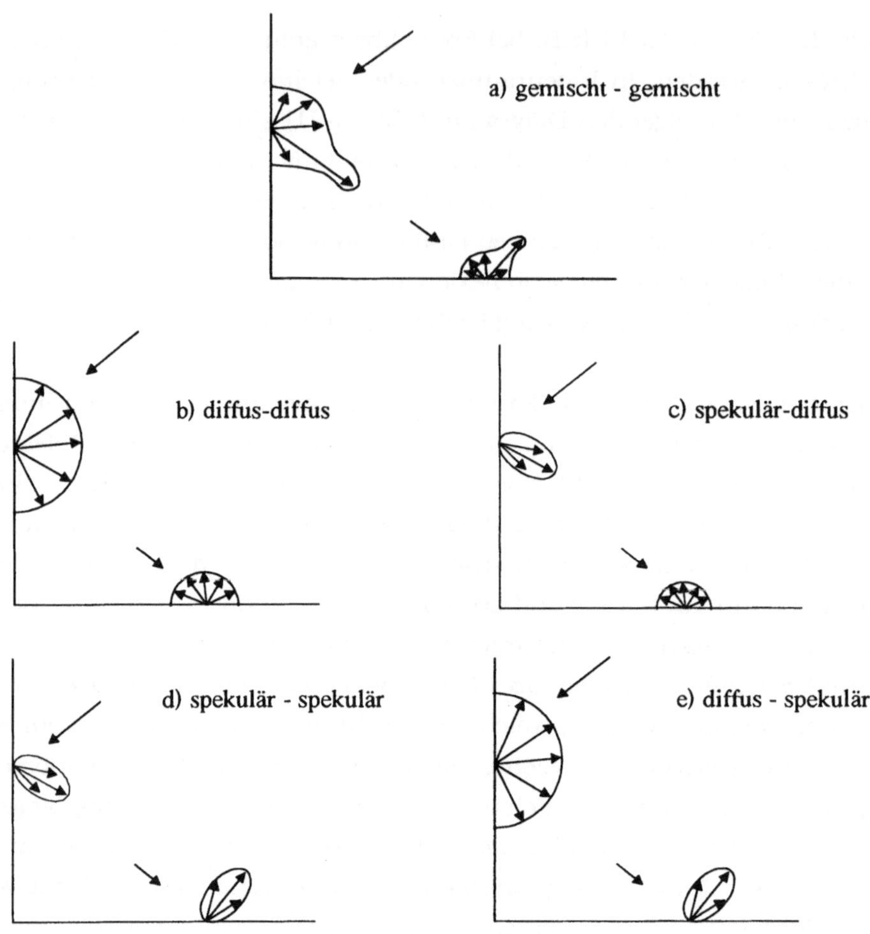

Abb. 3-21 Mehrfachreflexionen (verschiedene Kombinationen)

In realistischen Szenen befinden sich meist mehrere Lichtquellen und eine Vielzahl von Objekten, deren Oberflächen eine Mischung von diffuser und spekulärer Reflexion aufweisen. In den verschiedenen Schattierungs-Verfahren in Kapitel 5 werden solche Inter-Reflexionen zum Teil unterschiedlich berücksichtigt und entsprechende Beleuchtungsphänomene mehr oder weniger realistisch dargestellt. Da die exakte Berechnung aller direkter und indirekter Reflexionen mit sehr großem Aufwand verbunden ist, werden aus Effizienzgründen oft Kompromisse gemacht. Meist verwendet man eine Kombination verschiedener Rendering-Verfahren, welche sich ergänzen und zusammen realistisch wirkende Bilder mit vertretbarem Rechenaufwand herstellen können.

3.2.6 Anisotrope Lichtausbreitung

Manche Oberflächen haben eine richtungsabhängige Mikrostruktur, d.h. die eigentlich reflektierende Fläche hat eine Normalenrichtung, welche im Durchschnitt von der makroskopischen Normalenrichtung verschieden ist. Daraus resultiert, daß Licht nicht so reflektiert wird, wie es von der Lichtrichtung und der Oberflächennormale zu erwarten wäre. Beispiele für anisotrop reflektierende Materialien sind Stoffgewebe, oberflächenbehandelte (z.B. gebürstete) Metalle oder Haare.

3.3 Übungsaufgaben

1. Welche Farbe wird von einer diffus reflektierenden Oberfläche nach dem RGB-basierten Phong-Modell reflektiert, bei:

> Weißer Lichtquelle, roter Oberfläche?
>
> Roter Lichtquelle, weißer Oberfläche?
>
> Roter Lichtquelle, grüner Oberfläche?
>
> Zyanfarbiger Lichtquelle, weißer Oberfläche?
>
> Zyanfarbiger Lichtquelle, gelber Oberfläche?

2. Welche Farbe hat das Glanzlicht einer goldenen Oberfläche bei einer zyanfarbigen Lichtquelle?

4 Geräte und Methoden der Rastergrafik

Im Zeitalter der digitalen Medien haben Rastergrafikgeräte die früher üblichen Vektorgrafikgeräte (Pen-Plotter, Vektorbildschirme) praktisch gänzlich abgelöst. Stellvertretend für Rastergrafikgeräte wird in diesem Kapitel das Prinzip eines Videobildschirms basierend auf der Kathodenstrahlröhre erläutert, wie er bei Monitoren für PCs und Workstations und bei Fernsehern verwendet wird. Für die Realisierung von Rastergrafik müssen geometrische Objekte von ihrer Vektorrepräsentation in eine Rasterdarstellung transformiert werden. Die Rasterkonversion von Linien und Polygonen ist Hauptthema dieses Kapitels.

4.1   Aufbau von Rastergrafikgeräten

Der Aufbau einer Schwarzweißbildröhre ist in Abb. 4-1 schematisch dargestellt. Elektronen werden durch thermische Energie von der geheizten Metalloberfläche (Kathode) gelöst und durch eine sehr hohe Spannung (mehrere Tausend Volt) im Vakuum beschleunigt. Der Elektronenstrahl trifft dann mit hoher Geschwindigkeit auf einen Punkt der Phosphoroberfläche des Bildschirms (Anode) auf und bringt diesen Punkt zum Leuchten. Durch elektromagnetische Ablenkung kann der Elektronenstrahl auf einen beliebigen Punkt des Bildschirms gelenkt werden. Der Strom in den Ablenkspulen wird so gesteuert, daß die Bildschirmfläche Zeile für Zeile abgetastet und damit die ganze Bildschirmfläche überstrichen wird. Dies wird periodisch wiederholt. Die Nachleuchtdauer des Phosphors wird so gewählt, daß jeder Bildpunkt bis zur Wiederholung dieses Vorgangs nachleuchtet. Die Helligkeit der Bildpunkte kann durch die Höhe der Spannung zwischen Kathode und Gitter gesteuert werden. Demzufolge können verschiedene Punkte mit unterschiedlicher Helligkeit leuchten und es kann damit ein gerastertes Bild erzeugt werden.

Die Einheit des Bildpunktes wird Pixel (Kurzform für Picture Element) genannt. Die Bildfläche wird, wie oben beschrieben, in Zeilen aufgeteilt, wobei jede Zeile die selbe Anzahl Pixel hat. Die Anzahl Zeilen und Spalten (resp. Pixel pro Zeile und Spalte) definiert die räumliche Auflösung des Bildschirms. Geometrische Objekte (Linien, Polygone, etc.) müssen zur Darstellung zuerst in Pixel zerlegt (rasterisiert) werden. Dieses Vorgehen wird für Linien und Polygone in diesem Kapitel beschrieben.

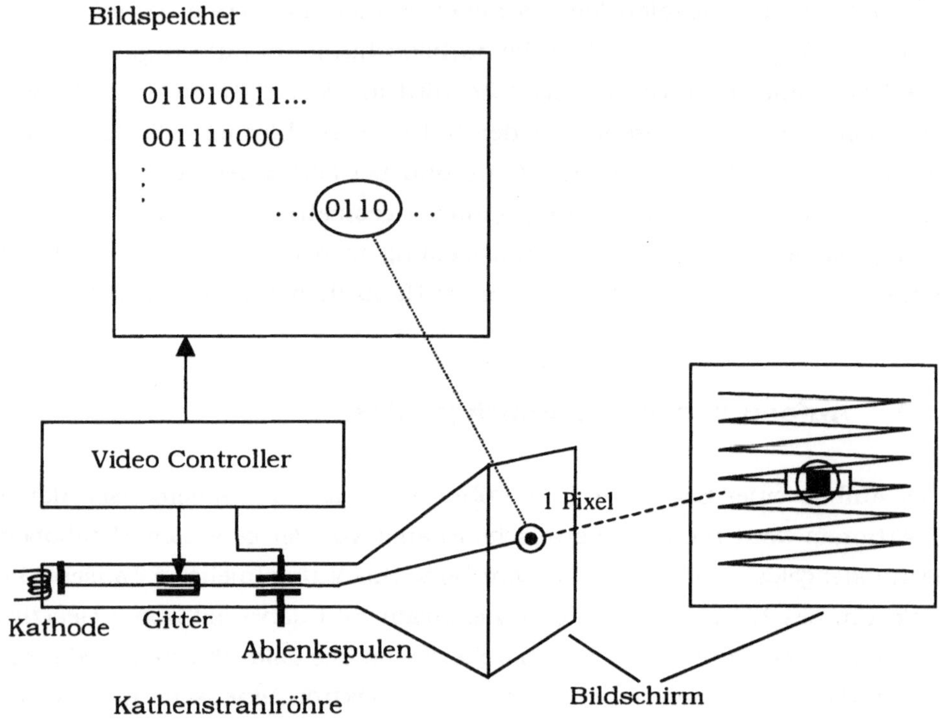

Abb. 4-1 Monochrome Bildröhre

Beim monochromen Bildschirm wird der Bildinhalt in Form von Null- und Eins-Werten in einem Bildspeicher (engl. Frame Buffer) abgespeichert. Jedem Pixel ist dann ein Bit zugeordnet. Diese Werte müssen nun synchron mit der Ablenkbewegung aus dem Speicher herausgelesen und in ein elektrisches Signal zur Steuerung der Helligkeit umgewandelt werden. Soll ein Bild mit unterschiedlichen Graustufen dargestellt werden, wird der digitale Helligkeitswert jedes Bildpunktes als binäre Zahl im Speicher abgelegt. Dieser Wert wird durch einen Digital/Analog-Wandler in ein elektrisches Signal entsprechender Stärke umgewandelt. Der Video-Controller im Monitor sorgt dafür, daß die Steuerung des Ablenkstroms und die Steuerung der Helligkeit synchron mit dem Auslesen des Bildes aus dem Bildspeicher ablaufen. Soll ein bewegtes Bild dargestellt werden, muß zwischen zwei Bildwiederholungen der Speicherinhalt geändert werden.

4.1.1   Farbbildröhren

Das Grundprinzip von Farbbildschirmen ist ähnlich wie beim Schwarz-Weiß-Bildschirm. Auf der Bildschirmoberfläche sind jedoch verschiedene Phosphortypen angebracht, welche die Energie der Elektronen an unterschiedlichen Stellen in Licht unterschiedlicher Farbe (d.h. R für Rot, G für Grün und B für Blau) umwandeln. Entsprechend gibt es drei Elektronenkanonen, von denen Elektronen jeweils nur auf den für sie bestimmten Ort auf dem Schirm auftreffen dürfen (Abb. 4-2). Die Zuordnung von Elektronenkanonen und entsprechenden Farbpunkten geschieht durch eine Lochmaske. Zu jedem Pixel gehört ein Loch in der Maske, welches so angeordnet ist, daß die entsprechenden Elektronen nur auf den für sie zuständige Phosphortyp für die Farben R, G oder B treffen können (Siehe Abb. 4-3).

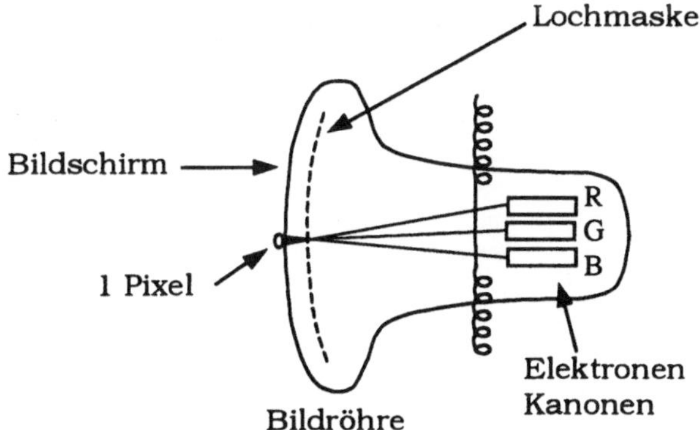

Abb. 4-2 Prinzipskizze einer Farbbildröhre

Da die farbigen Punkte R, G und B sehr nahe beieinander liegen, können sie aus der Distanz vom Auge nicht mehr auseinandergehalten werden. Sie werden demzufolge vom Auge als Mischfarbe interpretiert. Durch die unabhängige Steuerung der Helligkeit der einzelnen Farbanteile können diese Grundfarben zu beliebigen Farben gemischt werden (siehe Abschnitt 3.1.1 RGB-Farbraum).

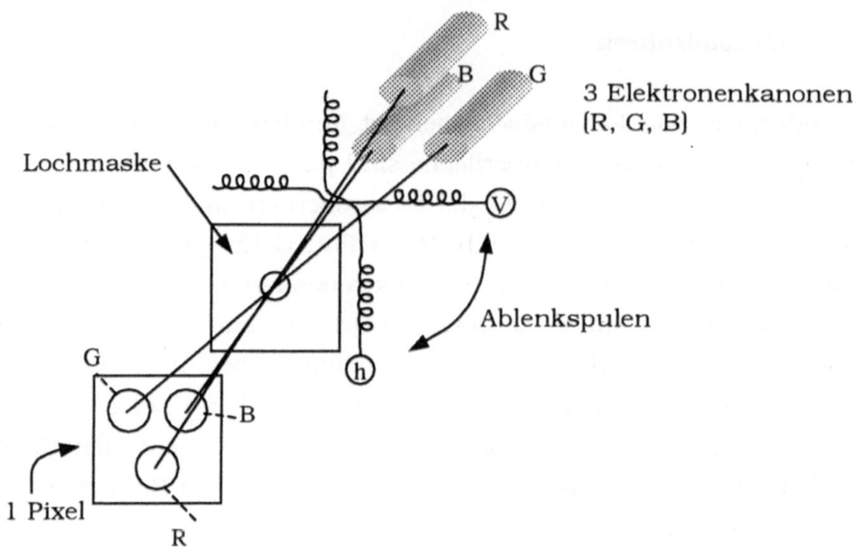

Abb. 4-3 Ausschnitt des Bildschirms (und der Lochmaske) entsprechend einem Pixel

4.1.2 Farbquantisierung

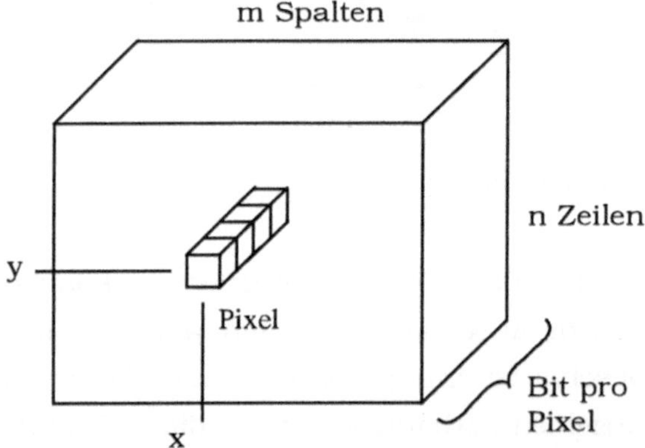

Abb. 4-4 Bildspeicherorganisation für Farbbilder

Bei Farb-Monitoren muß der Bildspeicher nicht nur ein Bit sondern mehrere Bit pro Pixel abspeichern. Die Farbwerte werden dadurch quantisiert, wobei die Anzahl Bit pro Pixel bestimmt, wieviele unterschiedliche Farbwerte realisiert werden können. In typischen Realisierungen wird im Bildspeicher pro Pixel ein Speicherplatz von 4, 8, 16 oder 24 Bit reserviert (Abb. 4-4).

Mit 4 Bit/Pixel können beispielsweise $2^4 = 16$ Farben gleichzeitig dargestellt werden. Das reicht natürlich nicht um realistische Farbszenen oder Fotos darzustellen. Man kann damit bestenfalls 16 verschiedene Farben oder Graustufen definieren. Typischerweise ist der zum Pixel gehörende Farbwert als RGB-Wert in einer Lookup-Tabelle gespeichert. Der Bildspeicher enthält nur die Adresse für die Lookup-Tabelle (Abb. 4-5).

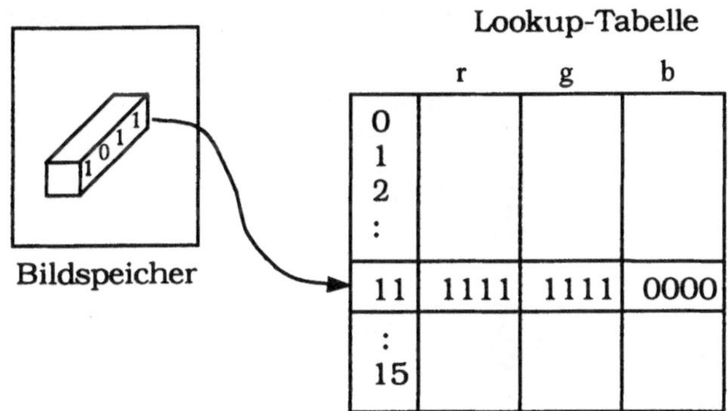

Abb. 4-5 Bildspeicher mit 4 Bit pro Pixel und Lookup-Tabelle mit 12 Bit pro Adresse

Bei der Anordnung im Beispiel (Abb. 4-5) kann für jeden Eintrag in der Lookup-Tabelle aus $2^{12} \approx 4000$ Farben gewählt werden. Jedoch können insgesamt nur 16 verschiedene Farben gleichzeitig auf dem Bildschirm dargestellt werden. Das Pixel im Beispiel zeigt auf den Eintrag 11. Unter dieser Adresse sind die RGB Werte der Farbe Gelb abgespeichert. Mit derselben Anordnung könnte man statt der 16 Farben auch 16 unterschiedliche Grautöne in der Lookup-Tabelle abspeichern und damit z.B. Schwarz-Weiß-Fotos auf dem Bildschirm darstellen. Ein Bildschirm mit einer Auflösung von 1000 x 1000 Pixel würde in obiger Anordnung ca. 0,5 MByte (Eine Million mal 4/8 Byte) Speicherplatz brauchen. Die Lookup-Tabelle selbst benötigt $16 \cdot 12/8 = 24$ Byte.

Die meisten Grafikkarten haben einen Bildspeicher von bestimmter Größe und lassen den Benutzer die Bildschirmauflösung und die Anzahl der darstellbaren Farben in der Lookup-Tabelle über die System-Software konfigurieren. Bei gegebener Speichergröße kann entweder eine höhere örtliche Auflösung (Anzahl Pixel = Anzahl Zeilen mal Anzahl Spalten) spezifiziert werden, wobei man bei der Farbauflösung Kompromisse machen muß. Definiert man eine bessere Farbauflösung, so muß man sich mit weniger Zeilen und Spalten begnügen (siehe Übungsaufgaben).

Das Schreiben in den Bildspeicher kann mittels verschiedener Modi geschehen. Im Replace-Modus wird der Inhalt des Speichers einfach durch die neue Information ersetzt. In den Modi OR, XOR (exklusives Oder) und AND wird eine entsprechende logische Verknüpfung zwischen dem aktuellen Speicherinhalt und den neuen Werten für die jeweiligen Pixel gerechnet. Abb. 4-6 zeigt dies am Beispiel eines 2 x 2 Musters.

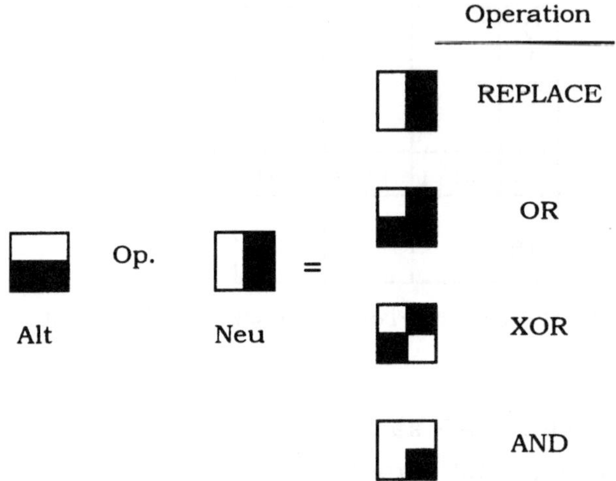

Abb. 4-6 Funktionsweise verschiedener Paint-Modi

Im XOR-Modus wird eine logische Exklusiv-Oder-Verknüpfung zwischen den Operanden gerechnet. Dies bewirkt, daß beim zweimaligen Überschreiben derselben Stelle die ursprüngliche Hintergrundfarbe wiederhergestellt wird. Bei monochromer Grafik werden die Bitwerte von Weiß = 0 (Hintergrund) und Schwarz = 1 (Vordergrund) angenommen. Zeichnet man z.B. Linien mit schwarzer Farbe über einen weißen Hintergrund, ist das Resultat gleich 1 (0 XOR 1 = 1), d.h. eine schwarze Linie. Zeichnet man die selbe schwarze Linie über einem schwarzen Hintergrund, resultiert hingegen eine weiße Linie (1 XOR 1 = 0). Zeichnet man eine Linie zweimal über dieselbe Stelle, wird der Hintergrund wieder in seinen ursprünglichen Zustand (egal ob Schwarz oder Weiß) versetzt. Dieses Prinzip wird in der interaktiven Grafik häufig angewendet, z.B. beim sogenannten Rubberbanding-Verfahren [Foley/vanDam et al. 1994].

In Kombination mit Lookup-Tabellen werden bitweise logische Verknüpfungen mit dem Pixel zugeordneten Adreßwert berechnet. Dies hat bei farbigen Bildern manchmal unerwartete Wirkung, wie das folgende Beispiel zeigt. Da im Bildspeicher nicht der eigentliche Farbwert gespeichert wird, sondern eine Adresse in der Lookup-Tabelle, resultiert bei nicht leerem Hintergrund nach einmaliger Anwendung der XOR-Operation eine Farbe, welche „zufällig" unter der berechneten Adresse abgelegt wurde. In der Beispiel-Tabelle (Abb. 4-7) wird angenommen, daß bei der Adresse a = (0011) die Farbe Schwarz, bei Adresse b = (0101) Rot, bei c = (0110) z.B. die Farbe Grün gespeichert wurde. Schreibt man nun im XOR-Modus mit Schwarz auf rotem Hintergrund, so resultiert Grün, beim nochmaligen Überschreiben wird der ursprünglich rote Hintergrund wiederhergestellt.

Farbe a	0011
b	0101
c = a xor b	0110
c xor b = a	0011

Abb. 4-7 Berechnen der Adresse in der Lookup-Tabelle mit XOR

Im True-Color-Verfahren werden die RGB-Werte (typischerweise mit 24 Bit/Pixel) direkt im Bildspeicher abgespeichert. Für jeden der Werte R, G und B werden dabei 8 Bit reserviert. Somit können für jede Grundfarbe 256 Helligkeitswerte unabhängig von den anderen Farben gewählt werden. Damit lassen sich insgesamt $2^{24} \approx 16.7$ Millionen verschiedene Farb- und Helligkeitswerte definieren. Dies ist zwar weit mehr als unsere Augen noch unterscheiden können, wobei jedoch zu beachten ist, daß die Farbauflösung des Auges bei mittlerer Helligkeit im Rot-Gelb-Grün-Bereich höher ist und eine hohe Farbauflösung dort berechtigt ist, während andererseits im Bereich der dunkleren Blautöne unterschiedliche Werte praktisch als identisch empfunden werden (siehe entsprechende Bemerkung zum HSV-Modell im Abschnitt 3.1.3). Da die technische Realisierung der Farbquantisierung keine Rücksicht auf das variable Farbauflösungsvermögen des Auges nimmt, wird sie durchgängig auf 24Bit/Pixel festgelegt. Für einen Bildspeicher von 1000 x 1000 Pixel im True-Color-Modus werden ca. 3MB benötigt. Bei 3D-Grafikkarten wird im Bildspeicher zusätzliche Information abgespeichert (siehe Kapitel 5). Entsprechend ist der Speicherplatzbedarf für 3D-Grafikkarten viel höher.

4.1.3   Weitere Rastergrafikgeräte

Beispiele für Rastergeräte sind außer den (Kathodenstrahl-) Farbbildröhren auch LCD-Bildschirme, Laserdrucker, Tintenstrahldrucker, Plasmabildschirme, Datenprojektoren, Head-Mounted-Displays für virtuelle Realität, etc. Der physikalisch-technische Aufbau dieser Geräte ist zum Teil sehr unterschiedlich. Eine Beschreibung der Technik würde jedoch den Rahmen dieses Buches sprengen, deshalb verweisen wir auf weitere Literatur, (z.B. [Encarnação/Straßer/Klein 1996]) welche diese Technologie ausführlicher beschreibt.

Ein großer Vorteil der Rastergrafik gegenüber der früher üblichen Vektorgrafik besteht darin, daß Rasterbilder durch Methoden der digitalen Bildverarbeitung effizient und einheitlich behandelt werden können. Unter anderem können z.B. digitale Filter-, Bilderkennungs- und Kompressionsalgorithmen angewendet werden.

4.2 Rasterkonversion grafischer Objekte

Objekte der Computergrafik (Liniensegmente, Polygone, etc.) werden in den meisten Computergrafikanwendungen abstrakt durch homogene Vektoren definiert (siehe Kapitel 2). Um diese Objekte auf einem Rasterbildschirm darzustellen, muß eine sogenannte Rasterkonversion stattfinden. Um zum Beispiel eine Gerade darzustellen, ist es notwendig, die Pixel entlang der mathematisch definierten Linie zu finden und für jedes Pixel den gewünschten Farbwert bei der zu den Pixelkoordinaten gehörenden Adresse im Bildspeicher abzulegen (Abb. 4-8).

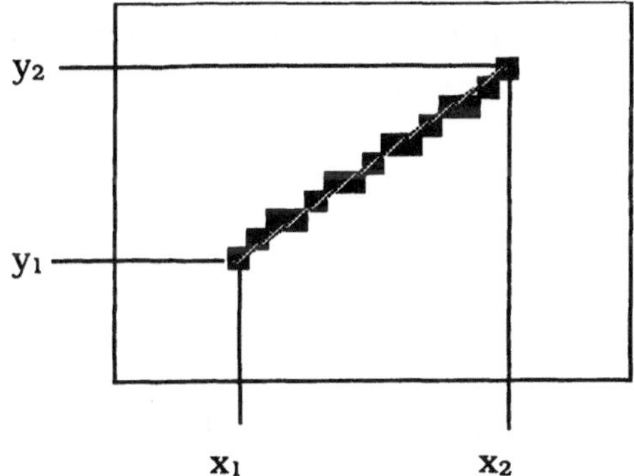

Abb. 4-8 Rasterkonversion einer Linie

Der Algorithmus könnte etwa folgendermaßen skizziert werden:

```
Input : x1, y1, x2, y2              (* Endpunktkoordinaten der Linie   *)
ZeichneLinie:
begin
für alle Pixel <x,y> entlang der Linie
    SetPixel(x,y,Color)
end (* ZeichneLinie *)
```

Dies kann prinzipiell erreicht werden, indem man jede Rasterlinie in einem zweidimensionalen Koordinatensystem (Objektraum) definiert und dort die Schnittpunkte mit der darzustellenden Linie berechnet. Die Schnittpunkte müßten also zuerst als Objektkoordinaten (Floating-Point-Werte) gerechnet und danach auf den nächsten ganzzahligen Wert (Pixelkoordinate) gerundet werden. Dieses Vorgehen wäre aber nicht sehr effizient. Im folgenden Abschnitt wird ein inkrementeller Ansatz (Midpoint-Algorithmus) vorgestellt, welcher gleich mit ganzen Zahlen operiert. Damit läßt sich die gestellte Aufgabe sehr effizient lösen.

4.2.1   Midpoint-Algorithmus

Der hier beschriebene Midpoint-Algorithmus wurde in den sechziger Jahren von J. Bresenham bei IBM entwickelt [Bresenham 1965]. Der Algorithmus wird in der Literatur oft nach seinem Erfinder Bresenham-Algorithmus genannt.

Zur Herleitung definieren wir ein Liniensegment mathematisch in seiner impliziten Form. Wir beschränken uns zunächst auch auf Geraden mit einem Anstiegswinkel zwischen Null und 45 Grad. Dadurch können wir folgende Vereinfachung erreichen: Haben wir uns entschieden, daß ein Pixel P (siehe Abb. 4-9) für die Linie gesetzt werden muß, liegt das nächste (rechts davon liegende) Pixel entweder auf der selben Rasterlinie (E) oder eine Linie höher (NE).

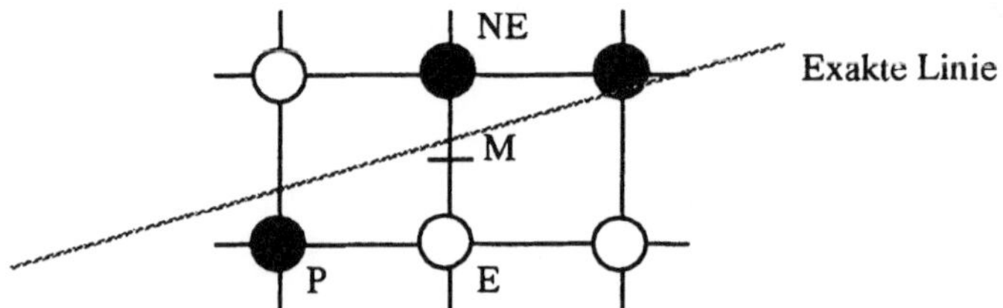

Abb. 4-9 Gitterpunkte = Pixel-Mittelpunkte

Die Linie wird als Funktion y = f(x) repräsentiert:

$$y = \frac{\Delta y}{\Delta x} \cdot x + B \tag{4-1}$$

In impliziter Form:

$$F(x, y) = \Delta y \cdot x - \Delta x \cdot y + B \cdot \Delta x = 0 \tag{4-2}$$

Die Bedeutung der Funktion F(x,y) ist eine vorzeichenbehaftete Distanzfunktion (siehe Abschnitt 2.3.4). Es gilt:

Für Punkte auf der Linie wird $F(x,y) = 0$

Für Punkte unterhalb der Linie wird $F(x,y) > 0$

Für Punkte oberhalb der Linie wird $F(x,y) < 0$

Wir leiten daraus das sogenannte Mittelpunktskriterium ab: Wir berechnen den Mittelpunkt M zwischen den beiden möglichen Nachfolgern E bzw. NE für P. Falls die Distanzfunktion für diesen Mittelpunkt $F(M) > 0$ ist, dann liegt M unterhalb der Linie und wir wählen NE; andernfalls ist $F(M) \leq 0$, d.h. M liegt auf oder oberhalb der Linie und wir wählen E.

Der inkrementelle Ansatz zur Rasterkonvertierung von Bresenham berechnet nun diese Distanzfunktion von Pixel zu Pixel. Das erste Pixel $<x_0/y_0>$ liegt auf der Linie und wird deshalb gesetzt. Für bereits gesetzte Pixel $P = <x_p, y_p>$ berechnen wir die Funktion $F(M_x, M_y)$ für den nächsten Mittelpunkt, mit $M_x = x_p + 1$, $M_y = y_p + \frac{1}{2}$ (siehe Abb. 4-10). Wir nennen diesen Wert d_{old}.

$$d_{old} = F\left(x_p + 1, y_p + 1/2\right) = \Delta y \cdot \left(x_p + 1\right) - \Delta x \cdot \left(y_p + 1/2\right) + B \cdot \Delta x \qquad (4\text{-}3)$$

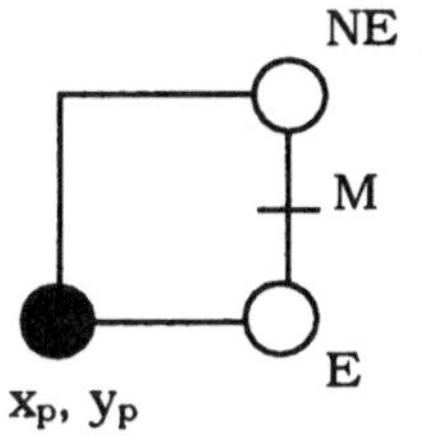

Abb. 4-10 Bestimmung des nächsten Pixels für P

Falls $F(x_p + 1, y_p + \frac{1}{2}) > 0$, wird das nächste Pixel NE, andernfalls E.

Wir wollen F inkrementell berechnen. Dazu betrachten wir die Abbildung 4-11:

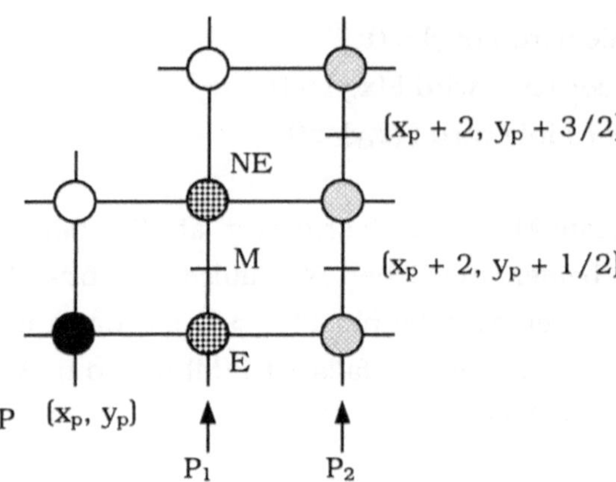

Abb. 4-11 Inkrementelle Bestimmung der zwei aufeinanderfolgenden Pixel P_1 und P_2.

Der Ort des übernächsten Mittelpunktes für P_2 hängt natürlich von der vorher getroffenen Wahl bei P_1 (E oder NE) ab. Den Wert der entsprechenden Distanzfunktion nennen wir d_{new}. Die Differenz zwischen d_{new} und d_{old} ist das Inkrement der Distanzfunktion zwischen zwei aufeinanderfolgenden Pixel. Auch das Inkrement ist von der Wahl von P_1 (N oder NE) abhängig. Der Ausdruck für die entsprechenden Inkremente (IncrE, IncrNE) ist einfach und läßt sich effizient berechnen:

Falls die Wahl von P_1 = E:

$$d_{new} = F(x_p + 2, y_p + 1/2) = \Delta y \cdot (x_p + 2) - \Delta x \cdot (y_p + 1/2) + B \cdot \Delta x \qquad (4\text{-}4)$$

Damit wird $IncrE = d_{new} - d_{old} = \Delta y$.

Falls die Wahl von P_1 = NE:

$$d_{new} = F(x_p + 2, y_p + 3/2) = \Delta y \cdot (x_p + 2) - \Delta x \cdot (y_p + 3/2) + B \cdot \Delta x \qquad (4\text{-}5)$$

Damit wird $IncrNE = d_{new} - d_{old} = \Delta y - \Delta x$.

Jetzt müssen wir noch die Funktion für den ersten Mittelpunkt herleiten. Der Wert für d für den ersten Punkt der Linie ergibt sich durch

$$d = F(x_0, y_0) = 0 \qquad (4\text{-}6)$$

Daraus berechnen wir d für den ersten Mittelpunkt:

$$d = F(x_0 + 1, y_0 + 1/2) = \Delta y \cdot (x_0 + 1) - \Delta x \cdot (y_0 + 1/2) + B \cdot \Delta x$$

$$= \Delta y \cdot x_0 - \Delta x \cdot y_0 + B \cdot \Delta x + \Delta y - 1/2 \cdot \Delta x \qquad (4\text{-}7)$$

Mit $F(x_0, y_0) = \Delta y \cdot x_0 - \Delta x \cdot y_0 + B \cdot \Delta x = 0$ wird

$$d = \Delta y - 1/2 \, \Delta x$$

Damit haben wir nun die notwendigen Ausdrücke zur inkrementellen Bestimmung der Pixel einer Linie. Leider bleibt dabei ein Faktor ½ als einziger nicht ganzzahliger Ausdruck in der Berechnung stehen. Wenn wir aber die Liniengleichung mit einem Faktor 2 multiplizieren, stellt diese zwar noch die gleiche Linie dar, doch damit werden sämtliche oben hergeleiteten Werte mit einem Faktor 2 multipliziert und wir werden den Term ½ in der Definition los.

$$d = 2\Delta y - \Delta x ; \qquad \text{Incr } E = 2\Delta y ; \qquad \text{Incr } NE = 2(\Delta y - \Delta x)$$

Der Algorithmus zum Rasterisieren eines Liniensegmentes lautet:

```
Algorithmus 4-1
(* Midpoint-Algorithmus                                             *)

Input : x0, y0, x1, y1          (* Endpunktkoordinaten der Linie    *)

DrawLine :
begin
   deltax := x1 - x0
   deltay := y1 - y0
   d := 2*deltay - deltax
   incrE := 2*deltay
   incrNE := 2*(deltay - deltax)
   x := x0, y := y0
   Set Pixel (x,y)
   while x < x1
        x := x + 1
        if d ≤ 0
        then (* wähle E *)
            d := d + incrE   }
        else (* wähle NE *)
            d := d + incrNE
            y:=y +1   }
        SetPixel(x,y)
end (* DrawLine *)
```

Dieser Midpoint-Algorithmus basiert auf der inkrementellen Berechnung mit ganzzahliger Arithmetik. In der Hauptschleife, wo die einzelnen Pixel gesetzt werden, sind die einzigen Operationen eine Addition von zwei Zahlen, eine Vorzeichenentscheidung und ein bzw. zwei mal ein Inkrement um Eins. Die Bearbeitung der Schlaufe soll natürlich besonders effizient sein, da sie für jedes Pixel einmal durchlaufen werden muß. Auch in der Initialisierungsphase ist der Algorithmus sehr effizient, da nur einfache Additionen und Subtraktionen vorkommen. Selbst die Multiplikation mit dem Faktor 2 kann in Assemblersprache durch eine einfache „left shift"-Operation realisiert werden.

Die Erweiterung des Algorithmus auf allgemeine Winkel kann auf folgende Weise geschehen. Für negative Winkel zwischen 0 und -45 Grad muß y dekrementiert statt inkrementiert werden. Für Linien mit einem Anstiegswinkel größer als 45 Grad werden die Rollen von x und y vertauscht, d.h. statt die Scan-Linien horizontal zu legen werden sie vertikal gelegt. Entsprechendes macht man für Winkel kleiner als −45 Grad. Falls die x-Koordinate vom Anfangspunkt größer als die des Endpunktes ist, kann man einfach Anfangs- und Endpunkte miteinander vertauschen und man erhält wieder einen der vorherigen vier Fälle. Damit sind alle Fälle abgedeckt. (Die Ausformulierung des vollständigen Algorithmus wird als Übungsaufgabe gestellt.)

Das Konvertieren von Linien in Rasterkoordinaten (Pixel) wird auf vielen Grafikkarten hardwaremäßig realisiert. Dies geschieht üblicherweise über ein Assembler-Programm im Grafikprozessor, welcher direkten Zugriff zum Bildspeicher hat. Damit können mehrere Hunderttausend bis etliche Millionen von Linien in Echtzeit gezeichnet werden.

4.2.2   Polygonfüllalgorithmus

Neben dem Zeichnen von Linien ist auch das Füllen von Polygonen eine wichtige Grundfunktion der Rastergrafik. Ein einfacher Ansatz ist der Scan-Linie-Algorithmus, welcher für jede Zeile (Scan-Linie) im Bild die entsprechenden Pixel innerhalb des Polygons setzt (Abb. 4-12):

```
Für jede Rasterlinie
     • Für jede Polygonkante
          ■ Schneide die Polygonkante mit der aktuellen Bildzeile;
          ■ Füge Schnittpunkt in eine Liste ein;
          ■ Sortiere Schnittpunkte in x-Richtung
     • Fülle die Pixel jeweils zwischen einem ungeraden zum geraden Schnitt-
       punkt auf (wobei Pixel zwischen geraden und ungeraden Schnittpunkten
       freigelassen werden)
```

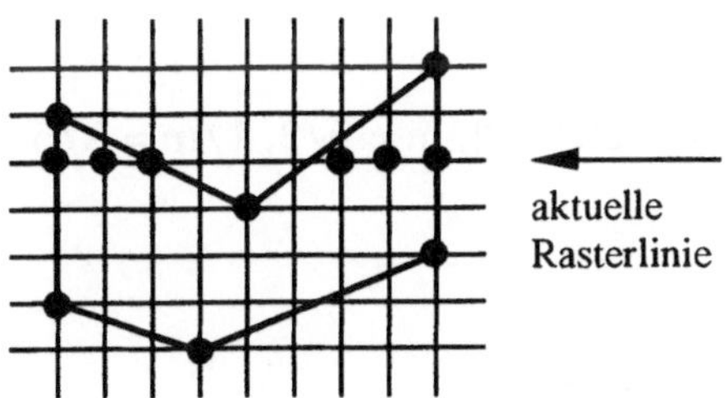

Abb. 4-12 Rasterisierung eines Polygons

Dieser Algorithmus ist noch nicht optimal, weil jede Bildzeile mit jeder Polygonkante geschnitten wird und überdies die Koordinaten der Schnittpunkte zuerst
als Floating-Point-Werte gerechnet und danach auf ganzzahlige Pixel gerundet
werden. Im Folgenden leiten wir, ähnlich wie beim Bresenham-Algorithmus, ein
inkrementelles Verfahren her, welches direkt auf ganzzahligen Werten operiert.

Wir betrachten eine Polygonkante als Funktion $y = y_0 + m \cdot x$, wobei m die Neigung der Geraden $m = (y_1 - y_0) / (x_1 - y_0)$ ist. Wir können die Linien zunächst als
(inverse) Funktion $x = F(y) = 1/m + x_0$ definieren. Damit ergibt sich die Schnitt-
koordinate x jeder Kanten mit der Rasterlinie als Funktion von y. Wenn y von
Zeile zu Zeile erhöht wird, wird der x-Wert inkrementell um $1/m$ erhöht.

$$\frac{1}{m} = \frac{x_1 - x_0}{y_1 - y_0} \tag{4-8}$$

Zwar sind die x-Werte auch hier nicht ganzzahlig, jedoch können sie als rationale Zahlen explizit mit Zähler und Nenner repräsentiert werden.

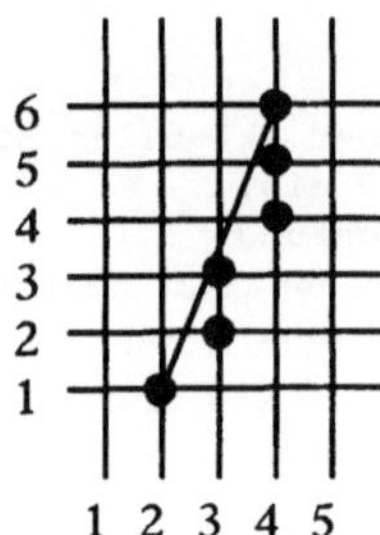

Abb. 4-13 Beispiel: Linie von (2,1) nach (4,6), m = 5/2, 1/m = 2/5

Schnittpunkte (von unten nach oben):

x = 2(0/5), 2(2/5), 2(4/5), 2(6/5) = 3 (1/5), etc.

Wir erhalten ganzzahlige (Pixel-) Werte durch Auf- oder Abrunden der rationalen Zahlenwerte. Für die Scankonvertierung ganzer Polygone müssen wir zuerst den Algorithmus korrekt spezifizieren. Dazu gehört auch die Frage, wie ganzzahlige und nicht ganzzahlige Werte auf- bzw. abgerundet werden sollen.

Hierfür soll gelten:

1.   Nur Pixel innerhalb des Polygons sollen gefüllt werden.
2.   Angrenzende Polygone sollen nicht überlappen oder Lücken erzeugen.

Dies wird durch die folgende Spezifikation erreicht:

Für ganzzahlige Werte von x ist der linke Rand innerhalb, der rechte Rand außerhalb des Polygons (Abb. 4-14).

Abb. 4-14 Links geschlossenes, rechts offenes Intervall

Für nicht ganzzahlige Schnittwerte: Schnitte mit links liegenden Kanten werden aufgerundet, rechts liegende Kanten werden abgerundet (Abb. 4-15).

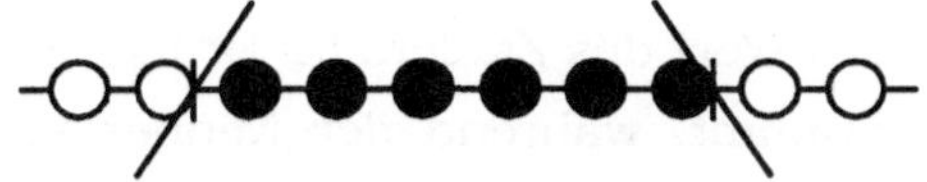

Abb. 4-15 Runden rationaler Schnittkoordinaten

Der folgende Algorithmus konvertiert eine Linie auf entsprechende Pixelwerte (xmin/ymin sind dabei die Koordinaten des Punktes mit dem niedrigsten y-Wert), und die laufenden x-Werte werden auf den nächsten ganzzahligen Wert gerundet. In dieser Variante können zunächst nur Kanten mit einem Neigungswinkel über 45 Grad behandelt werden.

```
Algorithmus 4-2
(* Konvertieren eine Polygonkante auf Pixelwerte                       *)

Input: xmin, ymin, xmax, ymax          (* Endpunktkoordinaten der Linie   *)

EdgeScan:
begin
     x  := xmin,
     Zähler   :=  xmax-xmin
     Nenner   := ymax-ymin
     Inkrement  := Nenner
     for y=ymin TO  ymax-1
          Inkrement := Inkrement + Zähler
          if (Inkrement > Nenner)
          then
               x := x+1
               Inkrement  :=  Inkrement -  Nenner
end (* EdgeScan *)
```

Die Wirkung des Algorithmus wird an folgendem Beispiel gezeigt. Es soll wiederum die Polygonkante von <2,1> nach <4,6> (Abb. 4-13) gescannt werden, d.h. Zähler = 2 und Nenner = 5.

y	Inkrement	Schnitt	x (links)	x (rechts)
1	5	2 + (0/5)	2	1
2	2	2 + (2/5)	3	2
3	4	2 + (4/5)	3	2
4	1	3 + (1/5)	4	3
5	3	3 + (3/5)	4	3
6	5	4 + (0/5)	4	3

Abb. 4-16 Schnittpunkte mit entsprechender Rundung

Man beobachtet, daß jedes Inkrement den Wert des Zählers im Bruch des exakten Schnittpunktes modulo Nenner annimmt, während der Nenner konstant bleibt. Der Wert von x(links) ist der auf den nächsthöheren, ganzzahligen Wert gerundete Schnittpunkt, während x(rechts) jeweils um Eins darunter liegt. Der Algorithmus erfüllt damit die oben gegebene Spezifikation.

Für den vollständigen Polygonfüllalgorithmus muß zusätzlich beachtet werden, daß bei den Endpunkten jeder Kante zwei Schnittpunkte zusammenfallen, was die Sortierung und Parität (gerade/ungerade) durcheinander bringen würde. Ebenfalls müssen horizontale Linien speziell behandelt werden, da sie keine Schnittpunkte mit der Rasterzeile haben. Dies wird durch folgende Regeln gehandhabt.

Für Endpunkte, welche von zwei Kanten geteilt werden, werden nur Schnitte am unteren Kantenende berücksichtigt; Schnitte am oberen Kantenende ($y = y_{max}$) werden ignoriert. Die Wirkung dieser Regel wird anhand von Beispielen gezeigt.

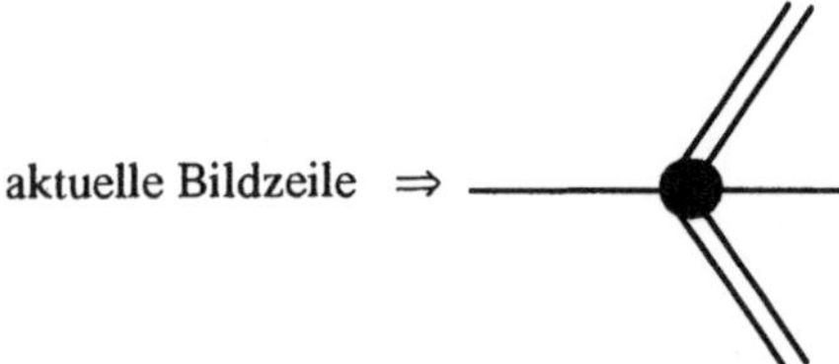

Abb. 4-17 Nur ein Schnittpunkt (für obere Linie) wird berücksichtigt. Daraus erfolgt ein korrekter Paritätswechsel.

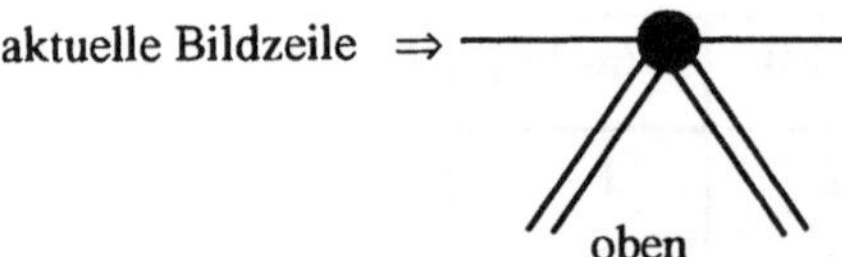

Abb. 4-18 Hier wird kein Schnittpunkt gerechnet, d.h. kein Paritätswechsel.

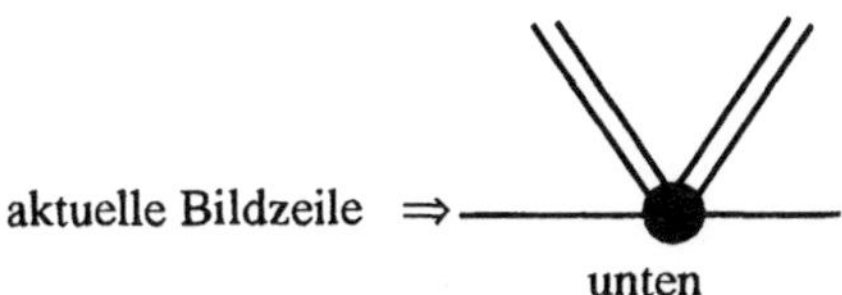

Abb. 4-19 Zwei Schnittpunkte, wodurch in der Summe ebenfalls kein Paritätswechsel erfolgt.

Horizontale Linien werden nicht berücksichtigt. Damit haben nur die angrenzenden Kanten nach obiger Regel einen Einfluß auf die Parität:

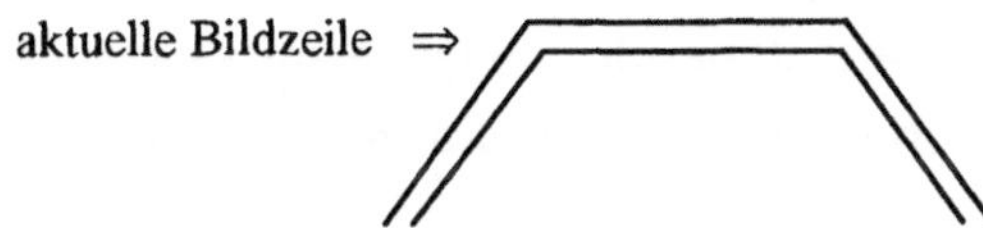

Abb. 4-20 Obere horizontale Kante: Angrenzende Kanten werden nach obiger Regel nicht berücksichtigt; daraus erfolgt kein Paritätswechsel.

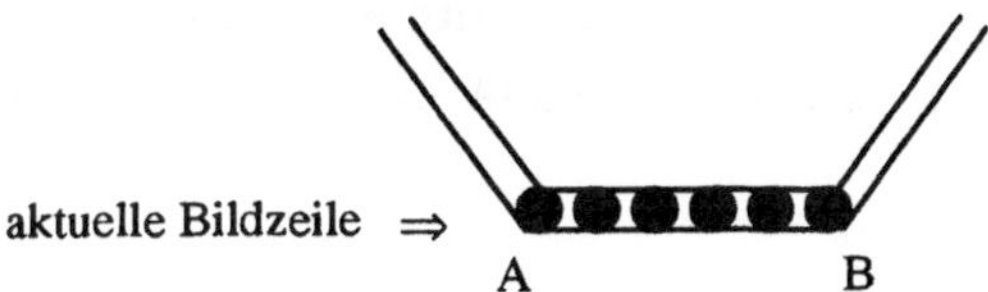

Abb. 4-21 Untere horizontale Kante: Paritätswechsel bei A und B aufgrund angrenzender Kanten.

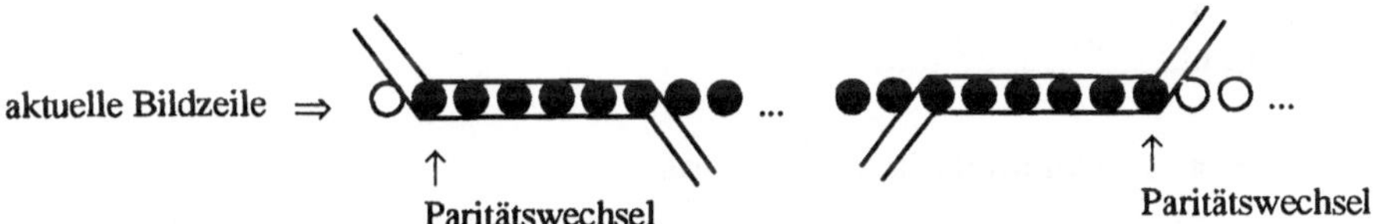

Abb. 4-22 Horizontale Kante: Hier erfolgt nur ein Paritätswechsel an einem Ende.

Dank dieser Regeln werden aneinandergrenzende Polygone keine gemeinsamen Pixel besitzen und keine Lücken aufweisen.

Als Ausnahme gelten sehr dünne, alleinstehende Dreiecke. Sie werden nach den oben beschriebenen Methoden nicht geeignet gehandhabt.

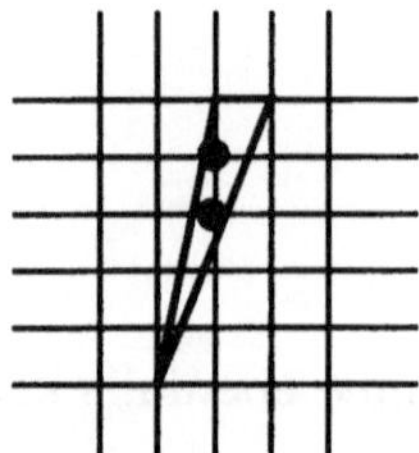

Abb. 4-23 Fehlende Pixel bei dünnen Polygonen

Wie die Abbildung 4-23 zeigt, fehlen bei manchen Scan-Linien Pixel im Innern, wodurch Lücken entstehen. Dort wo angrenzende Polygone existieren, werden diese die fehlenden Pixel ausfüllen. Alleinstehende Polygone müssen jedoch als Spezialfall behandelt werden, z.B. indem die Polygonkanten mit dem Bresenham-Algorithmus gezeichnet werden.

Nach dieser Vorbereitung werden die Datenstrukturen (die Edge-Tabelle ET und die Active Edge-Tabelle AET) für den Polygonfüllalgorithmus definiert. Diese Datenstrukturen werden anhand eines Beispielpolygons (Abb. 4-24) erläutert.

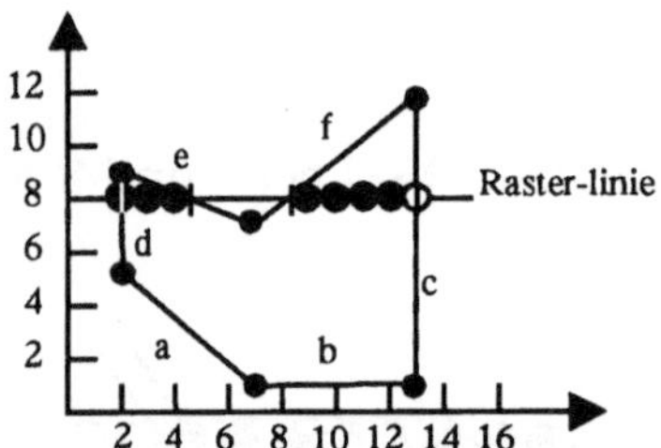

Abb. 4-24 Beispiel eines Polygons

In der Edge-Tabelle (Abb. 4-25) werden die nicht horizontalen Kanten als verkettete Liste gespeichert, wobei die Kanten jeweils bei der Scan-Linie, wo sie beginnen (d.h. ihr unteres Ende haben), eingefügt werden. Viele Scan-Linien haben normalerweise keine Einträge, da dort keine Kanten beginnen. Innerhalb der Scan-Linien sind die Kanten nach x-Werten sortiert.

Für jede Kante speichern wir den x-Wert des Schnittpunktes, y_{max} = oberes Ende, die Steigung der Geraden in Form von Zähler und Nenner (als ganze Zahlen gespeichert). Initial wird der x-Wert gleich x_{min} gesetzt. Zusätzlich speichern wir für jede Kante den temporären Wert Inkrement ab, welcher initial = Nenner gesetzt wird (Algorithmus 4-2).

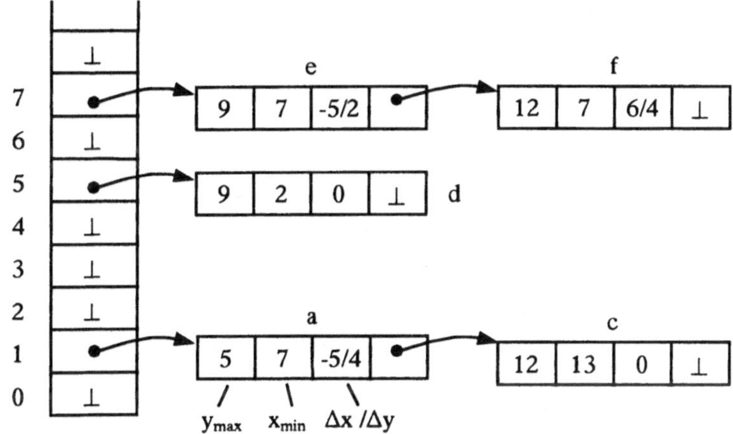

Abb. 4-25 die Edge-Tabelle für das obige Polygon. $\perp$ = leere Liste.

Ein sogenannter Bucket-Sort (Array) wird zum Sortieren in y verwendet. Insertion-Sort kann zum Sortieren der Kanten als verkettete Liste in x-Richtung verwendet werden. Üblicherweise sind sehr wenige Kanten mit demselben y-Wert in der Liste (bei konvexen Polygonen sind es sogar maximal zwei).

Die Active Edge-Tabelle AET speichert alle Kanten, welche die gegenwärtige Scan-Linie schneidet, wobei dieselbe Datenstruktur der verketteten Liste aus der Edge-Tabelle verwendet wird. Dadurch können Kanten einfach aus ET in die AET kopiert werden. Zusätzlich zu den gezeigten Werten wird Inkrement für jede Kante gespeichert. Der folgende Algorithmus setzt die Pixel im Innern des Polygons.

Algorithmus 4-3

```
Scan_Convert_Polygon :
begin
      Speichere alle Kanten in der Struktur ET (siehe Beispiel oben)
      AET := {}
      y := 0

      Wiederhole bis AET und ET leer sind
```

- Übernehme die Kanten der aktuellen Scan-Linie von ET in die AET;
- Die evtl. neuen Kanten werden mit den alten unter Einhaltung der Ordnung in die verkettete Liste eingefügt. (Bem. 1)
- Entferne aus AET die fertigen Kanten (d.h. wenn $y=y_{max}$)
- Füllen der Pixel zwischen Schnittpunkten mit ungerader und gerader Parität (wobei die Pixel von links bei x bis rechts x − 1 gesetzt werden.)
- $y := y+1$
- Für alle nicht vertikalen Kanten in AET, aktualisiere x für die nächste Scan-Linie: (Bem. 2)

```
            Inkrement : = Inkrement + Zähler
            if (Inkrement > Nenner)
            then
                 x :=x +1
                 Inkrement := Inkrement -  Nenner
```

- Falls nötig (sich selbst schneidende Polygone) muß AET neu sortiert werden (Bem. 1)

```
end (* Scan_Convert_Polygon*)
```

Bemerkungen:

(1) Es existiert immer eine gerade Anzahl Kanten. Bei konvexen Polygonen sind immer null oder zwei Kanten in der AET. Die Sortierung ist dadurch trivial bzw. entfällt. Bei vielen Grafikbibliotheken [z.B. OpenGL] beschränkt man sich auf konvexe Polygone. Nichtkonvexe Polygone müssen daher vorher in konvexe Komponenten zerlegt werden. Dafür ist das Füllen dieser Polygone danach wesentlich effizienter.

(2) Dieser Teil entspricht der Prozedur EdgeScan [Algorithmus 4-2]. Die Unterscheidung zwischen linker und rechter Kanten wird nur beim Auffüllen der Pixel gemacht.

Die Verallgemeinerung des Algorithmus auf Kanten beliebiger Neigung wird als Übungsaufgabe gestellt.

Das folgende Beispiel zeigt die Werte der AET für zwei aufeinanderfolgende Scan-Linien 9 und 10.

Scan-Linie 9:

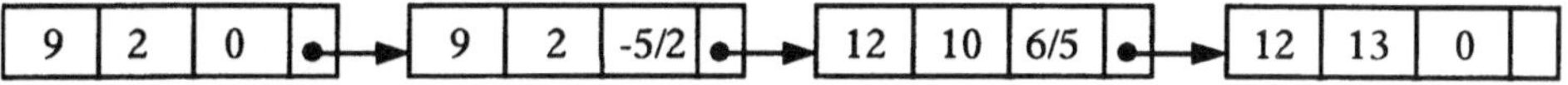

Scan-Linie 10:

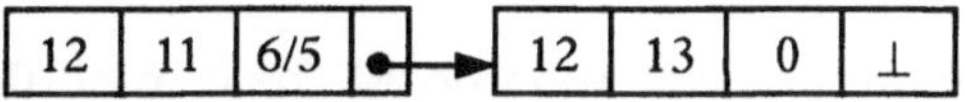

Neben dem Zeichnen von Linien und Polygonen bieten viele Grafikbibliotheken Funktionen zum Zeichnen bzw. Füllen von Kreisen und Ellipsen, etc. Die dazugehörigen Algorithmen sind hier nicht beschrieben. Stattdessen verweisen wir auf weiterführende Literatur, z.B. [Foley/vanDam et al. 1994].

4.2.3   Füllmuster (Pattern)

Statt nur mit einer einheitlichen Farbe können Polygone mit einem periodischen Muster (Pattern) gefüllt werden. Ein Pattern ist als Bitmap (Bitarray) der Größe M x N definiert (Abb. 4-26).

BITMAP=ARRAY [0...M-1, 0..N-1]

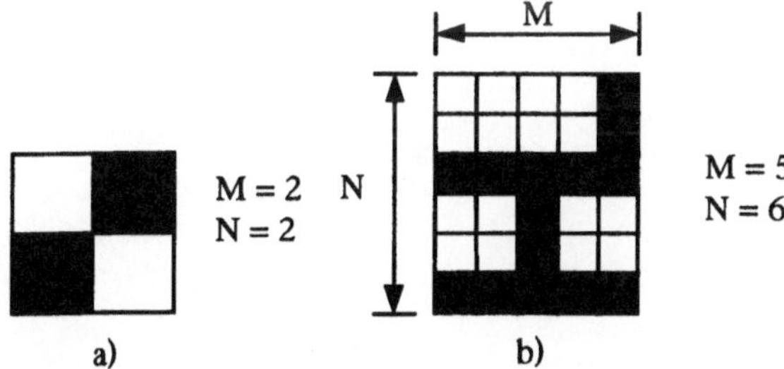

Abb. 4-26 a) graues Muster b) Backstein-Muster

Nach dieser Definition können Polygone gefüllt werden, indem man beim Setzen des Pixels (x,y) mit einem Farbwert die Werte des Patterns wie folgt berücksichtigt:

```
Input:
    x,y                                 (* Pixel Koordinaten *)
    Pattern                             (* Bitmap *)
    M, N                                (* Grösse *)

DrawPixel:
begin
    if Pattern [x MOD M, y MOD N]
    then
        SetPixel(x,y)
end (* DrawPixel *)
```

Durch die MOD-Funktion wird die Koordinate modulo M, bzw. modulo N gerechnet, wodurch sich eine periodische Repetition des Musters ergibt (siehe Beispiel, Abb. 4-27).

Abb. 4-27 Anwendung des Backsteinmusters bei einem Polygon

4.3   Dithering

Wie im Abschnitt 4.1.2 über Farbquantisierung erläutert, ist die Anzahl der gleichzeitig darstellbaren Farben durch die Anzahl der Bits pro Pixel im Bildspeicher beschränkt. So können beispielsweise bei 8 Bits/Pixel nur 256 verschiedene Farb- und Helligkeitsabstufungen dargestellt werden. Dies ist viel zu wenig, um beispielsweise eine eingescannte Farbfoto im Internetbrowser darzustellen. Mit Hilfe der Dithering-Technik ist es aber dennoch möglich, selbst bei dieser eingeschränkten Farbabstufung recht akzeptable Resultate zu erhalten.

Dithering nützt die Tatsache aus, daß aus einer gewissen Distanz unsere Augen die Farbeffekte benachbarter Pixel mischt.[1]

Im folgenden Beispiel definieren wir fünf Muster, um bei einem monochromen Bildspeicher (1 Bit pro Pixel) fünf verschiedene Grauabstufungen zu simulieren. Wir verwenden dazu 2 x 2 Bitmuster.

---

[1] Die Mischung ist hier additiv nach dem RGB-Modell und funktioniert ähnlich wie der Mischungseffekt bei der Farbbildröhre.

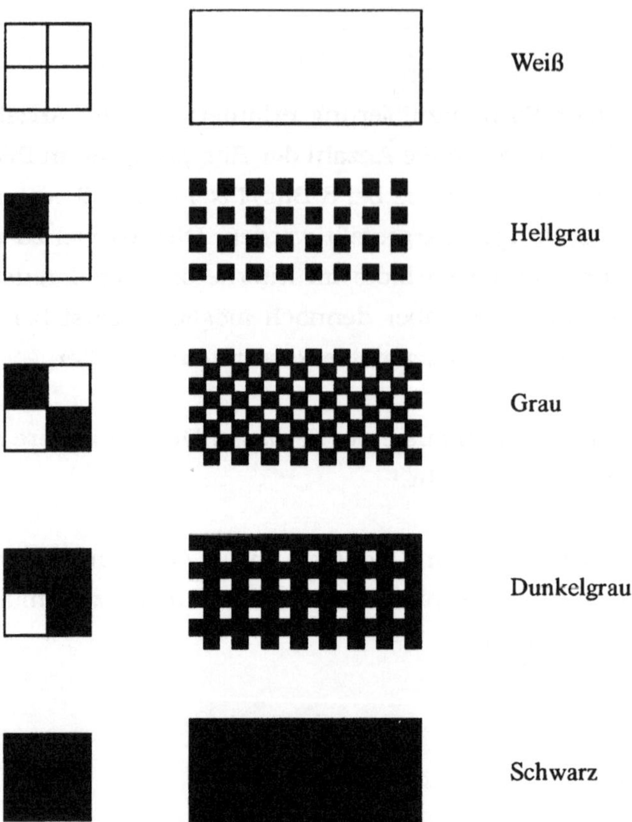

Abb. 4-28 Simulation von Graustufen durch Muster

Mit größeren Bitmaps können noch mehr Graustufen simuliert werden (z.B. 10 Stufen mit 3 x 3 Muster). Wir beobachten jedoch, daß eine höhere simulierte Farbauflösung auf Kosten der räumlichen Auflösung geht. In Anwendungen wie z.B. Internet Browser wird daher ein Kompromiß zwischen räumlicher und Farbauflösung gewählt. Zudem hat man typischerweise schon viel mehr Grundfarben wie im obigen Beispiel (z.B. 256 statt nur zwei) zur Verfügung, wobei sich eine kombinatorische Vielfalt der Muster ergibt. Ähnliche Verfahren verwendet man auch in der Druckindustrie im Zeitungsdruck (Halbtontechnik) und bei Tintenstrahl- und Laserdruckern. In der weiterentwickelten Dithering-Methode verwendet man allerdings meistens keine regelmäßigen Muster, weil diese oft wieder Artefakte in der Wahrnehmung erzeugen, sondern sogenannte Pseudo-Zufallsverteilungen. Ein bekanntes Verfahren ist z.B. das Fehlerverteilungs-Verfahren nach Floyd-Steinberg (siehe z.B. [Burger/Gillies 1990]).

4.4 Aliasing

Die räumliche Auflösung eines grafischen Bildschirms ist durch die Rastergröße und die Speicherkapazität des Bildspeichers begrenzt. Ein Effekt davon ist, daß bei der Rasterkonvertierung von grafischen Objekten ein sogenannter Treppeneffekt (oder Aliasingeffekte) auftritt (Abb. 4-29). Der Treppeneffekt ist, abhängig vom Neigungswinkel der Geraden, mehr oder weniger störend. Bei exakt horizontalen und vertikalen Geraden tritt natürlich kein solcher Effekt auf. Auch bei Geraden mit exakt 45 Grad Neigung stört dies bei mittlerer Rastergröße weniger, weil die Treppenstufen alle genau ein Pixel groß sind. Besonders bei Geraden, welche fast horizontal oder vertikal liegen, ist selbst bei hoher Auflösung (z.B. Laserdrucker mit 300 oder 600 dpi oder dots per inch) der Treppeneffekt noch störend. Dies ist physiologisch bedingt und kann durch folgendes Experiment erklärt werden.

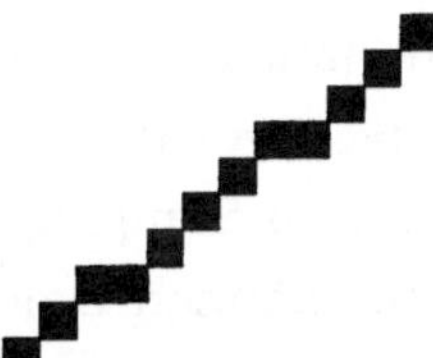

Abb. 4-29 Treppeneffekt einer gerasterten Linie.

4.4.1 Experiment

Betrachtet man zwei fast koinzidente Punkte aus großer Entfernung, können sie unter Umständen nicht mehr unterschieden werden. Man definiert nun den maximalen Abstand der Punkte, welche das Auge aus gegebener Distanz nicht mehr auflösen kann, als Auflösungsvermögen des Auges mit dem Parameter ε (Abb. 4-30).

Abb. 4-30 Auflösungsvermögen des Auges für Punkte und Linien

Nun legt man zwei horizontale Linien je durch einen der beiden Punkte (Abb. 4-30), so daß sie am Ort der Punkte einen Sprung machen. Interessanterweise kann man die Diskontinuität der Linie selbst bei viel kleinerem Abstand als das oben definierte Auflösungsvermögen des Auges noch feststellen. Man kann dies damit erklären, daß man sich die Linien selbst aus vielen Punkten denkt. Jeder der Punkte wird durch das beschränkte Auflösungsvermögen des Auges mit einem Meßfehler behaftet. Durch die Signalverarbeitung des Auges wird aber die vielfache Messung zu einer genaueren Positionsbestimmung der Linie führen. In unserer Wahrnehmung werden gerasterte Linien entsprechend ihrer Neigung extrapoliert. Wenn die extrapolierten Linien aber an gewissen Stellen nicht aufeinander passen wird die Diskontinuität dort als störend empfunden.

4.4.2 Andere Aliasing-Phänomene

Aliasingeffekte treten generell dort auf, wo kontinuierliche (analoge) Daten auf diskontinuierliche Daten (digitale und damit quantisierte Rasterdaten) abgebildet werden. In der Signalverarbeitung spricht man vom Samplingeffekt. Nach dem Samplingtheorem nach Nyquist [Watt/Watt 1992] können Daten mit einer niedrigeren Frequenz als die Samplingfrequenz zumindest theoretisch perfekt rekonstruiert werden. Digitalisiert man jedoch Daten höherer Frequenz als die halbe Samplingrate, treten unweigerlich Aliasingeffekte auf. Übertragen auf die Bildverarbeitung entspricht die Frequenz der räumlichen Auflösung des Bildrasters. Nimmt man beispielsweise mit einer Videokamera ein sehr feines Muster (z.B. ein gemusterter Anzug eines Nachrichtensprechers) auf, fallen die Punkte des Musters, je nach dem, in die Mitte eines Pixels oder zwischen zwei Pixel. Entsprechend ergibt sich ein mehr oder minder zufälliger Helligkeitswert auf dem Bildschirm, und es werden Differenzmuster (sogenannte Moiré Mustern) als Artefakte erzeugt. Dieser Effekt ist in der Akustik als Schwebung bekannt. Wenn zwei ähnliche Frequenzen sich überlagern, wird eine dritte Frequenz (die Differenz der beiden) als Modulation der Signale erzeugt.

4.5   Anti-Aliasing

Die vorher beschriebenen Aliasingeffekte können durch sogenannte Glättung oder Filterung teilweise behoben oder zumindest abgemildert werden. Diese Verfahren werden in der Computergrafik unter dem Begriff Anti-Aliasing zusammengefaßt. Das Prinzip soll am Beispiel der Rasterkonvertierung einer Linie gezeigt werden.

Die Voraussetzung des folgenden Verfahrens ist, daß ein Bildspeicher mit mehreren Farben bzw. Graustufen vorhanden ist. Beim Zeichnen einer schwarzen Linie auf weißem Hintergrund sollen die Graustufen zum Ausgleichen der Treppenstufen genutzt werden. Wir gehen davon aus, daß eine Linie mit einer Dicke von einem Pixel gezeichnet wird. Im Bresenham-Verfahren wird diese Linie zunächst als mathematische Linie definiert und die Pixel, welche der mathematischen Linie am nächsten sind, werden schwarz gefärbt (Abb. 4-31a). Um eine bessere Rasterkonvertierung zu erreichen, denken wir uns eine Linie als Rechteck mit der Länge der Liniensegments und der Breite von einem Pixel, entlang dieses Liniensegments (Abb. 4-31b).

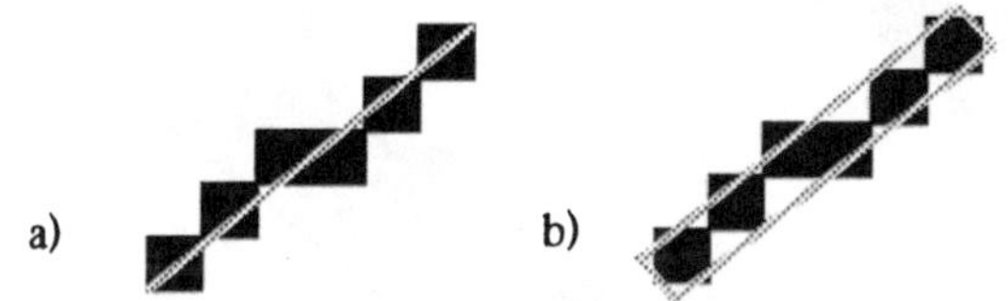

Abb. 4-31 Rasterkonvertierung einer Linie bei gegebener Auflösung.

Zum Erhalt der Graustufen berechnen wir den prozentualen Überdeckungsgrad eines Pixels (als quadratische Flächen gedacht) mit dem Rechteck. Da eine geometrische Berechnung dieser Überdeckung zu aufwendig wäre, simulieren wir einfach einen Bildspeicher mit höherer Auflösung. In unserem Beispiel verdoppeln wir die Auflösung in beiden Koordinatenrichtungen. Das Rechteck mit der entsprechenden Breite wird zuerst durch Rasterkonvertierung der ursprünglichen Linie im feineren Raster gezeichnet (Abb. 4-32a). Dies geschieht mit demselben Bresenham-Algorithmus wie oben beschrieben. Dann werden die Pixel der Linie einfach repliziert und damit eine Linie doppelter Dicke im feineren Raster gezeichnet (Abb.4-32b). Zum Schluß bestimmen wir, wieviele von jetzt vier möglichen Pixel, welche einem Pixel der ursprünglichen Auflösung entsprechen, gesetzt wurden (Abb. 4-33 a).

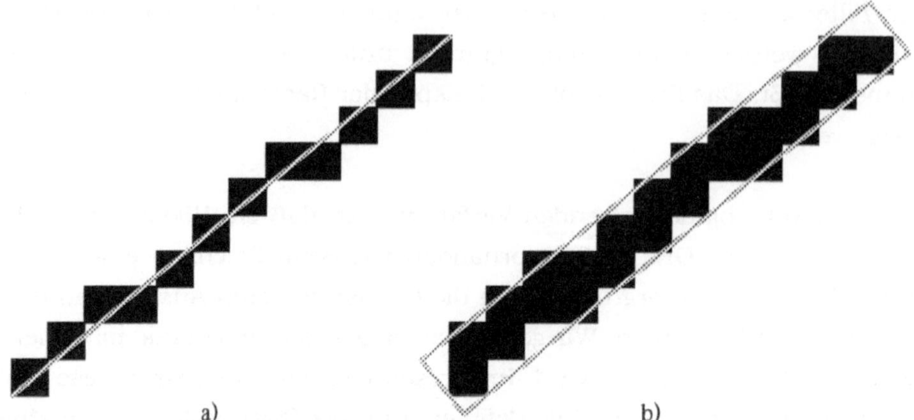

Abb. 4-32 a) Rasterkonvertierung der Linie bei doppelter räumlicher Auflösung. b) Replizierung der Linie.

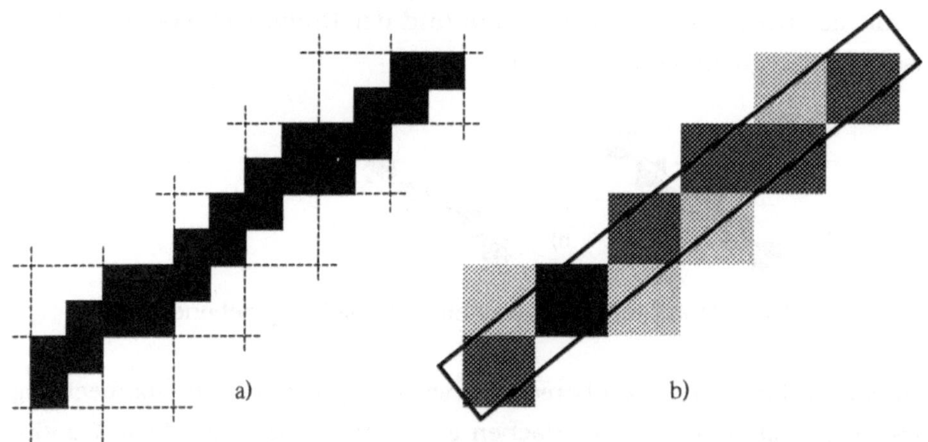

Abb. 4-33 Bestimmung a) des Überdeckungsgrades und b) des Grauwertes in der ursprünglichen Auflösung.

Daraus ergibt sich ein Grauwert von 0%, 25%, 50%, 75% oder 100%. Um diese Grauwerte darstellen zu können, ist eine Farbauflösung von mindestens 2 Bit pro Pixel nötig. Mit den hier berechneten Grauwerten wird die Linie dann in der ursprünglichen Auflösung gezeichnet (Abb. 4-33b). Abb. 4-34 zeigt eine Gegenüberstellung der rasterisierten Linie mit und ohne Anti-Aliasing.

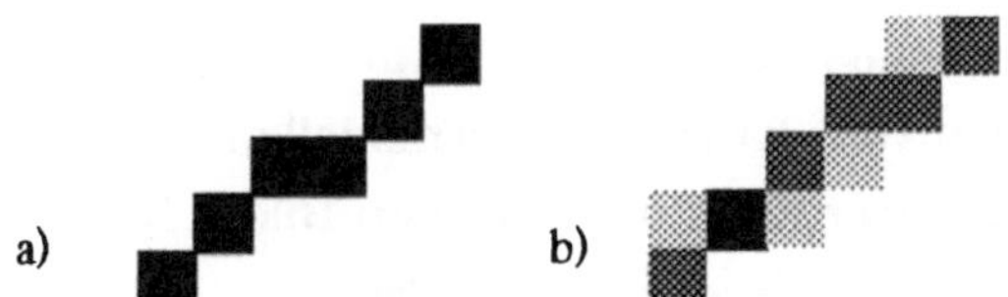

Abb. 4-34 Linie a) ohne Anti-Aliasing, b) mit Anti-Aliasing.

Anti-Aliasing erhöht die empfundene räumliche Rasterauflösung durch Einbezug von zusätzlichen Graustufen. Dies kann physiologisch folgendermaßen erklärt werden. Unsere Augen empfinden die Linie nicht aus einzelnen Pixeln zusammengesetzt, sondern sehen gleich einen Verband von Pixeln unterschiedlicher Helligkeit um die Linie herum. In einem gedachten Schnitt senkrecht zur Linie befinden sich nun mehrere Pixel. Unser Auge setzt das Zentrum des Verbandes in den Schwerpunkt der Helligkeitsverteilung. Damit kann der Schwerpunkt der Linie nicht mehr nur auf festen Pixelkoordinaten liegen, sondern auch Zwischenwerte annehmen, was als erhöhte Rasterauflösung empfunden wird (vergleiche dazu Abb. 4-35). Anti-Aliasing erhöht also in unserer Empfindung die räumliche Auflösung des Rasterbildes, obwohl durch diese Filterung die Linie quasi etwas verschmiert. Die Qualität entspricht ungefähr derjenigen einer doppelten Bildauflösung.

Abb. 4-35 Gegenüberstellung der Rasterisierung einer Linie a) ohne Anti-Aliasing, b) mit Anti-Aliasing, c) mit doppelter Auflösung, ohne Anti-Aliasing

Anti-Aliasing Verfahren werden in manchen Grafikkarten hardwaremäßig unterstützt. Das Verfahren beruht darauf, daß jede Linie nicht nur einmal, sondern vier mal gezeichnet wird, jeweils um ein halbes Pixel nach oben, unten, rechts oder links verschoben. Da die Rasterauflösung diese Verschiebung nicht wirklich zuläßt, wird der Effekt durch entsprechend angepaßte Rundung im Bresenham-Algorithmus erreicht. Im sogenannten Accumulation-Buffer werden die Farbwerte der Pixel jeweils addiert und am Schluß gemittelt. Durch Parallelverarbeitung kann das Zeichnen von Linien mit Anti-Aliasing genau so schnell erfolgen wie ohne Anti-Aliasing. Ebenfalls kann dieses Verfahren auch zum Füllen von Polygonen und zum Darstellen von 3D-Drahtgittermodellen mit schattierten Flächen (sog. Rendering) verwendet werden. Somit können Bilder hoher Komplexität mit sehr hoher Qualität in Echtzeit gezeichnet werden.

4.6 Übungsaufgaben

1. Bei gegebener Speichergröße des Bildspeichers von einem Megabyte sollen folgende Auflösungen realisiert werden: 1200 x 1000 Pixel, 1000 x 860 Pixel, 800 x 600 Pixel, bzw. Farbauflösung von 4, 8, 16, 24 Bit pro Pixel. Zeigen Sie welche Farbauflösung bei welcher Rasterauflösung hier maximal möglich ist.

2. Vervollständigen Sie den Midpoint-Algorithmus für sämtliche 8 Fälle (Hinweise dazu in Abschnitt 4.2.1).

3. Vervollständigen Sie den Polygonfüllalgorithmus für beliebige Linien ($\Delta x < 0$; $\Delta x > \Delta y$) und verifizieren Sie die Resultate der Scanlinien 9 und 10 im Abschnitt 4.2.2.

4. Zeigen Sie, daß der Algorithmus Scan_Convert_Polygon in 4.2.2 alle Regeln und damit die in diesem Kapitel gegebene Spezifikation erfüllt.

4.6   Übungsaufgabe 6

Bei geometrischer Speicherung des Bildpunktes von einem Megabyte sollen
folgende Aufnahmen erfasst werden (1400 x 1000 Pixel, 0 ... × 460 Pixel,
800 × 600 Pixel) unter Abtastung von ... bei ... pro Pixel. Zeigen
Sie, welche Genauigkeit bei solcher Rasterauflösung pro Pixel möglich ...

1. Bestimmen Sie den Midpoint/Abtastrate für Kandidate 2 Teile (Hint:
   ... ... Abschnitt 4.2.1).

2. Vervollständigen Sie die folgende Tabelle für Bitrate, Linien Max ...
   ... und berechnen Sie die Resultate für Fovea bei 2 und 12 m ...
   (Fovea 4).

3. Zeigen Sie, dass der Informations Bits Online Enkoder in 4.2.1 die Regeln
   und damit in diesem Kapitel gegebene Schranke erfüllt.

5 Dreidimensionale Schattierungsverfahren

In diesem Kapitel werden verschiedene Schattierungsverfahren für die Umwandlung von 3D-Szenen in 2D-Rasterbilder behandelt. Bei den Verfahren werden die Methoden aus den vorhergehenden Kapiteln 2 bis 4 angewendet. Objekte sind durch Polygone in Euklidschen bzw. homogenen Vektorräumen definiert und werden mit einer Kamera auf die Projektionsebene abgebildet, gemäß Kapitel 2. Die Schattierung berücksichtigt die Lichtquellen und Materialeigenschaften entsprechend dem Phong-Beleuchtungsmodell im RBG-Farbraum aus Kapitel 3. Effiziente Schattierungsalgorithmen werden als direkte Erweiterung aus dem in Kapitel 4 eingeführten Polygonfüllalgorithmus hergeleitet. Mit den ebenfalls in diesem Kapitel besprochenen Ray Tracing- und Radiosity-Verfahren kann ein hoher Grad an Realismus erreicht werden.

5.1 Direkte Schattierungsverfahren

5.1.1 Der Painter's Algorithmus

Ein sehr einfaches, wenngleich beschränktes Schattierungsverfahren ist der sogenannte Painter's Algorithmus [Newell/Newell/Sancha 1972]. Bei diesem Verfahren wird eine künstlerische Maltechnik für Deckfarben algorithmisch nachvollzogen. Bei dieser Technik werden zuerst weiter hinten liegende Objekte einer Szene gemalt. Nach und nach werden diese durch weiter vorne liegende Objekte ganz oder teilweise verdeckt und so eine korrekte Sichtbarkeit erreicht. Dieses Verfahren kann sehr einfach algorithmisch ausgedrückt werden. Nach dem Berechnen der Ansichtstransformation (Transformation der Koordinaten in das Kamera-Koordinatensystem) bleibt die Tiefeninformation der Vektoren erhalten. Die z-Koordinate jedes Eckpunktes eines Polygons definiert den Abstand vom Auge (siehe Kap. 2). Diese Information kann nun zur Bestimmung der Sichtbarkeit von Objekten verwendet werden.

Painter's Algorithmus

- Man sortiere die Polygone in z-Richtung des Kamerakoodinatesystems. Man benütze hierzu einen Bezugspunkt des Polygons (z.B. Schwerpunkt).
- Man zeichne die Polygone in der Projektionsebene von hinten nach vorne im Replace-Modus.

Man kann hierfür direkt den 2D-Polygonfüllalgorithmus aus Kapitel 4 benützen. Die Farbe jedes Polygons kann aus dem Lichteinfallswinkel und der Normalenrichtung nach dem Phong-Beleuchtungsmodell bestimmt werden (siehe Kapitel 3). Die Polygone im Vordergrund werden zuletzt wiedergegeben und überdecken möglicherweise weiter hinten liegende Polygone ganz oder partiell.

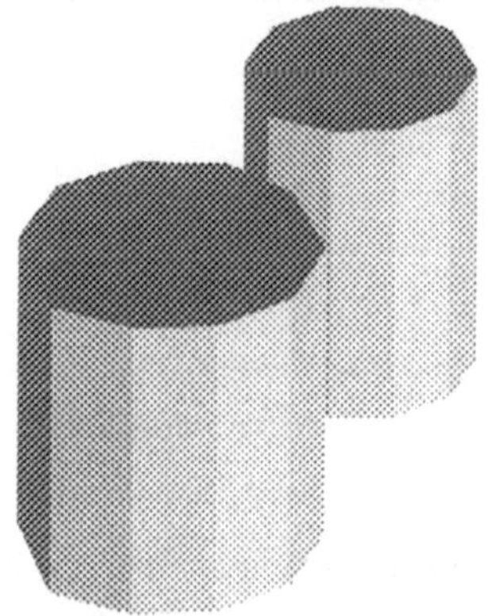

Abb. 5-1 Flachschattierte Polygone mit dem Painter's Algorithmus

Dieses Verfahren funktioniert in vielen praktischen Fällen recht gut. In manchen Szenen können jedoch Probleme auftauchen. Dies liegt daran, daß im dreidimensionalen Raum keine totale Ordnung definiert ist, nach der Objekte eindeutig sortiert werden. Dies kann am Beispiel von drei Dreiecken demonstriert werden, welche sich in der Projektionsebene zyklisch überlappen (Abb. 5-2). Es existiert keine Reihenfolge, in der man die Dreiecke nacheinander malen könnte, so daß die Sichtbarkeit richtig erscheint.

Abb. 5-2   Zyklisch überlappende Polygone

Um diesen Fall im Painter's-Algorithmus korrekt zu behandeln, müßten die Polygone unterteilt, die Teile einzeln sortiert und gemalt werden. Der Painter's-Algorithmus liefert meist gute Resultate bei einfachen Szenen, wo die Sortierung unproblematisch ist (d.h. relativ kleine Polygone, welche sich in ihren z-Werten deutlich unterscheiden). Der Algorithmus wird hauptsächlich dort eingesetzt, wo vom Betriebssystem bzw. vom Grafiksystem nur 2D-, aber keine 3D-Unterstützung angeboten wird. Eine weitere Anwendung des Painter's-Algorithmus ist auch das Schattieren von semi-transparenten Objekten, welches im Abschnitt 5.1.4 erklärt wird.

5.1.2 Z-Puffer-Verfahren

Viele 3D-Grafikbibliotheken, z.B. [OpenGL], berechnen die Sichtbarkeit mit einem rasterbasierten Z-Puffer-Verfahren. Hier wird von jedem schattierten Polygon zu jedem Pixel individuell eine Tiefeninformation (z-Wert) berechnet und abgespeichert. Der z-Wert eines Pixels wird als ganzzahliger Wert (z.B. als 16-Bit-Zahl) zusätzlich zur Farbinformation im Bildspeicher abgespeichert (siehe Abb. 5-3). Die Sichtbarkeitsbestimmung kann damit pixelweise geschehen [Encarnação/Straßer/Klein 1996].

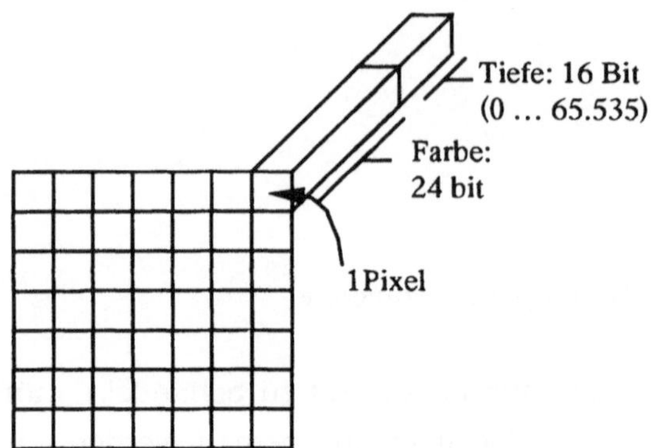

Abb. 5-3   Z-Puffer-Bildspeicher

Das Z-Puffer-Verfahren ist durch den folgende Algorithmus skizziert:

Für alle Pixel

- Setze Farbe auf "Hintergrund"-Farbe (z.B. Weiß)

- Setze z-Wert auf + ∞ (maximaler ganzzahliger Wert)

Für alle Polygone (nach der Ansichts-Transformation)

- Rasterumwandlung in der Projektionsebene (x_p / y_p – Koordinaten). Hierfür wird der 2D-Poygonfüllalgoruthmus modifiziert, so daß er für jedes Pixel einen z-Werte errechnet - siehe unten.

- Abspeichern der Pixel im Bildspeicher mit Write_Pixel_ZB (x_p, y_p, z_p, Farbe)

Die Prozedur Write_Pixel vergleicht jeweils den z-Wert des neuen Polygons mit dem bereits abgespeicherten z-Wert im Bildspeicher. Die Farben und z-Werte des näheren Objekts (kleinerer z-Wert) werden jeweils übernommen.

Zur Berechnung der z-Werte eines Pixels muß der Polygonfüllalgorithmus erweitert werden. Da die z-Werte an den Eckpunkten jedes Polygons aus der Ansichtstransformation (siehe Kap. 2) bekannt sind, können die z-Werte beim Schnitt des Liniensegmentes mit der Scan-Linie durch lineare Interpolation aus den begrenzenden Kanten wie folgt berechnet werden (Abb. 5-4).

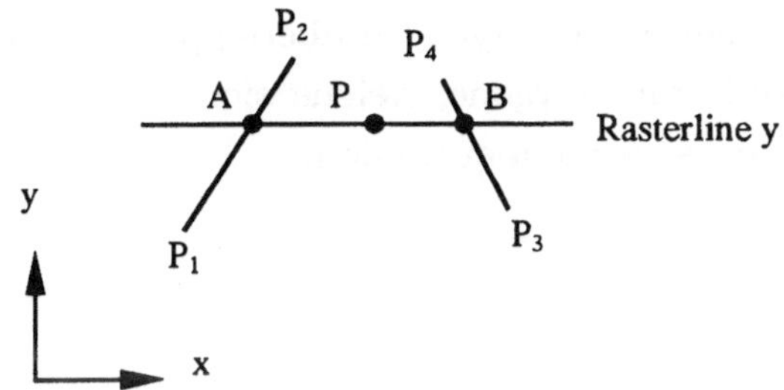

Abb. 5-4   Lineare Interpolation der z-Werte

$$z_A = z_1 + (y - y_1) \cdot \frac{z_2 - z_1}{y_2 - y_1} \tag{5-1}$$

$$z_B = z_3 + (y - y_3) \cdot \frac{z_4 - z_3}{y_4 - y_3} \tag{5-2}$$

$$z_p = z_A + (x_p - x_A) \cdot \frac{z_B - z_A}{x_B - x_A} \tag{5-3}$$

Die Funktionen für die Interpolation von z_A und z_B sind rationale Ausdrücke, gleich wie bei der Berechnung der x-Koordinaten der Schnittpunkte im Polygonfüllalgorithmus. Darum können wir die Werte im Polygonfüllalgorithmus mit entsprechenden Werten für Zähler, Nenner und Inkrement gleichzeitig mit den x-Werten von einer Rasterlinie zur nächsten inkrementieren (siehe Polygonfüllalgorithmus, Kap. 4). Auf ähnliche Weise inkrementiert man danach die Werte z_p zwischen z_A und z_B beim Füllen der Pixel zwischen zwei Schnittpunkten. Dabei wird wiederum nur Ganzzahlarithmetik verwendet.

Die Bestimmung der Farbwerte der Pixel erfolgt aus den Materialwerten und Beleuchtungsparametern, wobei man hier (wie schon beim Painter's-Algorithmus) einen Farbwert für das ganze Polygon aus den Flächennormalen, dem Blickwinkel und dem Lichteinfall (z.B. nach dem Phong-Beleuchtungsmodell) annehmen kann (Flat Shading). Erweiterte Schattierungsverfahren werden weiter unten gezeigt.

Der Vorteil des Z-Puffer-Verfahrens gegenüber dem Painter's-Algorithmus ist, daß die Sichtbarkeit pro Pixel (statt pro Polygon) korrekt bestimmt wird. Damit werden auch die Fälle von sich in der Ansicht zyklisch überlappenden Polygonen richtig dargestellt (Abb. 5-2). Sogar für Polygone, welche sich räumlich durchdringen, kann die Sichtbarkeit korrekt berechnet werden.

5.1.3 Double Buffering

Für 3D-Animationen, welche in Echtzeit ablaufen sollen, müssen Bilder in schneller Folge hintereinander schattiert werden, um dem Betrachter die Illusion einer Bewegung zu vermitteln. Dabei ist es wichtig, daß der Betrachter immer nur die kompletten Bilder sieht und nicht etwa das Bild während der Entstehung (Rasterkonvertierung) im noch unfertigen Zustand. Dies kann durch die Verwendung von zwei Bildspeichern erreicht werden (Double-Buffer-Prinzip). Ein Bildspeicher (Puffer) enthält dann jeweils die vollständige Abbildung der zuvor schattierten Szene, während im zweiten Puffer das neue Bild aufgebaut wird. Auf dem Bildschirm wird zuerst das erste Bild gezeigt. Sobald das neue Bild fertig ist, wird der Bildschirm auf den zweiten Puffer umgeschaltet, während im ersten wieder ein neues Bild schattiert wird, usw.

5.1.4 Transparenz

Grafikbibliotheken wie OpenGL unterstützen auch die Darstellung halbtransparenter Objekte. Dafür wird jedem Pixel ein Opazitätswert α zugeordnet, typischerweise als 8-Bit-Zahl gespeichert, wobei $\alpha = 0$ völlig transparent und $\alpha = 1$ völlig opak bedeutet (siehe Abb. 5-13).

Überlappen sich Polygone in der Projektionsebene, dann wird die angezeigte Farbwert als Mischfarbe der zwei Polygonfarben wie folgt berechnet: Bei $\alpha = 1$ (opak) wird hier die Hintergrundfarbe durch die Vordergrundfarbe ersetzt, bei $\alpha = 0$ (transparent), wird die Hintergrundfarbe ganz beibehalten. Bei Zwischenwerten wird eine lineare Interpolation der beiden Farben(Mischung entsprechend dem α-Wert) vorgenommen.

Cf = Farbe des Polygons im Vordergrund,

α = Opazität der Vordergrundfarbe.

Cb = Hintergrundfarbe.

Die resultierende Farbe ergibt sich durch folgende Formel:

$$C = \alpha \cdot Cf + (1-\alpha) \cdot Cb. \tag{5-4}$$

Aufgrund der Formel wird z.B. eine gelbe Glasscheibe vor rotem Hintergrund im Überlappungsbereich Orange erscheinen. Der resultierende z-Wert ist der des vorderen Polygons. Da beim Schattieren immer nur zwei Farben gleichzeitig zur Verfügung stehen und verglichen werden können (die im z-Buffer abgespeicherte Hintergrundfarbe Cb und die Farbe des gerade zu schattierenden Polygons Cf), ist es nicht möglich ein drittes Polygon, welches zwischen zwei bereits schattierten Polygonen liegt, korrekt zu berechnen. Für ein korrektes Resultat müssen halbdurchsichtige Objekte von hinten nach vorne abgearbeitet werden. Eine Sortierung aller semitransparenten Flächen wie beim Painter's Algorithmus ist hierbei nötig. Die opaken Flächen können zuerst und untereinander reihenfolgeunabhängig schattiert werden. Danach werden alle semi-transparenten Flächen von hinten nach vorne schattiert. Das vorher beschriebene Problem der sich möglicherweise zyklisch überlappenden Flächen tritt hier im Prinzip zwar auch auf, ist jedoch nicht ganz so kritisch wie bei der eigentlichen Sichtbarkeitsberechnung, da die Sichtbarkeit opaker Flächen ja nach wie vor nur durch das Z-Puffer-Verfahren bestimmt wird. Nur dort wo semi-transparente Flächen sich untereinander in der Ansicht zyklisch überlappen, wird das Resultat dieses Verfahrens unter Umständen nicht korrekt. Da aber beide halbtransparente Flächen sichtbar sind, wird dies im Allgemeinen nicht auffallen, da es dem Betrachter kaum möglich ist, die Verhältnisse zweier oder mehrerer übereinander liegender semi-transparenter Flächen genau abzuschätzen.

5.1.5 Kontinuierliche Schattierung von Polygonen (Gouraud Schattierung)

Gekrümmte Flächen (Zylinder, Kugeln, B-Spline Flächen, etc.) werden in Computergrafikanwendungen in Polygone (meist Drei- oder Vierecke) zerlegt, welche z.B. mit der früher beschriebenen Flat-Shading-Methode einzeln schattiert werden können. Dies sieht nicht sehr realitätsgetreu aus, da an den Polygongrenzen Diskontinutiäten auftreten, welche störend wirken (siehe Abb. 5-5). Eine von H. Gouraud entwickelte Erweiterung der Rasterkonvertierung [Gouraud 1971], welche im Folgenden beschrieben wird, löst das Problem auf einfache Weise.

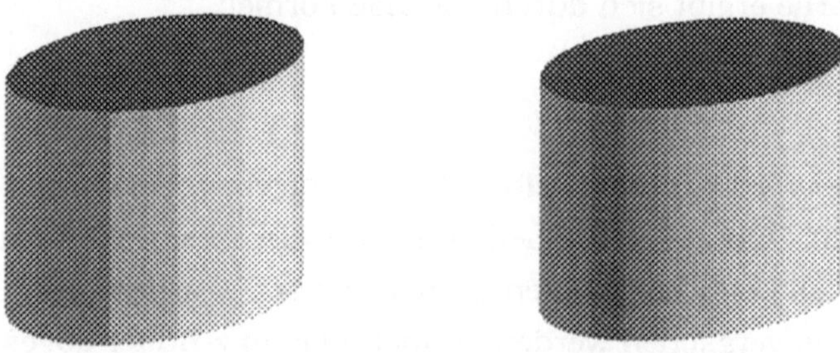

Abb. 5-5 Gegenüberstellung Flat Shading und Gouraud Schattierung

Im Gegensatz zum Flat Shading, wo nur eine Flächennormale pro Polygon für die Beleuchtungsberechnung verwendet wird, definieren wir hierbei für jeden Eckpunkt des Polygons P_i einen eigenen Normalenvektor n_i, welcher von der Originaloberfläche (z.B. Zylinder, Kegel, Bézier-Fläche) hergeleitet werden kann. Damit kann auch für jeden Eckpunkt eine unterschiedliche Beleuchtungsintensität I_i (z.B. nach dem Phong-Beleuchtungsmodell) errechnet werden (Abb. 5-6).

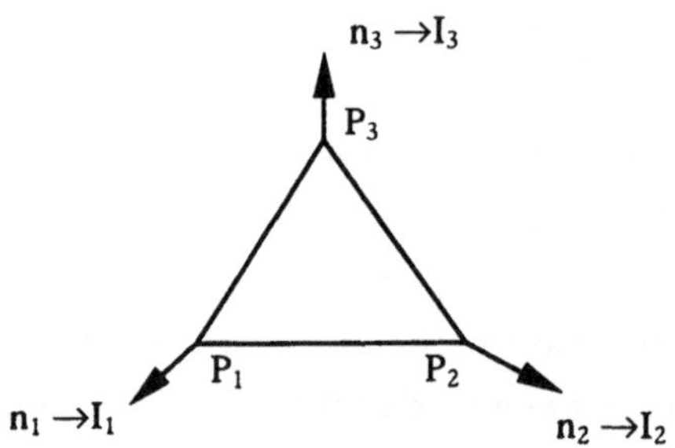

Abb. 5-6 Berechnung der Lichtreflexion an den Polygonecken.

Bei der Rasterkonvertierung werden die Eckwerte I_i linear interpoliert und damit die Intensität jedes Pixels berechnet (Abb. 5-7).

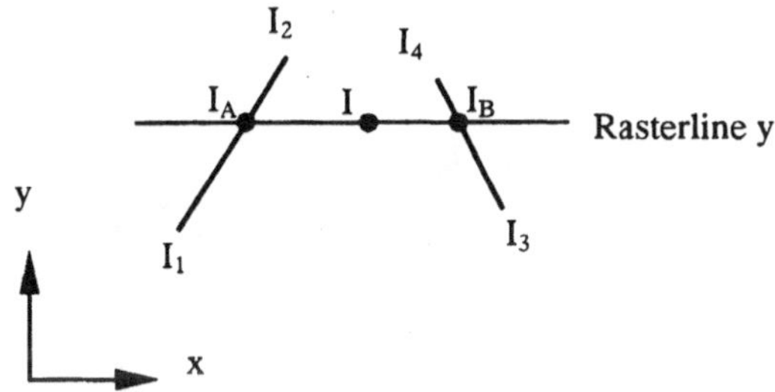

Abb. 5-7   Interpolation der Leuchtdichte

Die Interpolation kann wiederum nach dem gleichen arithmetischen Muster wie die Interpolation der z-Werte im z-Puffer-Verfahren (d.h. inkrementell, mit Ganzzahlarithmetik) gerechnet werden.   Bei farbigen Oberflächen und Lichtquellen können einfach die RGB-Werte der Reflexion an den Eckpunkten nach dem Phong-Beleuchtungsmodell einzeln berechnet und interpoliert werden.

Als Resultat erhalten wir eine kontinuierlich schattierte Wiedergabe von dreidimensionalen Oberflächen. Abb. 5-8 zeigt Kugeln, welche jeweils in eine unterschiedliche Anzahl von Dreiecken zerlegt wurden und mit der Gouraud-Schattierungsmethode in ein Rasterbild konvertiert wurden. Die hier angewandte lineare Interpolation ist natürlich nur eine Approximation und die Bildqualität hängt stark von der Unterteilung in Dreiecke ab.

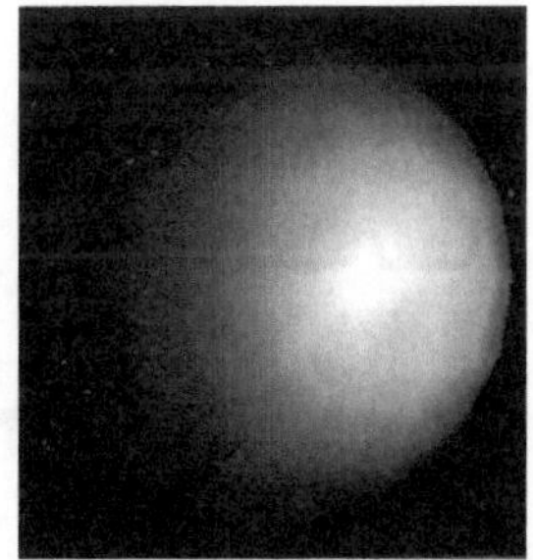
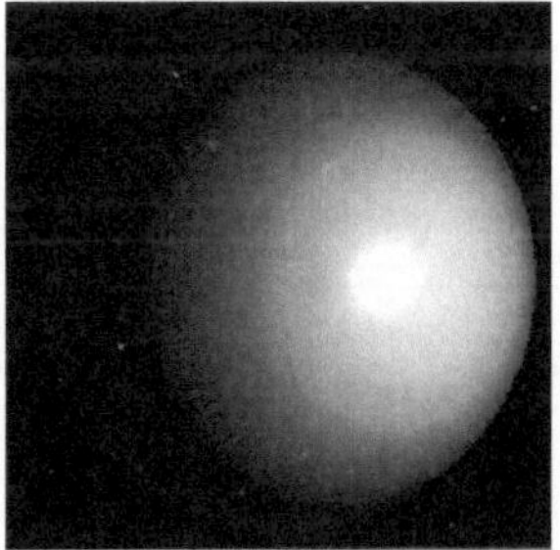

Abb. 5-8 Gouraud-Schattierte Kugeln (links 200, rechts 1000 Dreiecke)

Bei der Gouraud-Schattierung können aufgrund der linearen Approximation der Beleuchtungswerte zwei wesentliche Mängel auftreten (Mach-Band-Effekt und fehlende Glanzlichter), welche im Folgenden erklärt werden.

5.1.6 Der Mach-Band-Effekt

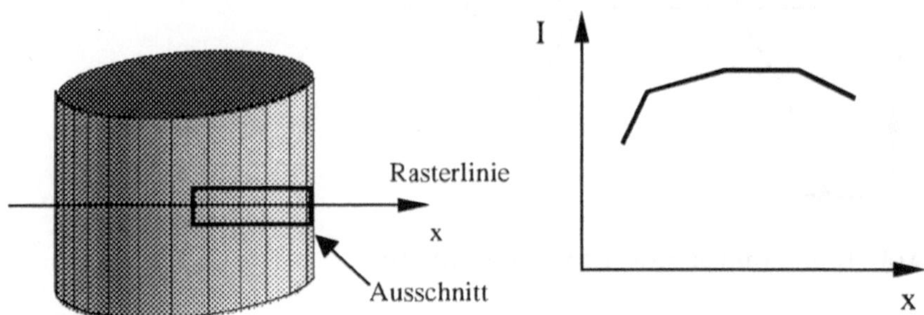

Abb. 5-9   Lineare Interpolation der Leuchtdichte entlang der Rasterlinie

Im Gouraud-Schattierungsverfahren werden Intensitätswerte entlang den Polygonkanten und Rasterlinien linear interpoliert. Der Intensitätsverlauf ist zwar stetig, hat aber keine stetigen Ableitungen. Abb. 5-9 zeigt den Intensitätsverlauf (Ausschnitt) entlang einer Rasterlinie für einen Zylinder bei gegebener Polygoneinteilung.

Die Information benachbarter Rezeptoren im menschlichen Auge wirkt inhibitorisch auf die lokale Lichtempfindung. Man empfindet daher nicht nur die Lichtintensität, sondern verarbeitet auch die erste und zweite räumlichen Ableitung dieser Information (Abb. 5-10).

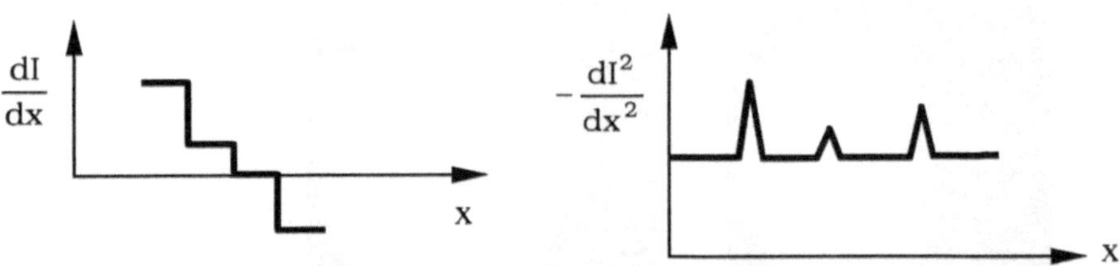

Abb. 5-10 Die erste und zweite räumliche Ableitungen des Intensitätsverlaufs in Abb. 5- 9

Der negative Wert der zweiten Ableitung wird im Auge zur Bildinformation addiert und erzeugt in unserem Beispiel den Eindruck von hellen Streifen an den Übergängen zwischen den Polygonen (s. Abb. 5-8). Liegen eine helle und eine dunkle Fläche nebeneinander, beobachtet man einen dunklen Streifen auf der

dunkleren Seite und einen hellen Streifen auf der helleren Seite. Damit wird der
Kontrast im Übergang zwischen den Flächen verstärkt. Dieses Phänomen ist
vermutlich in der Evolution des Auges begründet, denn es hilft Kanten mit
schwachen Kontrastübergängen zu verstärken. In Computerbildern ist dieser
Mach-Band-Effekt ein störendes Artefakt. Durch feinere Unterteilung der 3D-
Objekte werden die Unstetigkeiten zwischen den Flächen abgeschwächt, und
damit auch der Mach-Band-Effekt.

5.1.7 Fehlende Glanzlichter

Ebenfalls aufgrund der linearen Interpolation werden Glanzlichter, wie sie durch
spekuläre Reflexion erzeugt werden, unter Umständen unterdrückt. In Abb. 5-11
wird eine gekrümmte Oberfläche durch Polygone angenähert. Anhand der Flächennormalen n_1 und n_2 am Rand des Polygons können dort die korrekten
Leuchtdichten (aufgrund des Phong-Beleuchtungsmodells) berechnet werden.
Diese werden dann für Zwischenpunkte linear interpoliert (Abb. 5-11 rechts).
Tritt nun auf der exakten Fläche ein Glanzlicht mitten zwischen den beiden
Punkten auf, ergibt sich (besonders bei stark glänzenden Oberflächen) ein lokales Maximum im Intensitätsverlauf bei einem Zwischenpunkt (Normale n). Wie
man sieht, wird dieses durch die lineare Interpolation unterdrückt.

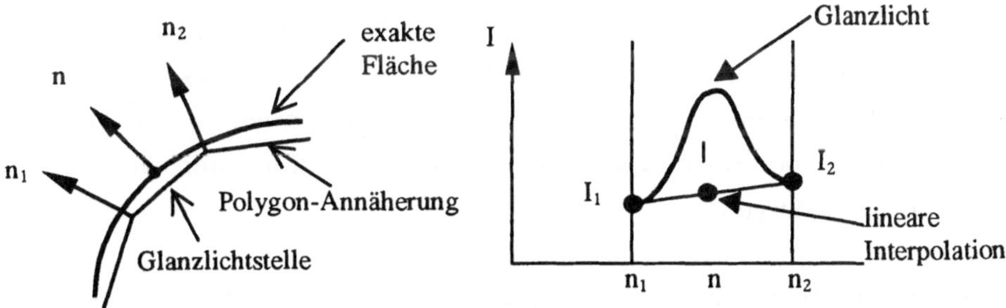

Abb. 5-11 Annäherungsfehler beim Darstellen von Glanzlichtern

Auch hier kann eine feinere Unterteilung der Oberfläche bessere Resultate be-
wirken (siehe Abb. 5-12). Je glänzender die Oberfläche, desto feiner muß die
Unterteilung sein, um korrekt auszusehen (vergl. Abb. 5-8). Die Auswirkung auf
die Performanz der Schattierung wird im nächsten Abschnitt diskutiert.

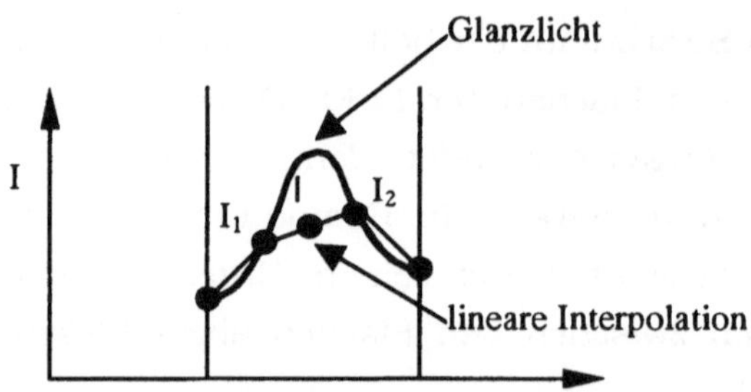

Abb. 5-12 Verbesserung des Gouraud-Schattierverfahrens durch feinere Polygonunterteilung

In einem alternativen Schattierverfahren nach B. Phong werden anstelle der Intensitätswerte die Normalenvektoren zwischen den Polygonecken linear interpoliert. Dieses sogenannte „Phong-Shading" [Phong 1975] ist zwar für bestimmte Oberflächen immer noch eine Annäherung. Dabei wird aber die $\cos^n$–Funktion im Phong-Beleuchtungsmodell für jedes Pixel exakt berechnet. Glanzlichter gehen dadurch nicht verloren. Ebenfalls wird die zweite räumliche Ableitung an den Polygonkanten nicht mehr unstetig, womit der Mach-Band-Effekt vermieden wird.

5.1.8 3D-Grafikhardware

Das oben eingeführte Z-Puffer-Verfahren für Flat Shading bzw. Gouraud Shading mit Double Buffering wird durch Hardware vieler Grafikkarten unterstützt. High-End Workstations und Grafikkarten für PCs können heutzutage auf diese Weise mehrere 100.000 Polygone pro Sekunde mit korrekter Sichtbarkeit und Beleuchtung wiedergeben.

Wie wir besprochen haben, werden beim Schattieren die Mehrzahl der Operationen einmal pro Pixel ausgeführt (z.B. Inkrementieren des z-Werts, Vergleichen der z-Werte im Bildspeicher und Abspeichern der neuen Werte, das Mischen der Farben unter Berücksichtigung der α-Werte und die Interpolation der Farbwerte beim Gouraud-Shading, etc.). Wie gezeigt, werden diese Operationen inkrementell und mit Ganzzahlarithmetik berechnet. Dank der Pipeline-Architektur dieser Hardware können die hier beschriebenen Pixeloperationen parallel ausgeführt werden, weshalb die Performanz der 3D-Schattierung vergleichbar mit derjenigen beim Füllen von Polygonen im 2D ist. Bei neueren Grafikkarten gilt dies auch unter Berücksichtigung von Funktionserweiterungen wie Textur-Mapping, welche im Abschnitt 5.2 beschrieben sind.

Aufgrund der pro Pixel auszuführenden Operationen wird die Performanz von Grafikkarten fast immer für normierte Polygone (z.B. Dreiecke mit 100 Pixel) angegeben. Für größere Polygone sinkt die Performanz mit der Anzahl der Pixel (d.h. etwa umgekehrt proportional zum Flächeninhalt). Neben der Polygonleistung wird deshalb meist die Anzahl der abgearbeiteten Pixel (typischerweise mehrere Millionen pro Sekunde) angegeben. Aus diesem Grund ist es oft genauso schnell, ein großes Polygon vorher in viele kleinere Dreiecke zu unterteilen, welche einzeln schattiert werden. Dies bewirkt eine genauere Berechnung der Beleuchtung (insbesondere bei lokalen Lichtquellen) und ist vorteilhaft, wenn man die Probleme beim Gouraud-Schattieren (Mach-Bandeffekt und Fehlen von Glanzlichtern) vermeiden will (siehe Abb. 5-8).

Phong Shading ist wesentlich weniger effizient, da die Beleuchtung pro Pixel individuell berechnet werden muß. Es wird von echtzeitfähigen Grafikbibliotheken wie OpenGL und Hardware zur Zeit meist nicht unterstützt. Stattdessen wird eine feinere Flächenunterteilung zur Qualitätsverbesserung empfohlen. Das Phong Shading wird hingegen in indirekten Renderingverfahren, wie Ray Tracing angewendet. Seit kurzem existieren aber auch 3D-Grafikkarten mit Unterstützung des Phong Shadings (z.B. unter dem Begriff „Per-Pixel-Shading").

Die Speicheranforderung für 3D-Grafikkarten kann wie folgt bestimmt werden: Pro Pixel werden typischerweise im Minimum 48 Bit an Information abgespeichert (R+G+B+A+Z in Abb.5-13). Bei einem Bildschirminhalt von einer Million Pixel werden darum ca. 6 Megabyte benötigt.

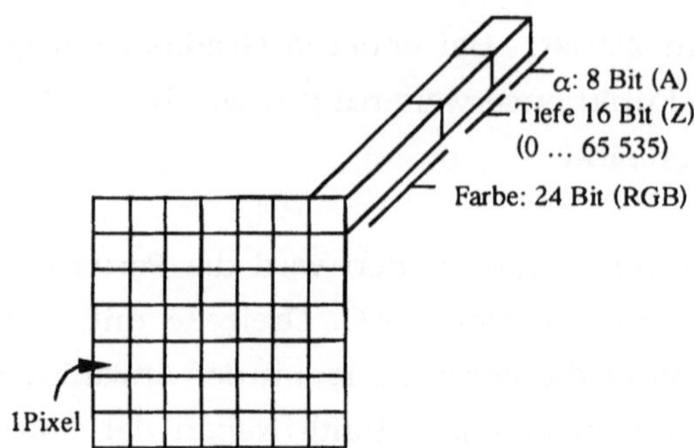

Abb. 5-13   Bildspeicher mit RGBAZ-Werten

Beim Double-Buffering-Verfahren muß der Bildinhalt doppelt gespeichert werden (allerdings nur die 24 Bit für die Farbwerte), weshalb insgesamt ca. 9 MByte
gebraucht werden. Für die 3D-Stereo-Projektion bewegter Bilder in Kombination
mit Double-Buffering werden sogar 4 Bilder gleichzeitig abgespeichert, wofür ca.
15 MByte Bildspeicher benötigt werden.

5.2   Textur-Mapping

Textur-Mapping ist eine 3D-Erweiterung des Pattern-Filling-Ansatzes, welcher im vierten Kapitel besprochen wurde. Die häufigste Anwendung in der Computergrafik ist das Applizieren von 2D-Rasterbildern auf 3D-Modellen. Hiermit können Modelle mit einfacher Form mit detaillierten Oberflächen versehen werden, welche meist aus rasterisierten Fotografien erzeugt werden. Beispiele sind Backsteinmauern, Fenster, Ziegel oder Holzstrukturen, welche auf Hauswände, Dächer oder Möbel appliziert werden. Eine Hauswand kann z.B. als einfaches Rechteck in 3D repräsentiert werden, wobei Details wie Backsteine und Fenster durch eine Textur dargestellt sind. Dies spart an Modellier- und Rechenaufwand und sieht dennoch (zumindest aus einiger Distanz) wie ein detailliertes Modell aus.

Es existieren viele unterschiedliche Texturverfahren, welche nach der Art ihrer Entstehung, Positionierung oder auch nach ihrer Dimension unterschieden werden. Bei der Entstehung unterscheidet man in berechnete Texturen und Texturen von realen Oberflächen, die als Rasterbild vorliegen.

Bei Texturen, welche (wie die Muster im vierten Kapitel) periodisch wiederholt werden, muß darauf geachtet werden, daß die Übergänge zwischen den einzelnen Wiederholungen fließend ineinander übergehen und keine unlogischen Schnittkanten auftreten. Deshalb ist es oft notwendig, die Texturen mit entsprechenden Bildverarbeitungsprogrammen nachzubearbeiten, bevor sie verwendet werden. Für den Zweck der Materialdarstellung ist es deshalb zweckmäßig, schon einige vorgefertigte Texturen mit dem Anwendungsprogramm anzubieten.

Bei der Definition unterscheidet man parametrische Texturen und projizierte Texturen. Dabei werden je nach vorhandener Implementation verschiedene Mapping-Verfahren angewendet. Bei den parametrischen Texturen wird ein Rasterbild auf ein 3D-Polygon gelegt, indem man den Eckpunkten des Polygons Texturkoordinaten zuordnet. Diese Koordinaten liegen für zweidimensionale Texturen in einem UV-Koordinatensystem und bilden ein Raster über das Bild, wodurch definiert ist, welcher Teil des Bildes auf das Polygon abgebildet wird. Als Resultat wird der Teil der Textur, der sich zwischen den Textur-Eckkoordinaten befindet, auf dem Polygon dargestellt, wenn er in der Szene sichtbar ist. Auch projektive Abbildungen mit unterschiedlichen Projektionsarten kommen beim Textur-Mapping zum Einsatz.

Die Texturen können ein-, zwei- oder dreidimensionale Ausdehnungen haben. Eindimensionale Texturen entsprechen einer Rasterlinie mit Farbpunkten, welche wiederholt werden. Eine Fläche, auf welche die Textur appliziert wird, bekommt dadurch ein streifenförmiges Aussehen. Zweidimensionale Texturen sind die am meisten benutzten Texturtypen. Sie stellen in der Regel Rasterbilder von realen Objekten, Mustern oder auch Oberflächenstrukturen dar. Im Falle einer dreidimensionalen (Volumen) Textur wird zur Darstellung ein zweidimensionaler Schnitt gewählt. Als dreidimensionale Textur eignen sich computergenerierte Daten, welche zum Beispiel Marmorstrukturen darstellen können oder auch die räumlichen Daten von einem in Scheiben zerlegten Objekt, wie sie bei der Computertomographie entstehen. (Dreidimensionale Texturen werden ab OpenGL Version 1.2 unterstützt.)

5.2.1 Affines Textur-Mapping

Ein einfaches parametrisches Verfahren, eine Textur aus dem Textur-Raum in den Bild-Raum zu übertragen, ist das affine Textur-Mapping. Dabei werden den Eckpunkten eines Dreiecks im Bildraum entsprechende Texturkoordinaten im (U,V)-Texturraum zugewiesen. Durch eine lineare Interpolation wird dann zu jedem Pixel im Bildraum das entsprechende Pixel im Texturraum bestimmt (siehe Abb. 5-14 und 5-15).

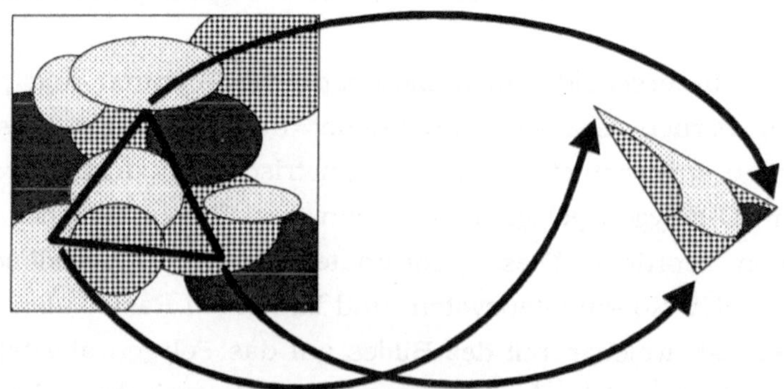

Abb. 5-14 Zuweisung von Texturkoordinaten zu den Eckpunkten

Dabei wird allerdings die Lage des Dreiecks im Objektraum und damit die Perspektive nicht korrekt beachtet. Die Textur wird zwar aufgrund der Abbildung in den Bildraum perspektivisch verzerrt, dennoch kann es an den Übergängen der Polygone zu Unstetigkeiten kommen (Abb-5-17). Der Vorteil des Verfahrens ist die relativ einfache Berechnung im Vergleich zum perspektivischen Mapping (siehe unten).

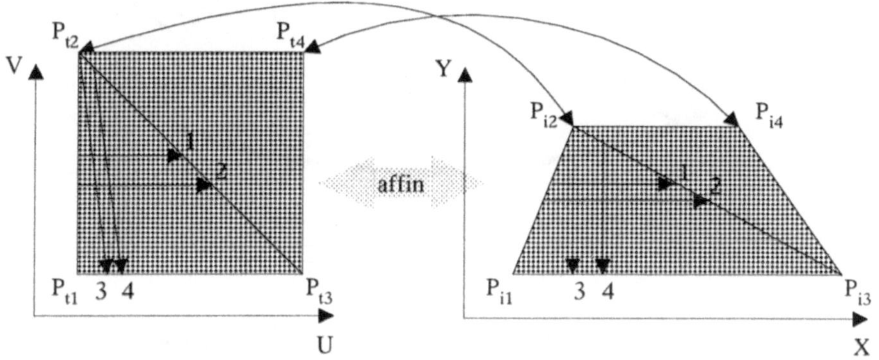

Abb. 5-15 Affines Mapping: Textur-Mapping mittels linearer Interpolation

5.2.2 Perspektivisches Textur-Mapping

Im Gegensatz zur affinen Methode, erfolgt beim perspektivischen Mapping die Zuordnung von Texturkoordinaten zu den Bildkoordinaten über einen Zwischenschritt, bei dem zunächst die Objektraumkoordinaten bestimmt werden. Die Matrix M_{to} transformiert vom Texturraum in den Objektraum und M_{oi} vom Objektraum in den Bildraum (Abb. 5-16). Durch Multiplikation dieser beiden Matrizen erhält man die Matrix M_{ti}, die einen Punkt (u,v) aus dem Texturraum in einen Punkt (x,y) im Bildraum konvertiert.

$$M_{ti} = M_{to} \cdot M_{oi} \tag{5-5}$$

Um von dem Bildraum in den Texturraum zu gelangen, wird von M_{ti} die inverse Matrix M_{ti}^{-1} gebildet (Abb. 5-16).

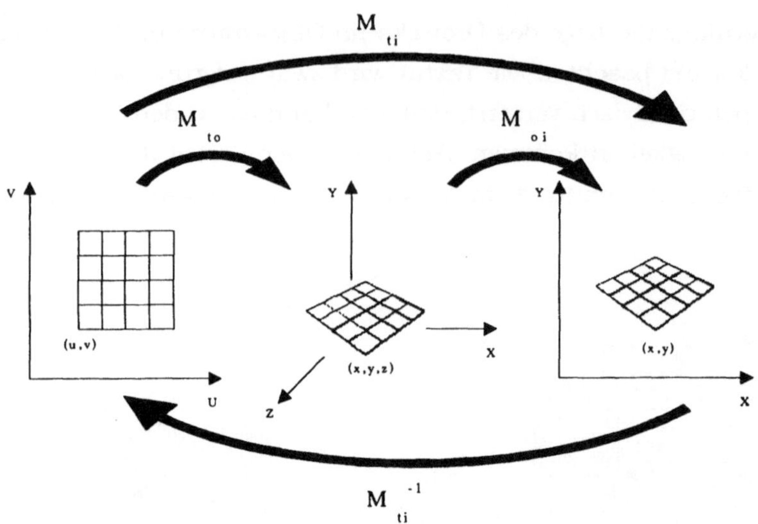

Abb. 5-16 Perspektivisches Textur-Mapping

Die perspektivische Textur-Mapping-Methode liefert, im Gegensatz zur affinen Technik, auch bei perspektivischer Ansicht geometrische korrekte Bilder. Sie ist jedoch mit einem etwas höheren Berechnungsaufwand verbunden, da für jedes Polygon zwei Transformationsmatrizen und eine inverse Matrix bestimmt werden müssen.

Beim Schattieren der Polygone mit dem Polygonfüllalgorithmus (bzw. Gouraud-Schattierung mit dem Z-Puffer-Verfahren) werden die zum Polygon gehörenden sichtbaren Pixel im Bildraum bestimmt (siehe oben). Mit der Matrix M_{ti}^{-1} kann nun für jede Pixelkoordinate die entsprechende Texturkoordinate ermittelt und damit die Farbe des zu setzenden Pixels aus dem Texturraster genommen werden.

Durch die Matrixoperationen, welche durch reelwertige Zahlen dargestellt sind, muß die resultierende Texturkoordinate natürlich wieder auf einen ganzzahligen Wert gerundet werden. Die dabei auftretenden Probleme und Ansätze werden im Abschnitt 5.2.5 besprochen.

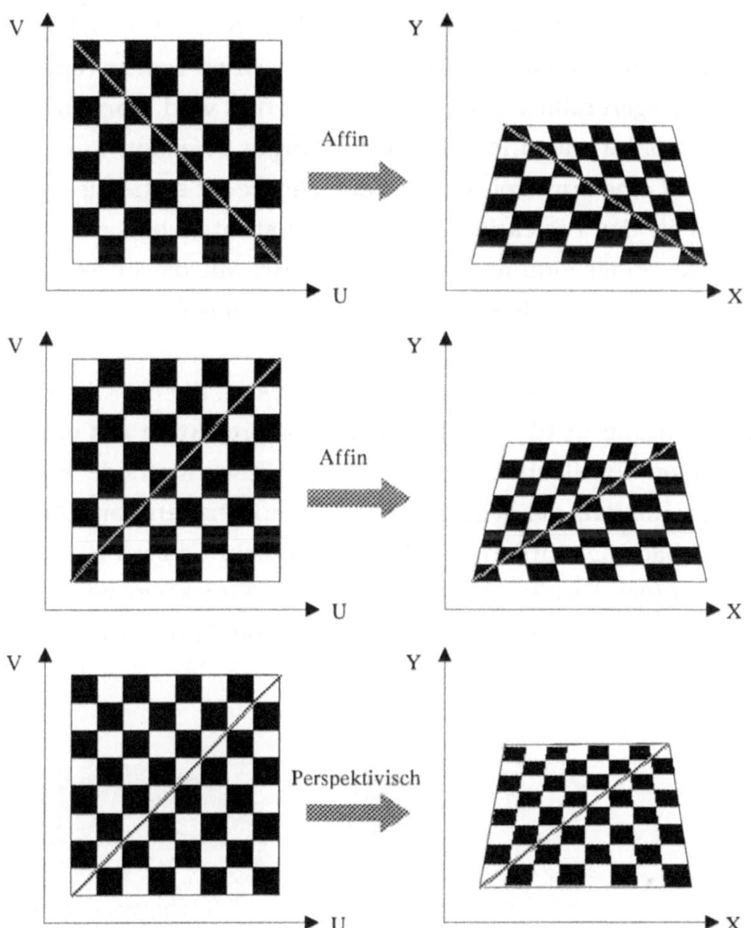

Abb. 5-17 Vergleich des Textur-Mapping bei affiner und perspektivischer Transformation

5.2.3 Projizierte Texturen

In dieser Texturart werden die Texturkoordinaten der projizierte Texturen aus der aktuellen Position der einzelnen Polygone im Raum berechnet. Anschaulich entspricht dies einem Bild, welches z.B. von einem Diaprojektor auf ein räumliches Objekt projiziert wird. Dabei kann man unterscheiden, ob die Position relativ zum Projektorstandpunkt oder relativ zu den Objektkoordinaten betrachtet wird. Wenn die Projektion relativ zum Projektorstandpunkt erfolgt, dann können sich die Objekte relativ zur Textur bewegen. Dies kann zum Beispiel auch zur

Simulation eines Lichtkegels benutzt werden, indem man die Leuchtdichteverteilung der Lichtquelle (Lichtfeld) als Rasterbild mit einer Textur repräsentiert.
Wenn die Position dagegen relativ zum Körper betrachtet wird, dann bewegt sich
die Textur mit dem Körper mit und scheint am Körper befestigt. Zweidimensionale Texturen, die auf eine zur Projektionsebene senkrecht stehende Ebene projiziert werden, sind in der Projektionsrichtung konstant, d.h. sie entsprechen
eigentlich dem Effekt einer eindimensionalen Textur. Mit dieser Technik kann
man z.B. auf einfache Art Höhenlinien auf Körpern darstellen.

In Abb. 5-18 ist eine zweidimensionale Textur abgebildet, die ein Gitter aus Mil-
limeterskalen darstellt. Sie wurde durch eine Parallelprojektion auf einen Zylinder mit abgeschrägten Endflächen projiziert. Mit dieser Methode kann man,
ähnlich wie bei Höhenlinien, die geometrischen Eigenschaften von Oberflächen
darstellen. In der Abbildung wurden zur Veranschaulichung zwei Bereiche mar-
kiert, die auf dem Körper jeweils identisch sind. Die Projektion ist relativ zum
Objekt definiert, d.h. die Textur bewegt sich dadurch mit dem Körper, wenn man
diesen bewegt.

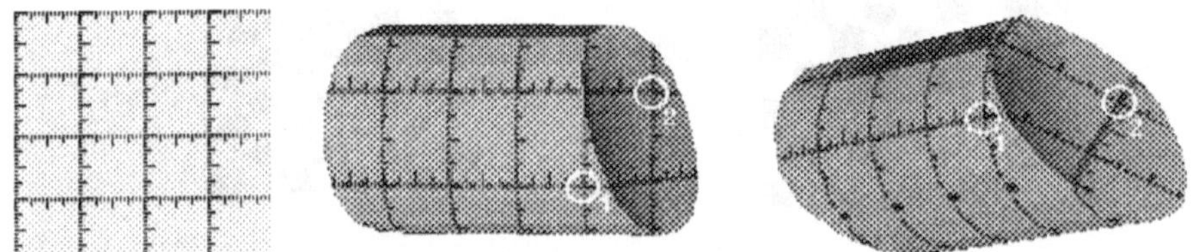

Abb. 5-18 Textur und Körper mit projizierter Textur

Es existieren weitere Arten projektiver Texturen, welche auf zylindrischen und
sphärischen Projektionen basieren. Im zylindrischen Textur-Mapping werden die
Texturkoordinaten auf einer Zylinderoberfläche (radial) projiziert. Beim sphäri-
schem Mapping werden die Texturkoordinaten als Kugelkoordinaten zentral projiziert. Zylindrische und sphärische Texturen eignen sich zur gleichmäßiger
Texturierung ganzer Körper, welche von Ihrer Gestalt nicht flach, sondern eher
zylinderförmig oder kugelförmig sind. Der visuelle Effekt ist für solche Körper
ähnlich wie beim parametrischen Mapping, mit dem zusätzlichen Vorteil, daß
man sich beim projektiven Textur-Mapping nicht um eine stetige Fortsetzung
der Parametrisierung an den Polygongrenzen kümmern muß.

5.2.4 Environment Mapping

Eine Erweiterung der projizierten Texturen ist das Environment Mapping. Hierbei werden die Texturen durch eine Reflexion an der Objektoberfläche abgebildet. Die Darstellung ist dabei von der Position des Beobachters und dem Oberflächenwinkel der reflektierenden Fläche abhängig.

Mit Environment Mapping kann man spiegelnde Oberflächen simulieren. Die reflektierte Umgebung ist in einer speziellen Textur (Environment Map) gespeichert. Bei der Darstellung wirft man einen Strahl vom Auge auf die Objektoberfläche, welcher von dort entsprechend dem Einfallswinkel zur Flächennormale reflektiert wird. Die Richtung der Reflexion bestimmt die Koordinate des entsprechenden Pixels in der Textur.

Bei dieser Textur geht man von der Annahme aus, daß sich die reflektierten Objekte von der Spiegelfläche relativ weit weg befinden. Das heißt, wir nehmen ein kleines spiegelndes Objekt an, welches sich in einem sehr großen Raum befindet. Die korrekte Environment Map-Textur selbst erzeugt man beispielsweise, indem man eine spiegelnde Kugel in die Mitte der Szene setzt und dann aus einer großen Entfernung mit einer Kamera ablichtet. Die Kamera muß dabei auch eine sehr große Brennweite haben. (Mathematisch gesehen hat die Linse eine unendliche Brennweite und die Kameraposition ist unendlich weit entfernt.) Deshalb entsteht eine kreisförmige Region in der Textur-Map mit den Tangenten jeweils an den Außenkanten (Sphere Map, Abb. 5-19, links). Die Texturwerte außerhalb des Kreises werden nicht betrachtet, da sie beim Environment Mapping nicht benötigt werden.

Beim Cube-Environment-Mapping-Verfahren wird die Environment Map in sechs Bereiche aufgeteilt. Sie entsprechen den sechs Flächen eines Würfels, der sich um das spiegelnde Objekt herum befindet. Zur Generierung der Textur rendert man die umgebende Szene sechsmal mit einem Kamera-Sichtfeld von 90 Grad aus dem Mittelpunkt des Würfels. Diese sechs Flächen werden dann mittels Image Warping in die jeweiligen Zonen der Environment Map eingepaßt (Abb. 5-19, rechts).

Abb. 5-19 Berechnete Sphere-Map; sechs Flächen eines Würfels [McReynolds/Blythe 1999]

Beim Rendern einer Szene unter Berücksichtigung einer Environment Map wird für jede Polygonecke eine Spiegelung der Blickrichtung an der Flächennormale vorgenommen. Die gespiegelte Gerade wird (im Falle von Cube Environment Mapping) mit den Wurfelfächen geschnitten und dabei die Texturkoordinaten ermittelt. Für jedes Dreieck wird somit (ähnlich wie bei den perspektifischen Texturen oben) eine lineare Transformation definiert, mit welcher man aus den Bildschirmkoordinaten die Texturkoordinaten bestimmen kann. Diese Transformation wird beim Füllen der Pixel im Bildraum zum Bestimmen der Farbwerte aller Zwischenpixel aus den Texturkoordinate verwendet. Aufgrund der geometrisch korrekten Spiegelungsberechnung mit den Flächennormalen (diese müssen auch für das Gouraud-Schattieren gekrümmter Oberflächen definiert werden) an den Eckpunkten, ergibt sich eine gespiegelte Umwelt mit einer der Oberflächenkrümmung entsprechenden Verzerrung (Abb. 5-20).

Abb. 5-20 Environment Mapping [Haeberli/Segal 1993] für Kugel und Torus

Falls die drei Punkte eines Dreiecks bei der Spiegelung auf verschiedene Flächen des Texturwürfels fallen, muß das Dreieck unterteilt werden, damit die Zuordnung wieder eindeutig wird.

Da die synthetische Berechnung einer Environment Map sehr aufwendig ist, behilft man sich oft mit einer vordefinierten festen Environment Map. Damit kann die Materialeigenschaft einer spiegelnden Oberfläche bereits gut simuliert werden, insbesondere wenn es nicht auf die Realitätsnähe der sich spiegelnden Objekte ankommt.

Viele Grafiksysteme bieten Hardware, die Textur-Mapping unterstützt. Als Resultat benötigt eine mit Texturen dargestellte Szene nicht mehr Zeit, als die Berechnung einer Szene ohne Texturen.

5.2.5 Filteroperationen für Texturen

Texturen sind quadratische oder rechteckige Rasterbilder. Nachdem sie auf ein Polygon oder eine Oberfläche gelegt und in das Bildschirmkoordinatensystem transformiert wurden, passen die einzelnen Pixel der Textur und die Pixel des dargestellten Bildes normalerweise nicht aufeinander. Die Texturkoordinaten können als Floatingpoint-Werte berechnet und müssen danach wieder auf ganzzahlige Werte gerundet werden. Ebenfalls kann durch eine Ansichtstransformation und das Textur-Mapping ein einzelnes Pixel entweder nur auf einen kleinen Bereich eines Texturpixels abgebildet werden (Magnification) oder auch mehrere Texturpixel in sich vereinigen (Minification). Dies bewirkt Aliasing-Effekte, wie sie in Kapitel 4 beschrieben wurden. Deshalb erlaubt z.B. OpenGL verschiedene Filter-Optionen festzulegen, um diese Berechnungen zu steuern. Diese Optionen bieten unterschiedliche Performanz bei unterschiedlicher Qualität. Für den Magnification-Filter gibt es zum Beispiel die Option GL_NEAREST und GL_LINEAR. Bei GL_NEAREST wird der Wert des nächstliegenden Textur-Pixels angenommen und bei GL_LINEAR wird ein gewichteter linearer Durchschnitt aus einem 2x2-Feld der am nächsten liegenden Texturpixel gebildet. Wie man sich vorstellen kann, benötigt GL_NEAREST weniger Rechenaufwand als GL_LINEAR, aber die Resultate bei GL_LINEAR sind qualitativ hochwertiger.

5.2.6 Mip-Mapping

In einer Szene aus dreidimensionalen Objekten können sich Körper mit der selben Textur vom Betrachter unterschiedlich weit weg befinden. Zur Vereinfachung der Filteroperation gibt es die Möglichkeit, die Filteroperationen schon vor der Verwendung der Texturen für verschiedene Entfernungen anzuwenden. Diese Methode wird Mip-Mapping genannt.

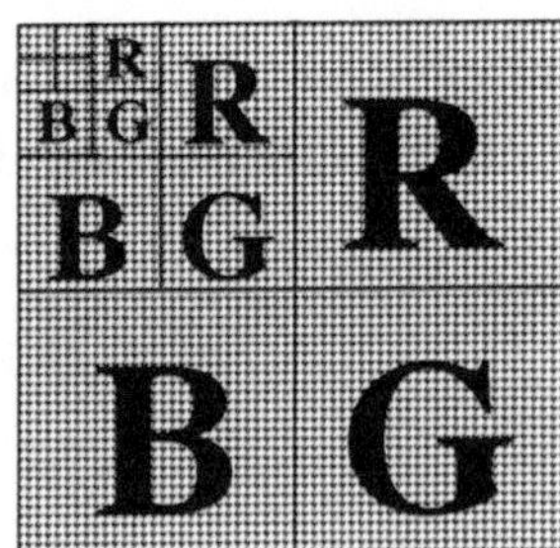

Abb. 5-21 Mip-Mapping (Speicherstruktur)

Die drei Farbanteile der Textur für Rot, Grün und Blau werden wie in Abb. 5-21 dargestellt gespeichert. Dabei wird das vierte Viertel wieder für die Texturen mit halber Auflösung benutzt und diese Aufteilung wird rekursiv fortgesetzt. Auf diese Weise kann man alle Stufen von der höchsten Auflösung einer Textur bis hinunter zu einem einzigen Pixel speichern, wobei nur ein Drittel zusätzlichen Speicherplatz benötigt wird. Weiterhin können die einzelnen Stufen mit aufwendigen Filter-Algorithmen vorausberechnet werden, ohne auf die Rechenzeit achten zu müssen, da die Erzeugung der Mip Map nur einmal bei der Initialisierung der Textur erfolgt. Bei der Darstellung der Polygone wird nun die passende Auflösungsstufe, abhängig von der Entfernung zum Betrachter ausgewählt und die Pixel zwischen den Textur-Eckkoordinaten der gewählten Auflösung auf das Polygon im Bildraum transformiert. Auch hierbei können noch die oben beschriebenen linearen Filter innerhalb der gewählten Auflösung verwendet werden. Aliasing-Effekte werden dadurch weitgehend vermieden.

5.3   Ray Tracing (Strahlenverfolgung)

Im Gegensatz zu den früher beschriebenen, direkten Renderingverfahren, welche 3D-Objekte einer Szene in den diskreten Bildraum abbilden, werden bei den indirekten Verfahren die Pixel des Bildraumes in den Objektraum transformiert, wo die Beleuchtungsphänomene geometrisch und teilweise auch physikalisch genau berechnet werden können. Das Grundprinzip der Strahlenverfolgung (Ray Tracing) ist in Abb 5-23 illustriert [siehe auch z.B. [Shirley 2000]]. Ausgehend vom Bildraster in der Projektionsebene erzeugt man durch jedes Pixel des Rasters einen Strahl vom Augenpunkt (Ursprung des Kamerakoordinatensystems, siehe Kap. 2). Für jeden Strahl werden die Schnittpunkte mit den Objekten berechnet. Falls der Strahl mehrere Objekte trifft, wird der Schnittpunkt mit dem kleinsten z-Wert genommen (dieser stammt vom sichtbaren Objekt). Man bestimmt nun am Ort des Schnittpunktes die Normalenrichtung der Oberfläche, den Lichteinfallswinkel sowie den Winkel des Betrachters gegenüber der Normalen. Zusammen mit den Materialeigenschaften R_{diff}, R_{spec} und dem Exponenten n kann die diffuse und spekuläre Lichtreflexion nach dem Phong-Beleuchtungsmodell berechnet werden. Die resultierenden Farbwerte (R,G,B) werden für das entsprechende Pixel im Bildspeicher gespeichert.

Mit dem hier beschriebenen, einfachen Ray-Tracing-Verfahren wird das Resultat identisch mit dem direkten Phong Shading. Ray Tracing scheint also zunächst keine Vorteile zu haben, wobei dieses Verfahren sogar wesentlich ineffizienter ist, da für jedes Pixel relativ aufwendige geometrische Operationen gemacht werden müssen (siehe unten) und man nicht wie beim Scan-konvertieren (Gouraud- oder Phong-Schattieren), von den Polygonen im Objektraum auf die Pixel schließt und dabei die mit der Raumkohärenz verbundenen, inkrementellen Verfahren ausnutzen kann. Die eigentlichen Vorteile des Ray Tracing kommen erst durch die im nächsten Abschnitt beschriebene Erweiterungen zum Tragen.

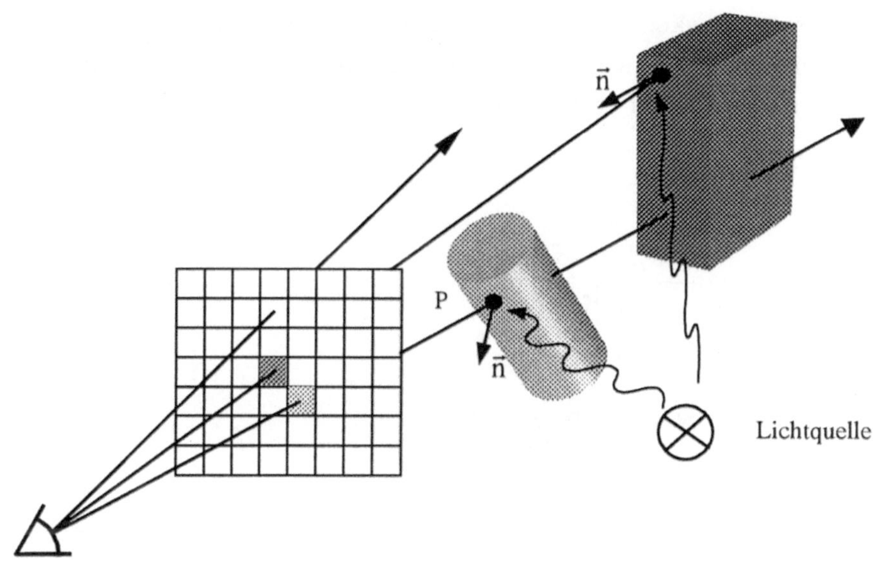

Abb. 5-22   Grundprinzip des Ray Tracing

5.3.1 Rekursives Ray Tracing

Beim rekursiven Ray Tracing werden mehrfache spekulär-spekuläre Lichtreflexion durch ideale Spiegelung angenähert. Der auf ein Objekt A (in Abb. 5-23) auftreffende primäre Strahl (1) wird an der Oberflächennormale n am Auftreffpunkt gespiegelt. Ein sekundärer Strahl (2) wird erzeugt. Bei der Spiegelung wird ein prozentualer Anteil der spekulären Reflexion bestimmt. Der am Objekt gespiegelte Strahl (2) wird verfolgt und trifft möglicherweise auf ein weiteres Objekt B auf. Dort werden wiederum die spekuläre und diffuse Reflektion von der Lichtquelle nach dem Phong-Beleuchtungsmodell berechnet und mit dem prozentualen Anteil der spekulären Reflexion beim Objekt A zum Farbwert des Pixels addiert.

Durch weitere Rekursion dieses Verfahrens können spekuläre Mehrfachreflexionen des Lichts berechnet werden. Jede weitere Reflexion erzeugt Helligkeits- bzw. Farbwerte, welche zum vorherigen Wert des entsprechenden Pixel addiert werden, wobei der Anteil mit dem Produkt der spekulären Reflexionskoeffizienten, welche auf dem bisherigen Weg des Strahls gefunden wurden, multipliziert wird. Da die Reflexionskoeffizienten im Allgemeinen kleiner als Eins sind, liefern weitere Reflexionen immer schwächere Beiträge. Nach einer bestimmten Anzahl Reflexionen wird der Anteil vernachlässigbar und die Rekursion kann abgebrochen werden.

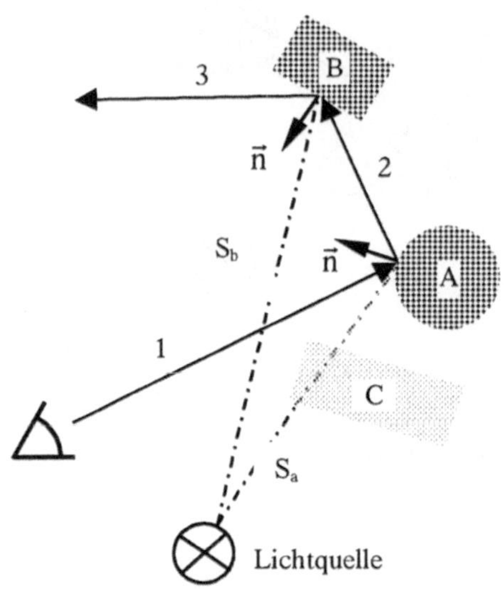

Abb. 5-23 Rekursives Ray Tracing (mit Schattenfühler)

Auch Schatteneffekte können beim Ray Tracing berechnet werden, indem man von den Schnittpunkten der Strahlen mit den Objekten jeweils eine Gerade zur Lichtquelle (den sogenannten Schattenfühler S) verfolgt. Findet man auf dem Weg von Objekt A zur Lichtquelle einen Schnittpunkt dieses Schattenfühlers S_a mit einem weiteren Objekt C, ist der Weg des Lichts blockiert. Dann trägt diese Lichtquelle nicht zum Farbwert des Pixels bei, d.h. dort entsteht ein Schatten auf dem sichtbaren Objekt A. Dies schließt natürlich nicht aus, daß Licht von weiteren Lichtquellen oder indirekter Reflexion auf das Objekt A fallen kann.

Auch der Brechungseffekt des Lichts kann mit Ray Tracing berücksichtigt werden. Entsprechend dem Einfallswinkel und dem Normalenvektor resp. den Brechungsfaktor wird die Richtung des gebrochenen Strahls berechnet. Damit können Verzerrungen, die z.B. bei einer Linse oder einem Wasserglas entstehen, simuliert werden. Ist ein Material sowohl reflektierend wie auch transparent, müssen beim Schnittpunkt zwei Sekundärstrahlen berechnet werden.

Für noch realistischere Darstellungen genügt es im Allgemeinen nicht, die spekuläre Reflexion durch eine ideale Spiegelung zu approximieren. Beim Monte-Carlo-Ray-Tracing wird bei jeder Reflexion eine Menge von mehreren zufällig in verschiedene Richtungen gestreuten Strahlen verfolgt. Ihr Beitrag wird mit der statistischen Häufigkeit dieses Strahl, definiert durch die Verteilungskurve im Reflexionsmodell (z.B. Phong-Beleuchtungsmodell) gewichtet. Je gestreuter die Reflexion ist, desto mehr Strahlen muß man nach jeder Reflexion verfolgen, um ein realistisch aussehendes Bild zu erhalten. Bei Reflexion von mattglänzenden Oberflächen und bei diffuser Reflexion wird das Verfahren sehr ineffizient, da man nach jeder Reflexion sehr viele Sekundärstrahlen erzeugen muß. Auch Halbschatten, welche durch teilweise Abschattung einer ausgedehnten Lichtquelle entstehen, können durch Verwenden von mehreren Strahlen (Samples) berechnet werden. Andere Verfahren gebrauchen statt eines Strahls einen Kegel, welcher die Lichtverteilung annähert (Cone Tracing, siehe [Watt/Watt 1992]).

Zur Simulation des Beleuchtungsphänomens Kaustik (am Schluß des dritten Kapitels erwähnt), wo das Licht zuerst spekulär, dann diffus reflektiert wird, versagt das oben beschriebene, vom Auge (bzw. vom Pixel) ausgehende Ray Tracing. Mit dem inversen Ray-Tracing-Verfahren erzeugt man einen von der Lichtquelle ausgehenden Strahl und reflektiert diesen an glänzenden Oberflächen. Die reflektierten Lichtstrahlen wirken als zusätzliche Lichtquellen, welche zu diffusen Reflexionen führen können [Watt/Watt 1992].

Das weiter unten beschriebene Radiosity-Verfahren ist wesentlich effizienter für diffuse Interreflexion und Halbschatten. In der Praxis verwendet man daher oft eine Kombination aus vorwärtsgerichtetem und inversem Ray Tracing und Radiosity, um höchstmögliche Realitätstreue bei noch akzeptablen Rechenzeiten zu erreichen.

5.3.2 Implementierung des Ray-Tracing-Verfahrens

Die oben beschriebenen Ray-Tracing-Verfahren sind schon aufgrund der aufwendigen Teiloperationen (geometrischen Schnitte im Raum) verglichen mit direkten Renderingverfahren (wie z.B. Gouraud Shading) sehr zeitaufwendig. Für jedes Pixel muß erst ein Strahl als geometrische Linie potentiell mit allen Objekten geschnitten werden. Deshalb müssen bei einer Bildauflösung von 1000 x 1000 Pixel und bei 1000 Objekten mindestens eine Milliarde Schnittoperationen ausgeführt werden. Beim rekursiven Ray Tracing wird dieser Aufwand mit der Anzahl der Reflexionen und Refraktionen multipliziert. Insbesondere beim Monte-Carlo-Ray-Tracing entstehen sehr viele Sekundärstrahlen. Im Gegensatz zum direkten Rendering (Gouraud, Phong-Shading) sind jedoch beim Ray Tracing keine vergleichbaren inkrementellen Ansätze bekannt.

Besteht das Objekt aus Polygonen, berechnet man für jedes Polygon den Schnittpunkt des Strahls mit der Polygonebene. Danach testet man, ob der Schnittpunkt innerhalb der Polygonumrandung liegt. Dazu kann der Punkt-im-Polygon-Test (siehe Kap. 2) verwendet werden. Da der Strahl möglicherweise mehrere hintereinander liegende Objekte schneidet, wird nur der dem Auge am nächsten liegende Schnittpunkt verwendet. Die anderen Objekte sind natürlich durch das zuvorderst liegende Objekt verdeckt. Dadurch wird beim Ray Tracing gleichzeitig die Sichtbarkeit der Objekte berücksichtigt. Beim rekursiven Ray Tracing werden nach jeder Reflexion (und Refraktion) weitere Strahlen erzeugt, welche wieder mit Objekten geschnitten werden müssen. Der Aufwand steigt proportional mit der Rekursionstiefe, wenn man annimmt, daß bei jeder spekulären Reflexion ein reflektierter Strahl verfolgt wird. Sind alle Materialoberflächen gleichzeitig reflektierend und transparent (brechend), steigt der Aufwand sogar exponentiell mit der Anzahl der Rekursionen. Dies ist in verstärktem Maße beim Monte-Carlo-Ray-Tracing der Fall, da bei jeder Reflexion sehr viele Sekundärstrahlen erzeugt werden. In praktischen Anwendungen beschränkt man die Anzahl der Rekusionen deshalb oft auf zwei bis drei.

Die Implementierung des Ray Tracing ist andererseits konzeptionell einfach und kann für Mehrprozessorsysteme parallelisiert werden. Auch die einzelnen Operationen können durch geeignete Algorithmen und Datenstrukturen noch effizienter gestaltet werden. Achsenparallele Hüllquader (Bounding Boxes) oder Hüllkugeln (Bounding Spheres) können um die aus vielen Polygonen bestehenden Objekte gelegt werden. Damit kann zuerst getestet werden, ob ein Strahl überhaupt diese Hülle schneidet, bevor man möglicherweise unnötige Schnitte mit sämtlichen Polygonen des Objekts berechnet. Diese Hüllquader können selbst hierarchisch als Baumstruktur angelegt werden. Auch sogenannte Binary-Space-Partition-Trees (siehe auch Kapitel 8) werden oft als Zugriffsstruktur verwendet. Ein effizienterer Punkt-im-Polygon-Test wird ebenfalls im Kapitel 8 beschrieben. Bei einer Modelldarstellung mit Primitiven wie Kugeln, Zylinder, Quader, etc. (siehe auch CSG-Repräsentation im Abschnitt 6.3.5) kann die Berechnung der Schnittpunkte eines Strahls auch direkt mit einem Primitivkörper erfolgen, was wesentlich effizienter ist, als die Objekte zuerst in viele Dreiecke zu zerlegen.

Die Berechnung eines einzelnen Bildes einer durchschnittlich komplexen Szene dauert (selbst bei Verwendung optimierter Algorithmen) immer noch Minuten oder gar Stunden. Da ein nicht-rekursives Ray Tracing identische Resultate wie das direkte Rendering liefert, empfiehlt es sich, das Ray-Tracing-Verfahren mit direktem Rendering zu verbinden. Man verwendet direktes Rendering an Stelle der Primärstrahlen im oben beschriebenen rekursiven Ray-Tracing-Verfahren. Dazu kann sogar ein hardwareunterstütztes Gouraud Shading verwendet werden. Nur dort, wo spekuläre Reflexion vorhanden ist, werden gleich beim Rendering Sekundärstrahlen erzeugt und verfolgt. Ihr Beitrag wird bei Bedarf zum Farbwert der Pixel dazuaddiert. Damit kann Echtzeitverhalten bei bewegten Bildern mit realistischer Darstellung durch Ray Tracing kombiniert werden (z.B. wenn das Bild stehen bleibt und entsprechende Rechenkapazität zur Verfügung steht).

Ray-Tracing-Verfahren werden aufgrund des hohen Rechenaufwandes z.B. zum photorealistischen Visualisieren der Resultate einer Designstudie und auch in der Computeranimation verwendet, wobei die einzelnen Bilder (Frames) nicht in Echtzeit, sondern vordefinierte Szenen und Bildsequenzen (meist über Nacht) im Stapel-Betrieb (Batch Mode) berechnet werden können. In interaktiven Programmen (CAD, Computerspielen, etc.) werden aus den erwähnten Gründen keine Ray-Tracing-Verfahren, sondern direkte Renderingverfahren in Verbindung mit Texturen angewendet. Mit Ray Tracing könne jedoch sehr realistische Bilder berechnet werden, da verschiedene Beleuchtungsphänomene geometrisch und physikalisch viel genauer berechnet werden.

5.4   Radiosity

Wie im letzten Abschnitt gezeigt wurde, eignet sich das Ray-Tracing-Verfahren hauptsächlich zur Wiedergabe von glänzenden (spekulär reflektierenden) Objekten, während diffuse Reflexion des Lichts (z.B. bei indirekte Beleuchtung) nicht oder nur mit enormem Aufwand realisiert werden kann (z.B. mit Monte-Carlo-Ray-Tracing). Für diffuse Interreflexion wurde das Radiosity-Verfahren entwickelt. Da die diffuse Reflexion blickwinkelunabhängig ist (siehe Abschnitt 3.2.3), operiert das Radiosity-Verfahren direkt im dreidimensionalen Raum. Die Szene wird wiederum in einzelne Polygone unterteilt. Wir wollen nun die diffuse Abstrahlung jedes Polygons auf alle anderen Polygone berechnen [Cohen/Wallace 1993].

Abb. 5-24 illustriert die Wechselwirkung zwischen zwei Polygonen. Die Abstrahlung der Fläche F_j auf die Fläche F_i wird wie folgt berechnet. Ein infinitesimales Flächenstück dA_j in F_j wirkt als Punktlichquelle für F_i. Wie in Kapitel 3 gezeigt wurde, nimmt die Leuchtdichte einer Punktquelle quadratisch mit der Entfernung ab (genau genommen, umgekehrt proportional mit der Kugeloberfläche mit Zentrum in der Lichtquelle, d.h. mit $1/\Pi\, r^2$).

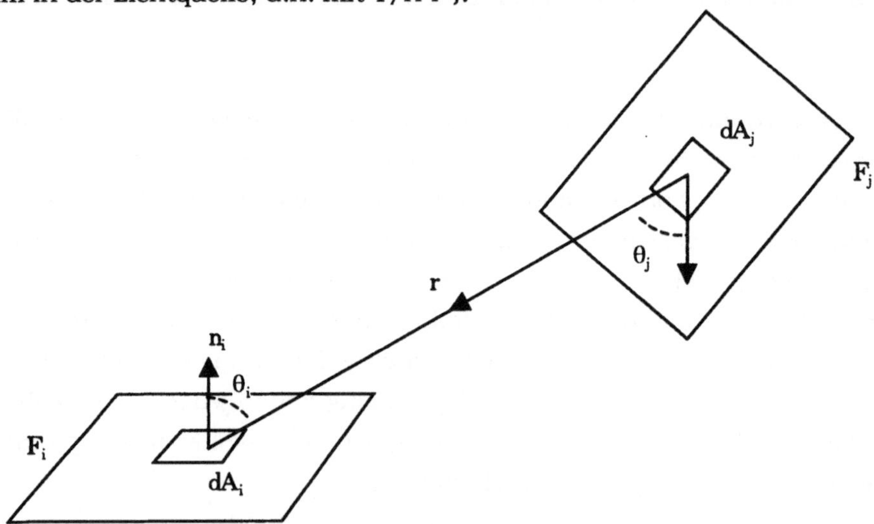

Abb. 5-24   Berechnung des Formfaktors F_{ij}

Nach dem Lambert-Modell ist die eingehende Leuchtdichte proportional zum Cosinus des Einfallswinkels θ_i und ebenfalls proportional zur Projektion der abstrahlenden Fläche in der Strahlungsrichtung ($\cos \theta_j \, dA_j$). Die Leuchtdichte, welche von F_j auf F_i fällt, ist damit das Integral der Leuchtdichten der infinitesimalen Flächenstücke über die beiden Flächen, normiert mit dem Flächeninhalt A_i von F_i. Dieses Integral wird Formfaktor F_{ij} genannt.

$$F_{ij} = \frac{1}{A_i} \int\limits_{F_i} \int\limits_{F_j} \frac{\cos \theta_i \cdot \cos \theta_j}{\pi \cdot r^2} \, dA_j \, dA_i \tag{5-6}$$

Wenn die Ausdehnung der Flächen relativ klein gegenüber der Distanz der beiden Flächen ist, können die Winkel θ_i, θ_j und der Radius r im Integral als konstant angenommen werden. Man nähert diese Größen durch ihren Mittelwert an. Damit vereinfacht sich der Formfaktor wie folgt:

$$F_{ij} = A_j \frac{\cos \theta_i \cdot \cos \theta_j}{\pi \cdot r^2} ; \quad F_{ii} = 0 \tag{5-7}$$

Die Leuchtdichte, welche schließlich von der bestrahlten Fläche F_i ausgestrahlt wird, ist einmal gegeben durch die direkte Beleuchtung aufgrund vorhandener Lichtquellen, plus die Summe der Einflüsse von den anderen Flächen Fj auf F_i.

Die gesamte Szene besteht aus den Flächen F_i mit ihrer jeweiligen Leuchtdichte I_i. Initial berechnet man nur ihre Leuchtdichte durch direkte Beleuchtung I_{i0} nach dem Lambert-Gesetz (siehe Kapitel 3). Der Einfluß aller anderen Flächen ist jeweils gegeben durch ihre Leuchtdichte I_j, multipliziert mit dem Formfaktor F_{ij} und dem Reflexionskoeffizienten der empfangenden Fläche R_i. Dieser Sachverhalt wird ausgedrückt durch die Matrixgleichung:

$$\begin{bmatrix} I_1 \\ \vdots \\ I_n \end{bmatrix}_1 = \begin{bmatrix} I_1 \\ \vdots \\ I_n \end{bmatrix}_0 + \begin{bmatrix} & \vdots & \\ \cdots & R_{idiff} \cdot F_{ij} & \cdots \\ & \vdots & \end{bmatrix} \cdot \begin{bmatrix} I_1 \\ \vdots \\ I_n \end{bmatrix}_0 \tag{5-8}$$

In diesem Stadium haben wir natürlich erst eine indirekte Stufe der diffusen Reflexion des Lichts berücksichtigt. Für Mehrfachreflexionen muß dieses Verfahren iteriert werden (progressive Radiosity). Die Leuchtdichteverteilung (d.h. die Verhältnisse der I_{ij}) konvergiert dabei asymptotisch mit der Anzahl der Iterationen gegen einen konstanten Wert. Die Gesamtenergie steigt jedoch bei jeder Iteration und jede Fläche wird indirekt über andere Flächen wieder auf sich selbst zurückstrahlen, was zu einer physikalisch unrichtigen Akkumulation des Lichts führen würde. Man kann dies in der Implementierung durch einen empirisch bestimmten Dämpfungsfaktor kompensieren.

Auch die gegenseitige Abschattung von Objekten bei indirekter Beleuchtung kann beim Radiosity-Verfahren berücksichtigt werden. Dabei überprüft man beim Berechnen der Formfaktoren, ob zwischen einer emittierenden Fläche und der angestrahlten Fläche eventuell weitere Flächen liegen, welche die gegenseitige Bestrahlung verhindern. Die entsprechenden Formfaktoren F_{ij} und F_{ji} müssen in der Einflußmatrix zu Null gesetzt werden. Da jedes Flächenstück von vielen anderen bestrahlt wird, führt dies typischerweise nicht zu harten Schlagschatten, sondern zu weichen Halbschatten.

Wie weiter oben beschrieben ist die Annahme, daß θ_i, θ_j und r im Integral (5-6) konstant sind, nur eine Annäherung. Je näher die Polygone beieinander liegen, desto ungenauer ist diese Näherung. In adaptiven Verfahren werden deshalb Polygone, welche in der Nähe von anderen liegen (z.B. dort wo zwei Wände aneinandergrenzen), feiner unterteilt.

Die Radiosity-Annäherung berücksichtigt nur die diffuse Reflexion, welche bekanntlich blickwinkelunabhängig ist. Die Berechnung ist sehr rechnenintensiv, kann jedoch für eine statische 3D-Szene vorausberechnet und dann unter zusätzlicher Berücksichtigung der blickwinkelabhängigen spekulären Reflexionen und Sichtbarkeitsberechnung (Gourad-Shading/z-Puffer) in Echtzeit verwendet werden, oder durch das Ray-Tracing-Verfahren erweitert werden. Hierbei werden die im Radiosity-Verfahren berechneten Leuchtdichten als Eigenleuchtkraft der Flächen definiert. Beim Schattieren mit dem kombinierten Verfahren werden unter Berücksichtigung aller Lichtquellen (d.h. auch jede indirekt beleuchtete Fläche ist eine Lichtquelle) nur noch die spekulären Anteile der Materialeigenschaften der Polygone berücksichtigt.

Beleuchtungsphänomene wie indirektes Licht (besonders augenfällig in Innenräumen, Museen, Kirchen, Theaterbühnen, etc.) sind ohne Radiosity praktisch
nicht realistisch darstellbar. Die Kombination von Radiosity und Ray Tracing
ermöglicht computergenerierte Szenen von sehr hohem Grad an Realismus.

5.5   Übungsaufgaben

1. Erweitern Sie den Polygonfüllalgorithmus aus Kapitel 4 zur Berechnung der z-Werte für das Z-Puffer-Verfahren, wie es in Abschnitt 5.1.2 beschrieben wurde. Beachten Sie dabei auch die Fälle analog Übungsaufgabe 3 in Kapitel 4.

2. Erweitern Sie den Z-Puffer-Algorithmus der Übungsaufgabe 1 für die Interpolation der Farbwerte im Gouraud-Schattierverfahren.

3. Leiten Sie die 3 x 3 Transformationsmatrix zur Berechnung der Texturkoordinaten aus den Bildkoordinaten aus den Gleichungen für die Endpunktkoordinaten eines Dreiecks her.

4. Skizzieren Sie ein inkrementelles Verfahren, beruhend auf Ganzzahlarithmetik, analog zu Übungsaufgabe 1, welches die in Übungsaufgabe 3 hergeleitete Texturtransformation auf die einzelnen Pixel beim Füllen eines Polygons anwendet.

5. Begründen Sie mit der Lösung von Aufgabe 4, wie das Schattieren von texturierten Polygonen genauso schnell wie das Schattieren von Gouraudschattierten, flachschattierten, oder zweidimensionalen Polygonen vollzogen werden kann. Verallgemeinern Sie die Aussage auf allgemeine Texturierungsformen (affine, perspektifische Texturierung, Environment Mapping) und unterscheiden Sie den Rechenaufwand pro Pixel im Gegensatz zum Aufwand pro Polygon. Benützen Sie dafür auch Argumente aus dem Abschnitt 5.1.8.

6. Was müßte beim Phong-Schattieren zusätzlich zur Lösung in Aufgabe 4 berechnet werden? Warum gilt die Begründung in Übungsaufgabe 5 nicht für diese Schattierungsart?

7. Leiten Sie die Matrizen zur perpektivischen Texturierung her.

6 Geometrisches Modellieren

Die Einsatzmöglichkeiten von grafischen und geometrischen Methoden für den technischen Anwendungsbereich sind vielfältig. Sie reichen von der einfachen Zeichnungserstellung über die Dokumentation von Handbüchern und Katalogen bis zum Entwerfen und Konstruieren von Bau- oder Maschinenteilen. Im Besonderen sind zur Beschreibung und Manipulation von geometrischen Objekten verschiedene Darstellungsformen und Algorithmen entwickelt worden, auf die wir in diesem Kapitel näher eingehen.

6.1 Anwendungsgebiete und Methoden

Bei der Konstruktion und Fertigung werden seit den Sechzigerjahren Informatikhilfsmittel eingesetzt. Das Fachgebiet Computer Aided-Engineering (CAE) umfaßt den rechnergestützten Entwurf von Konstruktionsteilen, das Erstellen von Zeichnungen, Arbeitsplänen oder Stücklisten, Computersimulationen (z.B. Finite Elementberechnung) und Maschinenüberwachung und –steuerung. CAE ist ein Sammelbegriff für:

CAD	Computer Aided Design
	Rechnergestütztes Konstruieren 2D, 3D
	Entwickeln, Beschreiben und Darstellen von Teilen
CAP	Computer Aided Planning
	Rechnergestütztes Planen
	Arbeitsvorbereitung, Fertigungsplanung
CAM/CIM	Computer Aided Manufacturing/
	Computer Integrated Manufacturing
	Rechnergestützte Fertigung
	Numerische Steuerung von Werkzeugmaschinen
	Fertigungssteuerung, Maschinen- und
	Betriebsdatenerfassung

Wir beschränken uns im Folgenden auf Informatikaspekte aus dem CAD/CAM-Bereich. Insbesondere erläutern wir Algorithmen und Datenstrukturen für das Geometrische Modellieren.

Mit dem Begriff Geometrisches Modellieren umschreibt man das Herzstück jedes rechnergestützten CAD/CAM-Systems. Es umfaßt die Beschreibung, Bearbeitung und Speicherung geometrischer, vorwiegend räumlicher Objekte. Neben der „Geometrie des Raumes" spielt die „Geometrie der Lage" oder Topologie eine wichtige Rolle. Zur Topologie gehören jene Eigenschaften der Objekte, die bei eindeutigen stetigen Abbildungen invariant bleiben, wie Inneres, Äußeres oder Zusammenhang.

Abb. 6-1 gibt einen groben Überblick über die Modellierverfahren und die entsprechenden Anwendungsbereiche. Meist deckt kein einzelnes Verfahren das ganze Anwendungsspektrum ab, weshalb viele CAD/CAM-Systeme unterschiedliche Ansätze kombinieren.

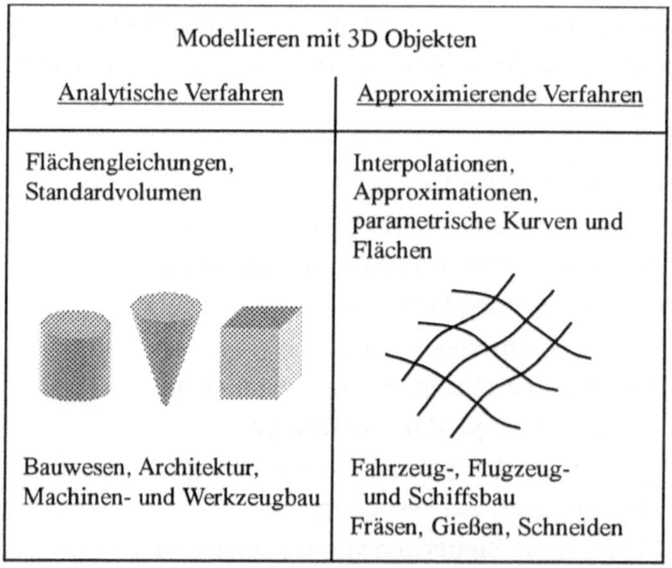

Abb. 6-1 Modellierverfahren in der Anwendung

Wir diskutieren kurz die drei wichtigsten Modellansätze:

Das Kantenmodell oder Drahtmodell beschreibt Objekte durch Strecken oder Kurvenstücke. In der Grundform enthält es keine Informationen über Flächen oder Volumen und ist deshalb nachteilig bzw. unbrauchbar für die Schnittbildung, für die Verbesserung der Sichtbarkeit (z.B. Elimination verdeckter Kanten) oder für Maßberechnungen.

Das Flächenmodell definiert Objekte durch analytische Flächen (Standard-, Rotations-, Translations- oder Regelflächen) oder durch approximierende Flächen (Bézier-, Coons- oder B-Splineflächen). Analytisch nicht einfach beschreibbare Flächen können durch die Angabe von Stützpunkten, Tangentenvektoren sowie durch Krümmungseigenschaften approximiert werden (mehr darüber in Kapitel 7). Dabei ist der Eingabeaufwand groß, Schnittoperationen und Sichtbarkeitsberechnungen benötigen entsprechend Rechnerkapazität.

Im Volumenmodell sind Objekte durch Standard- bzw. Profilkörper oder durch Boolesche Ausdrücke über Primitivkörper definiert. Es stellt ein eindeutiges geometrisches Modell dar, wobei bei einem reinen Volumenmodell beliebig gekrümmte Oberflächen schwierig einzubeziehen sind. Obwohl viele geometrische Eigenschaften direkt ableitbar sind, ist der Rechenaufwand für die grafische Darstellung nicht zu unterschätzen (vergl. [Roth 1982]).

Übersichtsartikel und Vergleichsarbeiten über das Geometrische Modellieren stammen von [Baer et al. 1979] und von [Requicha 1980], einführende Literatur in den CAD-Bereich bieten [Encarnação/Schlechtendahl 1983], [Spur/Krause 1984] und [Roller 1995]. Ein Buch über die mathematischen Grundlagen des geometrischen Modellierens bietet [Hoffmann 89]. Fachbücher über CAM resp. CIM sind von [Besant 1983], [Groover 1980] und [Bedworth/Henderson/Wolfe 1991].

6.2 Kriterien für Darstellungsformen

Um die unterschiedlichen Darstellungsformen vergleichen zu können, definieren
wir einige Begriffe: Wir bezeichnen mit dem Objektraum O die Menge der zu modellierenden geometrischen Objekte und mit dem Darstellungsraum D die Menge der syntaktisch und semantisch korrekten Darstellungen (etwa bezüglich
einer gegebenen Grammatik). O könnte z.B. die Menge der durch Ebenen begrenzten Objekte (Polyeder) umfassen, und D könnte die Darstellung im Drahtmodell bezeichnen. Eine Darstellungsform ist eine Abbildung f von O nach D,
d.h. eine Vorschrift f: O→D, die für jedes Objekt genau eine Darstellung festlegt.

In Analogie zu [Requicha 1980] bestimmen die folgenden Kriterien die Güte der
gewählten Darstellungsform:

Kriterium 1: DEFINITIONSBEREICH

Der Definitionsbereich einer Darstellungsform sagt etwas aus über die Menge
der Objekte, für die eine Darstellung erklärt ist. Darstellungsformen mit großem
Definitionsbereich ermöglichen, viele Objekte mit einer einzigen Darstellungsform zu beschreiben. Im Beispiel Drahtmodell ist der Definitionsbereich umfangreich, da sich viele Objekte durch Kurven- und Kantenzüge definieren lassen.

Kriterium II: WERTEBEREICH

Der Wertebereich einer Darstellungsform zeichnet alle syntaktisch und semantisch korrekten Darstellungen aus. Hier ergeben sich Schwierigkeiten mit dem
Drahtmodell, da inkonsistente Darstellungen existieren (vergl. die bekannten
Zeichnungen von Escher).

Kriterium III: VOLLSTÄNDIGKEIT

Wir nennen eine Darstellungsform vollständig, wenn ihr Wertebereich mit dem
Bildbereich zusammenfällt (d.h. f ist surjektiv). Eine vollständige Darstellungsform bezieht sich auf alle Darstellungen, die wenigstens einem geometrischen
Objekt entsprechen. Im Drahtmodell z.B. findet man Darstellungen, die sich
nicht als Körper konstruieren lassen.

Kriterium IV: EINDEUTIGKEIT

Eine Darstellungsform ist eindeutig, falls jedes geometrische Objekt nur eine einzige Darstellung besitzt (d.h. f ist injektiv). Somit sind vollständige und eindeutige Darstellungsformen 1-1-Abbildungen zwischen dem Definitionsbereich des Objektraumes und dem Werte- oder Bildbereich des Darstellungsraumes. Das Drahtmodell verletzt die Forderung nach Eindeutigkeit gemäß Abb. 6-2 wie auch die meisten der übrigen Darstellungsformen (siehe Abschnitte 6.3.1 bis 6.3.5).

Kriterium V: EFFIZIENZ

Mit Effizienz bezeichnen wir die Eigenschaft einer Repräsentationsform, möglichst wenig Speicherplatz zu verwenden und die Anzahl der Operationen zum Erfüllen einer Aufgabe minimal zuhalten. Als mathematischer Effizienzbegriff wird oft die asymptotische Komplexität verwendet, welche die dominanten Terme für Rechenzeit und Speicherbedarf berücksichtigt. Dieser Effizienzbegriff wird in Kapitel 8 ausführlich diskutiert. Dabei ist anzumerken, daß bei praktisch allen Problemen solche Angaben wegen multiplikativen Konstanten und nicht dominanten Termen nur einen theoretischen Vergleich der Güte von Algorithmen oder Datenstrukturen zulassen.

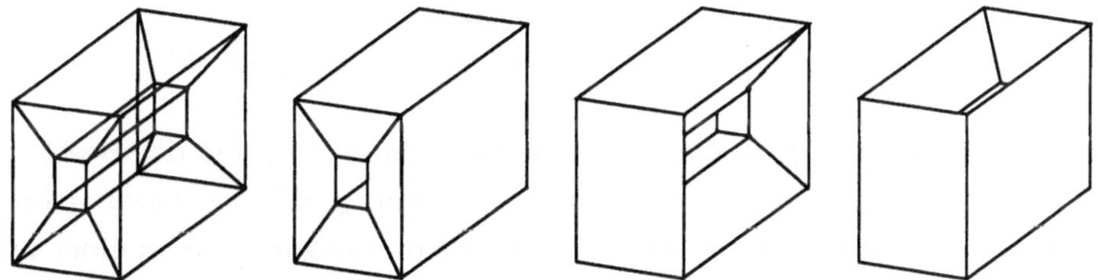

Abb. 6-2 Mehrdeutige Darstellungsformen mit drei möglichen Interpretationen

Wie wir gesehen haben, ist das Drahtmodell für die Beschreibung geometrischer Objekte aufgrund der meisten Kriterien unzulänglich. Im Folgenden gehen wir deshalb auf diese Darstellungsform nicht mehr näher ein.

6.3   Übersicht über Darstellungsformen

Im Laufe der Jahre sind verschiedene Darstellungsformen für dreidimensionale Objekte entwickelt worden. Angefangen mit dem einfachen Drahtmodell für Strichzeichnungen hat man die Darstellungsformen laufend erweitert, vor allem hinsichtlich einer vollständigen Erfassung der geometrischen Aspekte. Im folgenden Abschnitt skizzieren wir fünf bekannte Darstellungsformen zur Beschreibung räumlicher Objekte. Um einen groben Vergleich der verschiedenen Ansätze zu erleichtern, beschreiben wir das Objekt aus Abb. 6-3 in der jeweiligen Darstellungsform.

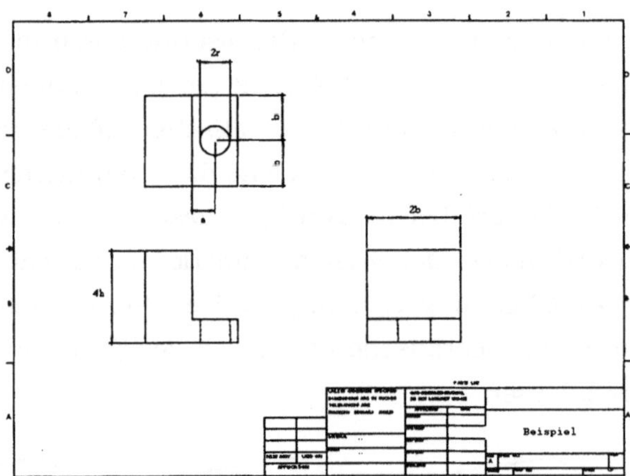

Abb. 6-3 Technische Zeichnung eines einfachen Objekts

Die meisten der folgenden Darstellungsformen erlauben, aus der Beschreibung des Objekts automatisch eine technische Zeichnung mit den gewünschten Ansichten und Maßzahlen zu erzeugen. Zusätzlich ermöglicht die in einer Darstellungsform abgelegte Geometrie weitere Berechnungen oder Simulationen. Diese Möglichkeiten illustrieren nur eine kleine Auswahl der Vorteile, die ein rechnergestütztes Modelliersystem gegenüber manuell erstellten Konstruktionszeichnungen aufweist.

6.3.1 Parametrisierte Darstellung

Eine gebräuchliche Beschreibung räumlicher Objekte bildet die parametrisierte Darstellung (engl. Primitive Instancing), die ganze Objektfamilien umfaßt. Jedes

Element der Familie ist durch eine fixe Anzahl Parameter charakterisiert. Für unser gewähltes Objekt aus Abb. 6-3 können wir beispielsweise die folgenden Parameter vorsehen: Höhenmaß (h), Breitenmaße (a,d), Tiefe (b) und Radius (r). Jedes Objekt dieser Objektfamilie läßt sich somit durch fünf Parameter (a,b,d,h,r) charakterisieren.

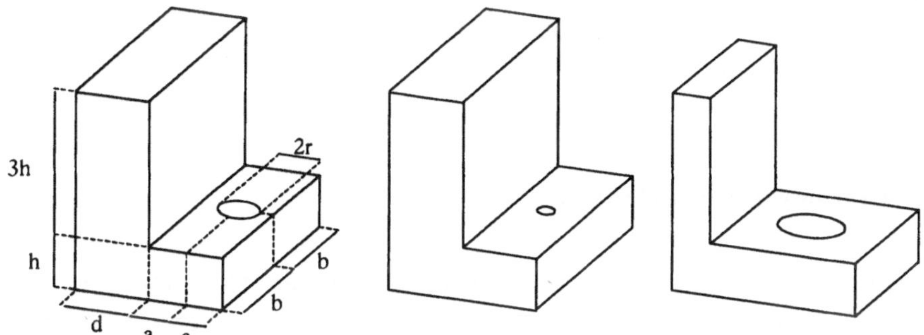

Abb. 6-4 Parametrisierte Darstellung mit Variantenkonstruktionen

Die parametrisierte Darstellung eignet sich natürlich besonders gut für die Variantenkonstruktion. Darunter versteht man das automatische Erzeugen neuer Objekte aufgrund von Parameterwerten. Die beiden Varianten aus Abb. 6-4 sind z.B. durch die beiden Tupel (a=20, b=60, d=40, h=25, r=5) und (a=40, b=45, d=15, h=25, r=15) definiert. Bei der Erstellung einer Variante ist im allgemeinen keine neue Beschreibung der geometrischen Gestalt oder eine Abmessung notwendig, da diese sich immer auf Verhältniszahlen bezüglich der einmal festgelegten Geometrie der parametrisierten Darstellung beziehen. Dadurch erspart man sich den Zeitaufwand zur manuellen Ausführung einer Variantenzeichnung, abgesehen von dem einmaligen Aufwand zur Festlegung eines Zeichnungsprogrammes für eine parametrisierte Objektfamilie und der benötigten Zeit zur Zeichnungserstellung auf einem Zeichnungsplotter.

Nach Bedarf können jeder Objektfamilie weitere Parameter zugefügt werden, d.h. der Definitions- und Wertebereich ist variabel. Auch ist die Darstellungsform bei entsprechender Parameterwahl vollständig und eindeutig. Hingegen sind gewisse geometrische und topologische Eigenschaften nicht aus der Darstellung ersichtlich oder ohne Zusatzinformationen kaum erzeugbar. Zum Beispiel ist nicht immer möglich, aufgrund vorliegender Parameter eine geschlossene Form für die Berechnung des Volumeninhalts anzugeben.

Die Vorteile der parametrisierten Darstellungsform liegen in der Möglichkeit der Standardisierung, wobei je nach Objektfamilie der Katalog umfangreich werden kann. Auf der anderen Seite erweist sich die Schwierigkeit, Objektfamilien zu kombinieren, als großer Nachteil. Oft benötigt man auch Konsistenzbedingungen zur Überprüfung von Parameterwerten: Beispielsweise muß der Radius r aus Abb. 6-4 stets kleiner als der Parameterwert für die Breite a resp. die Tiefe b bleiben. Eine ausführliche Diskussion des Themas Variantenkonstruktion bietet das Buch [Roller 1995].

6.3.2 Enumerationsverfahren

Ein räumliches Enumerationsverfahren (engl. Spatial Occupancy Enumeration) beschreibt ein dreidimensionales Objekt durch eine Menge von Raumzellen. Der zugrundeliegende Darstellungsraum ist entweder durch ein fixes Raumgitter definiert oder es werden gleichförmige Raumzellen zu größeren Blöcken zusammengefaßt. Solche Blockdarstellungen erlauben eine kompaktere Beschreibung räumlicher Objekte und gelangen deshalb z.B. bei der Computertomographie zur Anwendung.

Beim Enumerationsverfahren sind Definitions- und Wertebereiche natürlich abhängig von der Größe und der Gestalt der einzelnen Raumzellen. Als Darstellungsform ist die Enumeration vollständig, sie kann durch die Wahl einer Enumerationsregel auch eindeutig gemacht werden. Geometrische Eigenschaften wie Volumenbestimmung, Massenzentrums- oder Momentberechnung sind einfach, topologische Eigenschaften wie Nachbarschaft, Zusammenhang etc. sind implizit gegeben und leicht berechenbar.

Als Beispiel eines Enumerationsverfahrens betrachten wir die oktagonale Enumeration [Meagher 1982]: Ein Objekt ist durch die Kombination von Würfeln verschiedener Größe gegeben. In Abb. 6-5 zeigen wir unser bekanntes Objekt und den zugehörigen Oktagonbaum (octree) bis zu einer gewissen Tiefe. Jedes Objekt entspricht einer Familie von Paaren (P, E_k), wobei P die Eigenschaft „leer", „voll" oder „partiell" beschreibt und E_k die 2^{3k} Elementarkuben der Ordnung k bezeichnet. Jeder Knoten im Baum hat möglicherweise acht Söhne und die Knotenadresse ist durch eine eindeutige Enumerationsregel bestimmt. So ist z.B. der Teilkubus mit der Nummer 1 der ersten Stufe partiell gefüllt und der entsprechende Knoten im Oktagonbaum umfaßt deshalb acht weitere Söhne.

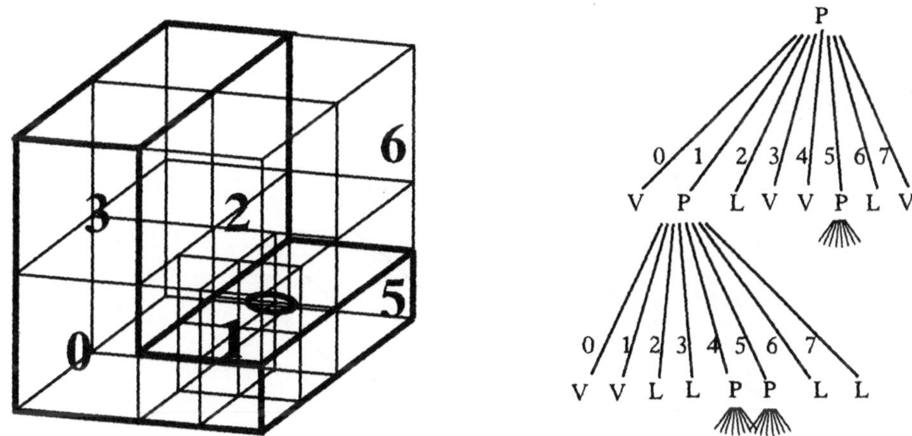

Abb. 6-5 Darstellung mit Enumerationsregel und Oktagonbaum

In Abb. 6-5 ist ersichtlich, daß ein Enumerationsverfahren eine einfache (eventuell rechenaufwendige) Bestimmung von Schnitt, Vereinigung und Differenz zweier Objekte zuläßt. Der Speicheraufwand für eine gute Approximation darf hingegen nicht unterschätzt werden. Ebenfalls sind Objekttransformationen wie Translation und Rotation äußerst rechenaufwendig.

6.3.3 Zellenzerlegung

Die Zellenzerlegung (engl. Cell Decomposition) umfaßt als Darstellungsform Objekte beliebiger Dimension, die sich in übersichtlicher Weise aus einfacheren Bausteinen aufbauen lassen. Normalerweise sind die Zellen einfach zusammenhängende Teilkörper, die aufgrund ihrer Form verschieden zusammengesetzt werden können. In Abb. 6-6 zeigen wir unser Objekt in einer möglichen Zellenzerlegung. Dabei haben wir uns auf zwei Zellentypen beschränkt, was natürlich die Kombinationsmöglichkeiten stark einschränkt. Im Gegensatz zu den Enumerationsverfahren unterteilt man hier nicht den Raum mit uniformen Raumzellen (z.B. Kuben), sondern man läßt von vornherein unterschiedliche Formen und Größen zu. Die Zellenzerlegung hat ihre Bedeutung vor allem zur Berechnung von physikalischen Eigenschaften mittels Methoden der Finiten

Elemente [Besant 1983]. Dazu werden räumliche Objekte in Zellen wie Tetraeder
oder Würfel zerlegt.

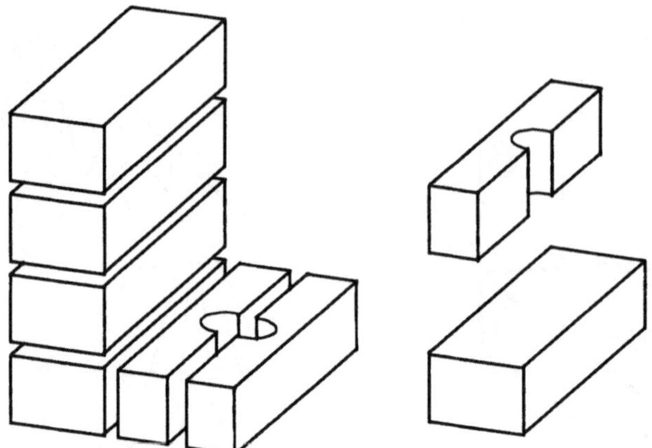

Abb. 6-6 Zellenzerlegung mit zwei Zelltypen

Zellenzerlegung lassen verschiedene Verallgemeinerungen zu. Zum Beispiel
kann ein Objekt aus einer Menge S von endlich vielen Simplexen des Raumes R^n
zusammengesetzt werden. Ein p-Simplex entspricht hier einem p-dimensionalen
Dreieck. Konkret ist ein O-Simplex ein Punkt, ein 1-Simplex ein Liniensegment,
ein 2-Simplex ein Dreieck und ein 3-Simplex ein Tetraeder. Dabei gelten die folgenden Regeln:

- Gehört ein p-Simplex x zur Menge S, so gehört jedes (p-1)-Simplex (d.h.
  jede Seite) von x zu S.
- Gehören x und y zu S, so ist der Durchschnitt von x und y entweder leer
  oder er gehört selbst zu S.

Diese Zellenzerlegung oder verwandte Formen bilden eine mathematisch fun-
dierte Theorie. Der Definitions- und Wertebereich der Darstellungsform ist groß,
da insbesondere auch keine Einschränkung in der Dimension besteht. Die Darstellung ist vollständig, aber nicht eindeutig. Geometrische und topologische
Eigenschaften lassen sich durch lokale Betrachtungen und anschließende
Summationsverfahren bestimmen.

Neben der Mathematik der Simplexe existiert eine allgemeinere Theorie der Polyeder [Nef 1978] zur Darstellung beliebig dimensionaler Objekte. Ein Polyeder

erhält man aus endlich vielen Halbräumen durch Bildung von Vereinigungs-, Durchschnitts- und Komplementärmengen. Die Ausnutzung additiver Eigenschaften ermöglicht z.B. das Bestimmen der Euler-Charakteristik oder das Berechnen von Volumeneigenschaften (vergl. [Bieri/Nef 1983], [Bieri/Nef 1984] und [Hoffmann 1983]).

6.3.4 Randdarstellung (B-Rep)

Bei der Randdarstellung (engl. Boundary Representation/B-Rep) wird ein räumliches Objekt durch seine Begrenzungselemente beschrieben, d.h. durch Flächen, Kanten und Ecken. Es sind auch Flächenstücke möglich, die sich durch analytische Funktionen oder durch Interpolations- und Approximationsverfahren definieren lassen.

Als Beispiel betrachten wir in Abb. 6-7 unser Objekt, bestehend aus acht ebenen Flächen und einer gekrümmten Fläche, die den Zylindermantel darstellt. Der Rand der einzelnen Flächen ist durch Strecken und Kreisbogen zusammengesetzt, diese wiederum weisen als Begrenzungselemente Ecken auf. Schwierigkeiten entstehen bei bestimmten Flächen wie z.B. bei der Zylinderfläche, bei der zusätzliche Hilfskanten eingeführt werden müssen, um die beiden Begrenzungskreise des Zylindermantels miteinander zu verbinden.

Der Definitions- und Wertebereich der Randdarstellung ist groß, neben analytischen Flächen sind auch Freiformflächen (z.B. Bézier- und B-Spline-Flächen) zugelassen (siehe Kapitel 7). Die Darstellung ist vollständig, aber nicht eindeutig. Algorithmen können auf sogenannten Euler-Operatoren (vergl. Abschnitt 6.4.2) beruhen, die die Invarianz topologischer Eigenschaften garantieren. Geometrische Eigenschaften sind schwieriger zu überprüfen und verlangen oft aufwendige Algorithmen.

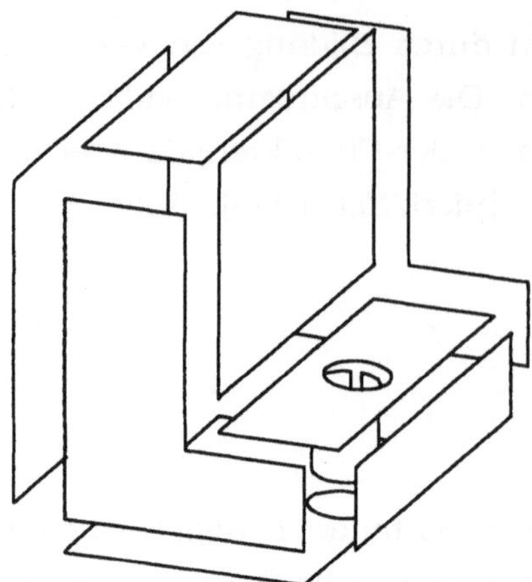

Abb. 6-7 Objekt mit begrenzenden Flächen, Kanten und Ecken

Der Vorteil der Randdarstellung liegt im großen Anwendungsspektrum, z.B. können physikalische Eigenschaften mit Hilfe von Integralen über den Rand berechnet werden (Abschnitt 6.6). Deshalb wird die Randdarstellung in den meisten CAD-Systemen als interne Darstellung der Geometriedaten verwendet [Roller 1995].

6.3.5 Konstruktion mit Raumprimitiven (CSG)

Ein räumliches Objekt kann als mengentheoretische Kombination von Standardprimitiven oder Halbräumen definiert werden; diese Darstellungsform heißt Konstruktion mit Raumprimitiven (engl. Constructive Solid Geometry/CSG). Dabei erklären Mengendurchschnitt, -vereinigung und -differenz eine Boolesche Algebra über Primitiven.

Betrachten wir unser Beispiel in Abb. 6-8, dargestellt durch einen Konstruktionsbaum über Kuben und Zylinder. In den Blättern des Konstruktionsbaumes stehen die Primitiven, in den Knoten sind die Mengenoperationen angegeben. Der Einfachheit halber verzichten wir im Konstruktionsbaum der Abb. 6-8 auf die explizite Angabe von Transformationsparametern, die auf die einzelnen Primitiven wirken.

Da die Einschränkung auf ebenbegrenzte Primitiven oder ebene Halbräume nicht zwingend ist, gilt der Definitions- und Wertebereich für viele Objekte. Die Darstellungsform ist vollständig und mit Hilfe einer speziellen Normalform eindeutig (vergl. Abschnitt 6.5.3). Ein Objekt als Boolescher Ausdruck über Raumprimitiven unterstützt algorithmische Berechnungen, da sich Eigenschaften von Teilobjekten auf übergeordnete Objekte durch Divide-et-Impera-Methoden übertragen lassen.

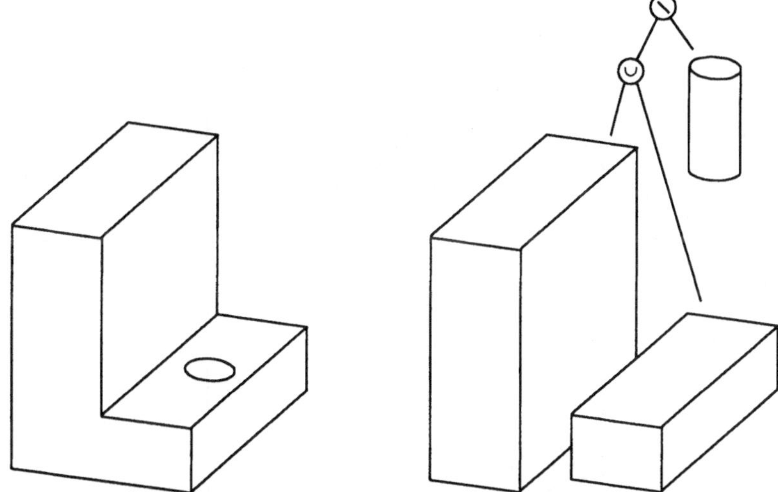

Abb. 6-8 Darstellung durch Booleschen Ausdruck über Primitiven

Die Beschreibung eines Objekts mit Hilfe eines Konstruktionsbaumes ist einfach, aber die grafische Darstellung ist rechenaufwendig. Zudem können Freiformflächen mit entsprechendem Aufwand miteinbezogen werden.

6.4   Modellieren mit Begrenzungsflächen

In der Randdarstellung lassen sich metrische und topologische Informationen separieren. Betrachten wir in Abb. 6-9 die schematische Darstellung von Objekten, die durch Dreiecke begrenzt sind. Als Vereinfachung sei jedes Objekt zur Kugel topologisch äquivalent, d.h. es weise keine Löcher oder freihängenden Flächen auf.

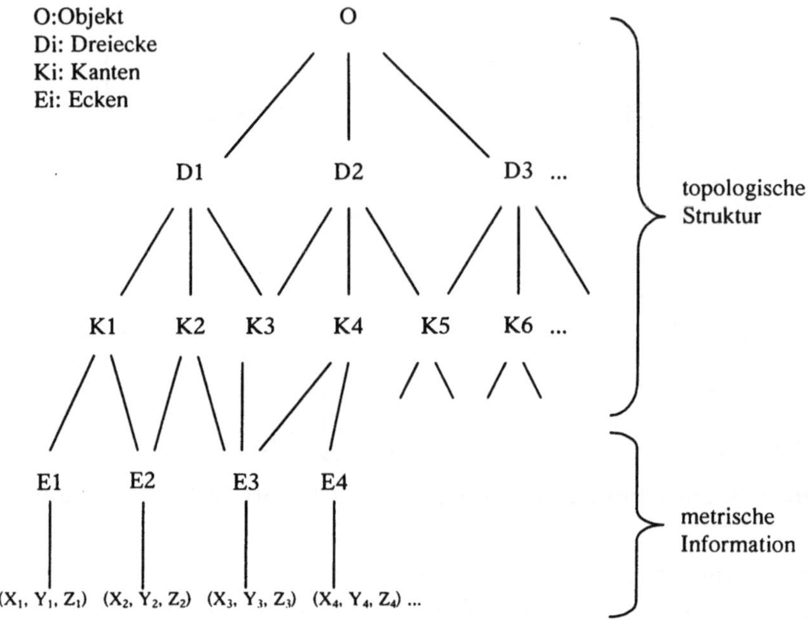

Abb. 6-9 Randdarstellung eines dreieckbegrenzten Objekts

Die Trennung von metrischer und topologischer Information ist vorteilhaft bei der Überprüfung der Integrität, d.h. der Widerspruchsfreiheit der Daten. In unserem Beispiel gelten die folgenden geometrischen Integritätsbedingungen:

- Die Punktkoordinaten repräsentieren eindeutig (bis auf eine ε-Umgebung) Punkte des Euklidschen Raumes.
- Die Kanten sind entweder disjunkt oder sie schneiden sich in gemeinsamen Ecken.
- Die Flächen sind entweder disjunkt oder sie schneiden sich in gemeinsamen Kanten oder Ecken.

Es existieren auch topologische Beziehungen zwischen Flächen, Kanten und Ecken:

- Jede Fläche hat genau drei Kanten.
- Jede Kante gehört zu genau zwei Nachbarflächen.
- Jede Kante ist durch genau zwei Ecken definiert.
- Jede Ecke gehört zu mindestens drei Kanten.

Ein Modellierer für dreieckbegrenzte Objekte müßte bei jeder Benutzereingabe oder -modifikation sowohl die geometrischen wie die topologischen Bedingungen testen und bei Verstoß die Eingabe abweisen. Wir stellen in den nächsten beiden Abschnitten Konzepte zur Überprüfung topologischer Integrität vor.

6.4.1 Grundlagen der Polyedertopologie

Der Eulersche Polyedersatz für konvexe Polyeder sagt aus, daß die alternierende Summe der Anzahl Flächen, Kanten und Ecken invariant ist:

$$f - k + e = 2 \quad \text{mit f als Flächen, k als Kanten und e als Ecken}$$

Regelmäßige Polyeder (oder platonische Körper) sind konvexe Polyeder, die von untereinander kongruenten Vielecken gleicher Kantenlängen und Winkel begrenzt werden.

Körper	m	n	f	k	e
Tetraeder	3	3	4	6	4
Oktaeder	4	3	8	12	6
Ikosaeder	5	3	20	30	12
Hexaeder (Würfel)	3	4	6	12	8
Dodekaeder	3	5	12	30	20

Abb. 6-10 Übersicht über die fünf platonischen Körper

Zur Bestimmung der Anzahl der möglichen regelmäßigen Polyeder stellen wir fest, daß die Winkelsumme der Seiten einer konvexen Ecke kleiner als 2π sein muß. Ein solches Polyeder kann deshalb von gleichseitigen Dreiecken, Quadraten oder regelmäßigen Fünfecken, nicht aber von n-Ecken mit n>5 begrenzt sein. Wir bezeichnen mit m die Anzahl der Flächen, die in einer Ecke zusammenstoßen und mit n die Anzahl der Kanten bzw. Ecken einer Fläche. Bei gleichseitigen Dreiecken können mit m=3, m=4 und m=5 Dreieckflächen zu einer Ecke stoßen, bei Quadraten und Fünfecken ist m=3. Somit existieren gemäß Abb. 6-10 fünf Typen von regelmäßigen Polyedern.

Der Eulersche Polyedersatz zeigt, daß zu jedem möglichen Typ (m,n) höchstens ein Polyeder existiert. Nehmen wir beispielsweise den Fall m=3 und n=3: Gemäß den Beziehungen f=(3/3)·e, k=(3/2)·e und dem Polyedersatz (3/3)·e - (3/2)·e + e = 2 erhalten wir f=4, k=6 und e=4. Somit entspricht dem Polyedertyp (3,3) ein Tetraeder. Auf ähnliche Weise wird die Eindeutigkeit der übrigen Polyedertypen gezeigt.

Die Beschränkung auf konvexe oder regelmäßige Polyeder ist für einen Modellierer nicht realistisch. Aus diesem Grund betrachten wir beliebige Polyeder, wie sie zum Beispiel in Abb. 6-11 gegeben sind.

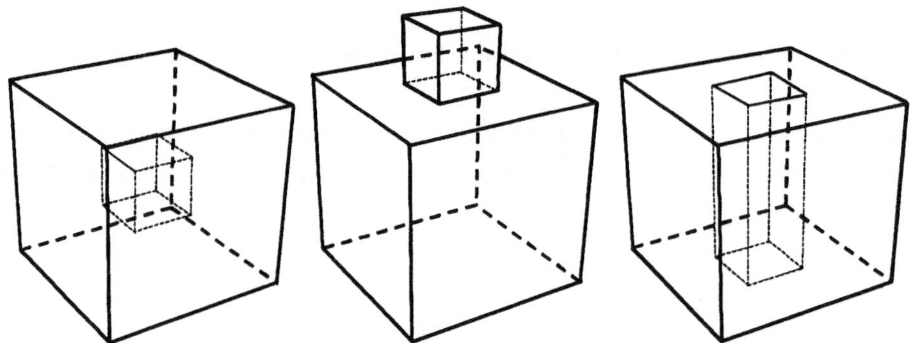

Abb. 6-11 Polyeder a) mit Höhlung, b) mit mehrfach-zusammenhängender Seitenfläche und c) mit Durchbohrung

Wir bezeichnen mit

$$\chi = f - k + e \qquad (6.1)$$

die Euler-Charaktersitik und untersuchen zuerst den Fall a) aus Abb. 6-11. Falls h Höhlungen im Inneren des Polyeders liegen (oder h Polyeder im Außenbereich), so wird $\chi = 2 + 2h$.

Diskutieren wir nun den Fall b) eines Polyeders, das eine Fläche mit Loch aufweist. Wir führen bei dieser Fläche eine neue Hilfskante von einer Ecke des umrandenden Vielecks zu einer Ecke des Lochs ein. Dabei reduziert sich die Euler-Charakteristik um eins (gemäß der Berechnung) $f\text{-}k + e = 0 - 1 + 0 = \text{-}1$, da weder neue Flächen noch Ecken hinzukommen. Mit anderen Worten: Treten r Löcher in den Seitenflächen eines Polyeders auf, so nimmt in der Charakteristik die Kantenzahl um r ab oder $\chi = 2 + r$.

Im dritten Fall c) betrachten wir den Körper abzüglich der Durchbohrung und die Durchbohrung gesondert und berechnen je die Euler-Charakteristik. Beim Gesamtkörper gilt $f = f_1 + f_2 - 2$ für die Flächenanzahl und $k = k_1 + k_2 + 2$ für die Kantenanzahl, da zwei Hilfskanten zur Beseitigung der Löcher notwendig sind. Die Anzahl Ecken bleibt $e = e_1 + e_1$. Zusammenfassend gilt:

$$\chi = f - k + e = f_1 - k_1 + e_1 + f_2 - k_2 + e_2 - 2 - 2 = 0, \tag{6.2}$$

d.h. mit der Annahme von g Durchbohrungen gilt $x = 2 - 2g$.

Fassen wir die drei Fälle zusammen [Lakatos 1976], so gilt die folgende Euler-Poincaré-Formel:

$$f - k + e = 2 + 2 \cdot h - 2 \cdot g + r \tag{6.3}$$

mit h Höhlungen, g Durchbohrungen (Geschlecht) und r Löcher in den Seitenflächen.

Oft wird anstelle von h auch die Anzahl Schalen s=h+1 verwendet, womit sich die Formel

$$f - k + e = 2 \cdot (s - g) + r \tag{6.4}$$

ergibt. Diese erweiterte Euler-Formel dient als Grundlage für das Studium von topologisch invarianten Operatoren.

6.4.2 Anwendung von Euler-Operatoren

Projizieren wir ein konvexes Polyeder von einem Punkt außerhalb des Polyeders
auf eine Ebene, so wird die Anzahl der Flächen, Kanten und Ecken unverändert
bleiben. Das ebene Bild besteht aus zwei übereinanderliegenden Vielecknetzen,
die eine gemeinsame konvexe Kontur haben. Das eine Vielecknetz entspricht der
Vorderseite, das andere der Hinterseite des Polyeders gesehen vom ausgezeichneten Punkt aus. Die alternierende Summe der Euler-Charakteristik für ein
Vielecknetz ist eins, somit wird für ein zusammenhängendes Vielecknetz die
Euler-Charakteristik identisch zwei. Dies begründet den Eulerschen Polyedersatz und führt zur Formel:

$$\chi = 1 + a \tag{6.5}$$

für konvexe Polyeder mit a als Anzahl räumlicher Gebilde.

Wir fragen uns nun, bei welchen Operationen die Formel $\chi = 1 + a$ erhalten
bleibt. Der Operator „Erzeuge (make) Fläche und Kante" oder abgekürzt mfk
erhöht die Anzahl Flächen und Kanten je um eins und läßt dadurch die alternierende Summe unverändert. Analoges gilt für den Operator „Erzeuge Kante
und Ecke" oder mke. Schließlich existiert ein Operator „Erzeuge Fläche, Ecke
und Gebilde" oder mfea.

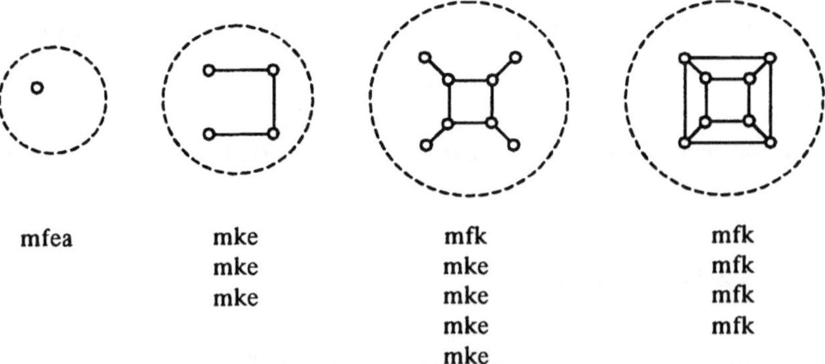

Abb. 6-12 Euler-Operatoren für Würfeltopologie

Die Operatoren, die die Euler-Charakteristik invariant lassen, heißen Euler-
Operatoren. Zu den Euler-Operatoren mfk, mke und mfea gehören die inversen

Operatoren „Lösche..." wie lfk, lke und lfea. Als Resultat erhalten wir, daß die Topologie jedes konvexen Polyeders durch eine Sequenz von atomaren Euler-Operatoren festgelegt werden kann. Als Beispiel definieren wir in Abb. 6-12 die Würfeltopologie, indem wir mit Hilfe der Euler-Operatoren schrittweise 6 Flächen, 12 Kanten und 8 Ecken einführen.

Wir beschreiben nun Euler-Operatoren für beliebige Polyeder, wie sie in Abschnitt 6.4.1 diskutiert wurden. Die Formel mit den Variablen f, k, e, s, g und r (f für Flächen, k für Kanten, e für Ecken, s für Schalen, g für Geschlecht und r für Seitenlöcher) kann als Hyperebene im sechsdimensionalen Raum aufgefaßt werden. Wir suchen ein Erzeugendensystem von fünf Transitionsvektoren gemäß Abb. 6-13, die die Euler-Poincaré-Formel invariant lassen.

Zu den Euler-Operatoren der Abb. 6-13 existieren die entsprechenden inversen Operatoren lfk, lke, lkmr, lfes und lfmgr. Die Topologie des Objekts c) der Abb. 6-11 ergibt sich beispielsweise durch eine entsprechende Sequenz von Euler-Operatoren: Zuerst erklärt man die Topologie des Würfels (startend mit mfes), anschließend bildet man eine Fläche mit Loch (z.B. mit lkmr) und die Topologie der Durchbohrung analog derjenigen des Würfels; zuletzt legt man das zum Torus äquivalente Geschlecht mit lfmgr fest.

f	-k	e	-2s	2g	-r	
1	1	0	0	0	0	mfk
0	1	1	0	0	0	mke
0	1	0	0	0	-1	mklr
1	0	1	1	0	0	mfes
1	0	0	0	-1	-1	mflgr

Abb. 6-13 Erzeugendensystem für Euler-Poincaré-Formel

In den Siebzigerjahren sind bekannte Modelliersysteme entstanden, die auf Euler-Operatoren basieren, so die Systeme Geomed [Baumgart 1975], GLIDE [Eastman/Henrion 1977], [Eastman/Weiler 1979] und BUILD [Braid et al. 1980], [Hillyard 1982]. Weitere Untersuchungen findet man in [Mantyla/Sulonen 1982].

6.4.3 Datenstruktur zur Randdarstellung

Zur Speicherung oder Verarbeitung eines Objekts in Randdarstellung benötigen
wir eine geeignete Datenstruktur. In der schematischen Zeichnung der Abb. 6-9
haben wir bereits gesehen, daß eine Trennung von topologischer und geometrischer Information für dreiecksbegrenzte Polyeder möglich ist. Ein Verzicht auf
diese Trennung würde eine unvernünftige Datenstruktur ergeben. Beispielsweise könnte man jede Begrenzungsfläche für sich alleine mit den zugehörigen
Eckpunktkoordinaten abspeichern. Die Koordinaten wären dann redundant
vorhanden, bei der kleinsten Änderung, z.B. aufgrund einer Transformation,
müßten sämtliche Flächen nachgeführt werden. Zusätzlich wäre es bei dieser
Datenstruktur schwierig und aufwendig, topologische Zusammenhänge wie
„Nachbarflächen einer Kante" oder „anstoßende Grenzflächen eines Punktes"
direkt freizulegen.

Speichern wir die topologische Information unabhängig von der metrischen, so
müssen bei den Transformationen wie Translation, Rotation oder Skalierung
lediglich die Punktkoordinaten verändert werden. Normalerweise haben also
geometrische Transformationen keinen Einfluß auf die Topologie der Objekte.
Dieser wichtigen Tatsache bei der Trennung topologischer und geometrischer
Information sowie dem Vorteil redundanzfreier Speicherung wird in der bekannten Datenstruktur (engl. Winged Edge) von Baumgart Rechnung getragen
[Baumgart 1975].

Für allgemeine Polyeder oder für nicht ausschließlich von Ebenen begrenzte
Körper ist eine konsistente, redundanzfreie Darstellung schwierig bis unmög-
lich. Bereits für Vierecksflächen ist durch die Repräsentierung allein nicht mehr
garantiert, daß alle vier Eckpunkte in einer gemeinsamen Ebene liegen. Ebenfalls definiert der Rand einer Freiformfläche nicht mehr eindeutig den Gesamt-
verlauf der Fläche. Deshalb muß die Fläche mit einer zusätzlichen Datenstruktur repräsentiert werden. Weil dabei aber zusätzliche Redundanzen auftreten,
muß bei jeder Definition oder Veränderung dafür gesorgt werden, daß beispielsweise die Inzidenz der Randkurven mit den angrenzenden Flächen gewährleistet
wird.

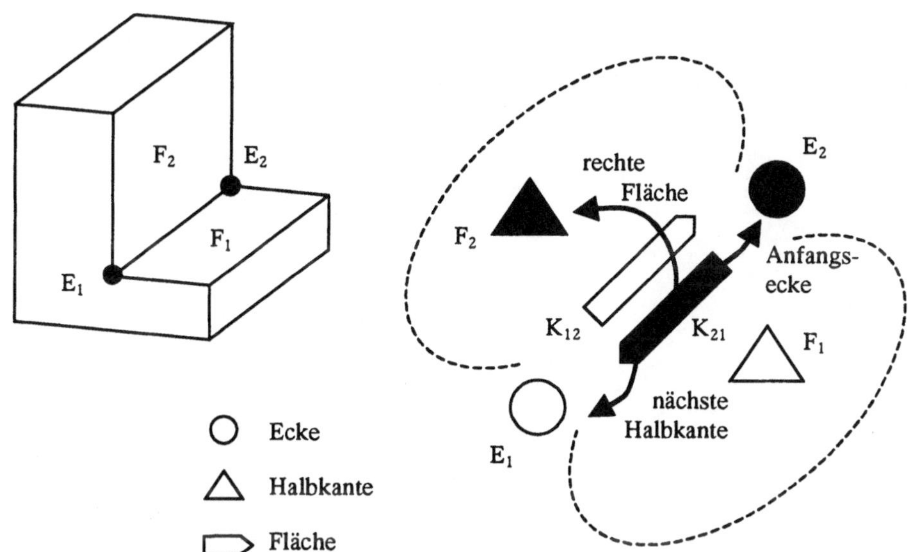

Abb. 6-14 Datenstruktur für Flächen, Halbkanten und Ecken

In der Halbkantendarstellung gibt es vier Datentypen: Objekte, Flächen, Halbkanten und Ecken. Anstelle der Kanten verwendet man orientierte Halbkanten,
die mit ihrer linken Fläche assoziiert werden (von Außen gesehen). Zusätzlich
zeigt jede Halbkante auf ihre Anfangsecke und ihre rechte Nachbarfläche. Zur
Darstellung von nicht-einfach-zusammenhängenden Flächen dienen Halbkanten mit der Markierung „unsichtbar". Daneben können für verschiedene Zwecke
zusätzliche Datenfelder in den einzelnen Datentypen mitgeführt werden, beispielsweise eine Identifikationsnummer für Objekte oder eine Flächennormale
pro Fläche etc. Der Vektor der Flächennormale ist natürlich redundant, aber
effizienzsteigernd. Er hilft beispielsweise bei der Evaluation der verdeckten
Kanten oder Berechnung der Schnittgerade zweier Ebenen (Kapitel 2), muß aber
bei jeder Änderung der Koordinaten konsistent nachgeführt werden.

Zur Beschreibung der Flächen, Halbkanten und Ecken können drei zyklische
Listen definiert werden. Die Liste der Flächen enthält alle Flächen eines Objekts
in beliebiger Reihenfolge. Jede Fläche besitzt eine Halbkantenliste, wobei jede
Halbkante auf ihre Anfangsecke zeigt; die zweite Ecke ist implizit als Anfangsek-
ke der nächsten Halbkante gegeben. Schließlich verweist jede Halbkante auf
ihre rechte Fläche. Die dritte Liste enthält die Koordinaten der Ecken, wobei die

Reihenfolge ebenfalls beliebig ist. Die einzelnen Koordinaten einer Ecke können
nur über die Halbkanten erreicht werden.

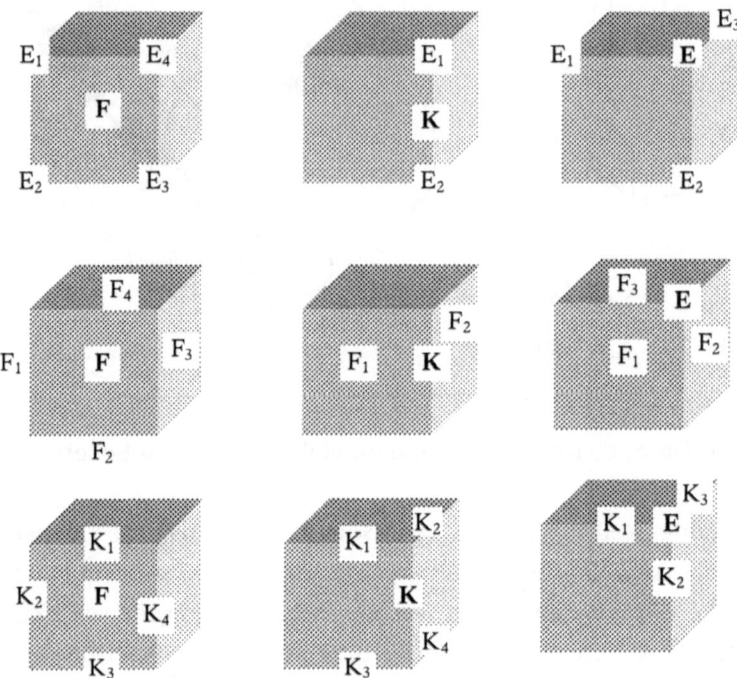

Abb. 6-15   Neun topologische Beziehungen zwischen Flächen, Kanten
und Ecken

Im Folgenden diskutieren wir anhand der Abb. 6-15 die topologischen Zugriffs-
strukturen auf die Halbkantendarstellung. Es gibt je drei Zugriffsarten auf die
Flächen, Kanten (resp. Halbkanten) und Ecken.

Betrachten wir den Würfel als Beispiel einer Randdarstellung mit 6 Flächen, 12
Kanten und 8 Ecken, so können wir anhand der Abb. 6-15 die neun topologischen Zugriffsoperatoren wie folgt zusammenfassen:

Zugriff auf Fläche F
- alle Ecken der Fläche F:
- alle Nachbarflächen von F:
- alle Kanten von F:

Beispiel Würfel (1. Spalte)
{E1, E2, E3, E4}
{F1, F2, F3, F4}
$\{K_1, K_2, K_3, K_4\}$

Zugriff auf Kante K
- die beiden Ecken von K:
- die beiden Nachbarflächen von K:
- Vorgänger- resp. Nachfolgerkante von K:

Beispiel Würfel (2. Spalte)
$\{E_1, E_2\}$
$\{F_1, F_2\}$
$\{K_1, K_2, K_3, K_4\}$

Zugriff auf Ecke E
- alle Nachbarecken von E
- alle Flächen, die in E zusammenstoßen:
- alle Kanten, die E gemeinsam haben:

Beispiel Würfel (3. Spalte)
$\{E_1, E_2, E_3\}$
$\{F_1, F_2, F_3\}$
$\{K_1, K_2, K_3\}$

Die topologischen Zugriffe auf die Flächen, Kanten und Ecken lassen sich mit der beschriebenen Datenstruktur realisieren.

6.4.4 Berechnen des Produktkörpers

Es seien zwei Polyeder A und B in der Randdarstellung gegeben und wir interessieren uns für den Produktkörper, d.h. die Vereinigung $C := A \cup B$, den Durchschnitt $C := A \cap B$ oder die Differenz $C := A \setminus B$ der beiden Körper.

Wir beschränken uns vorerst auf das zweidimensionale Problem und bestimmen für eine Menge M von ebenen Polygonen die Mengenoperationen Vereinigung, Durchschnitt und Differenz. Zur Vereinfachung sei die Menge M wie folgt eingeschränkt:

- Die Kanten verschiedener Polygone schneiden sich höchstens in einem Punkt.
- Es dürfen sich nicht mehr als drei Kanten in einem Punkt schneiden.

Ohne Einschränkung der Allgemeinheit können die Kanten der Polygonflächen aus M als gerichtet und im Gegenuhrzeigersinn orientiert angenommen werden.

Das jeweilige Polygon liegt also auf der linken Seite, falls man sämtliche Kanten
des Polygons durchläuft.

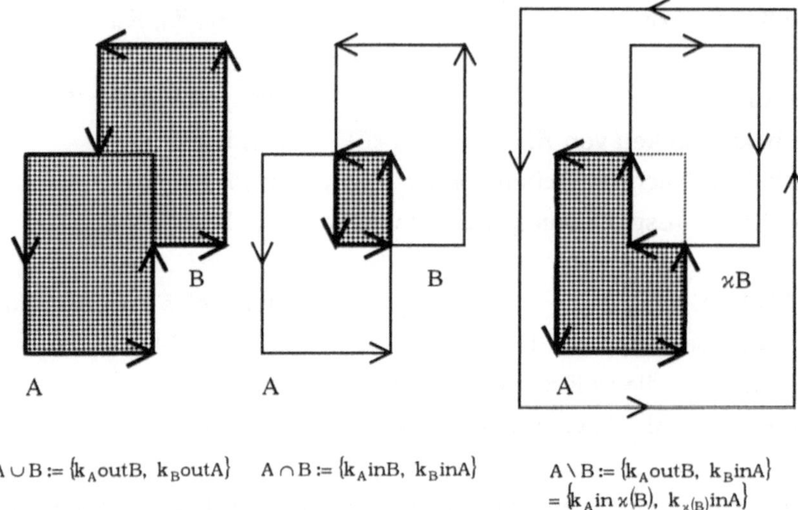

$$A \cup B := \{k_A \text{outB}, \ k_B \text{outA}\} \qquad A \cap B := \{k_A \text{inB}, \ k_B \text{inA}\}$$

$$A \setminus B := \{k_A \text{outB}, \ k_B \text{inA}\}$$
$$= \{k_A \text{in} \varkappa(B), \ k_{\varkappa(B)} \text{inA}\}$$

Abb. 6-16 Produktbildung bei ebenen Polygonen

Das Produktpolygon C zweier Polygone A und B aus M läßt sich durch Schnittbildung berechnen. Wir bezeichnen mit:

- $k_A$outB: sämtliche Kanten resp. -stücke des Polygons A im Äußeren des
  Polygons B,
- $k_A$inB: sämtliche Kanten resp. -stücke des Polygons A im Inneren des
  Polygons B,
- $k_B$outA: sämtliche Kanten resp. -stücke des Polygons B im Äußeren des
  Polygons A,
- $k_B$inA: sämtliche Kanten resp. -stücke des Polygons B im Inneren des
  Polygons A.

Durch die Schnittbildung von Polygonkanten ergibt sich das Produktpolygon C
gemäß der Abb. 6-16. Als Vereinigung zweier Polygone A und B nehmen wir
sämtliche Kantenstücke, die den Rand der Mengenvereinigung von A und B bilden. Beim Durchschnitt zweier Polygone A und B zählen die Kantenstücke, die
innerhalb beider Polygone verlaufen. Die Differenz A\B kann als Durchschnitt
von A mit dem Komplement $\varkappa$(B) von B angesehen werden. Komplementbildung

bedeutet, das Innere des Polygons mit dem Äußeren zu vertauschen, d.h. den Rand von B im Uhrzeigersinn zu orientieren.

Liegen beliebige ebene Figuren oder räumliche Objekte in der Randdarstellung vor, so müssen obige Überlegungen verallgemeinert werden. Grundsätzlich werden immer Schnittelemente verschiedener Dimension gebildet, um den Schnittkörper (d.h. den Durchschnitt der beiden Körper) zu erhalten. Im Fall einer Vereinigung wird der Rand des Schnittkörpers teilweise ignoriert, beim Durchschnitt bildet der Schnittkörper selbst das Produkt, und bei der Differenz muß der Rand des Schnittkörpers separiert und vom Ausgangskörper abgezählt werden.

Als Spezialfall betrachten wir das Produkt von Objekten, die durch Ebenen begrenzt sind. Wir schließen Sonderfälle (vergl. Abb. 6-17) aus und verlangen, daß sich die beiden Polyeder A und B echt schneiden. Mit anderen Worten sollen zwei Bedingungen gelten:

- Punkt-, Kanten- und Flächenberührung sind ausgeschlossen.
- Es darf keine Kante des einen Polyeders A eine Kante des Polyeders B schneiden.

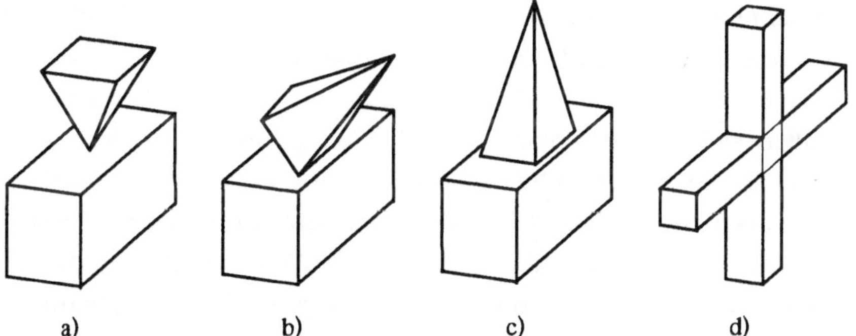

Abb. 6-17 Punkt-, Kanten- und Flächenberührung a), b) und c) resp. degenerierter Schnitt d)

Der Verzicht auf Entartungen bei Berührung oder Kantenschnitt führt zu einem einfacheren Algorithmus, wobei sonst keine Einschränkungen bezüglich der gegenseitigen Lage der beiden Körper gelten.

Um den Resultatkörper zu erhalten, werden die Schnittgeraden (g) sich schneidender Flächen der Polyeder A und B durch INTERSECT gebildet. Jede Schnittgerade g wird durch die Prozedur CUT in Teilstrecken zerlegt, indem man die Kanten beider Polyeder mit der Schnittgeraden schneidet. Eine Sortierung der so erhaltenen Schnittpunkte $P_1,...,P_n$ auf jeder Schnittgeraden führt zu den gesuchten Schnittsegmenten $S_1,...,S_{n-1}$. Diese werden gemäß Abb. 6-18 durch die Inklusionseigenschaft SinA oder SinB analysiert.

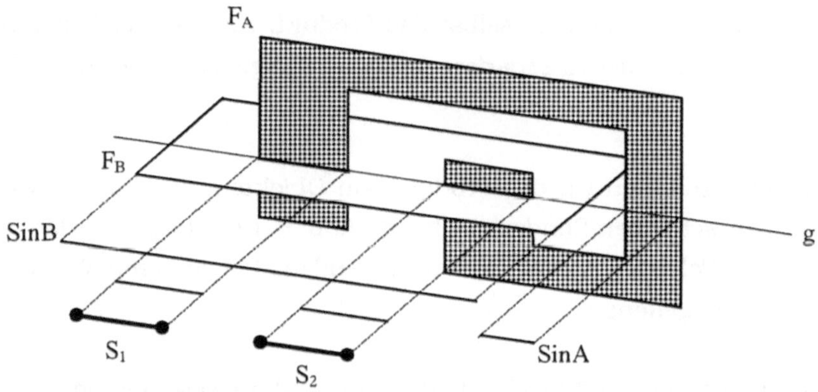

Abb. 6-18 Analyse der Kantenstücke auf einer Schnittgeraden

Schnittsegmente S_j gehören zum gesuchten Resultatkörper, falls sie in beiden Polyedern A und B verlaufen. In unserem Beispiel sind es nur zwei Segmente (S_1 und S_2). Nachdem sämtliche Schnittsegmente auf die hier beschriebene Art, zwischen allen sich schneidenden Grenzflächen gefunden wurden, separieren die Segmente S_j die beiden Polyeder, d.h. sie unterteilen die Grenzflächen F_A und F_B in Teilflächen $F_A$inB und $F_A$outB resp. $F_B$inA und $F_B$outA. Diese Teilflächen entstehen durch die Prozedur DIVIDE mit Hilfe der gebildeten Schnittkanten und -ecken. Schließlich gehen die Teilflächen je nach Mengenbildung Vereinigung, Durchschnitt oder Differenz in den Produktkörper ein. Manche Flächen führen hingegen zu keinen Schnittsegmenten. Sie werden darum auch nicht, wie oben beschrieben, in zwei Untermengen geteilt. Wenn sie aber direkt oder indirekt mit einer bereits zum Resultatkörper gehörenden Fläche benachbart sind, gehören auch diese Flächen zum Resultatkörper, andernfalls nicht. Zur Bestimmung der Nachbarschaftsbeziehungen, dienen die im letztem Abschnitt aufgeführten topologischen Abfragen.

Existieren am Schluß gar keine Schnittsegmente, bedeutet dies, daß entweder ein Polyeder ganz im anderen eingeschlossen ist, oder daß die beiden Polyeder räumlich separiert sind. Um die möglichen Fälle zu unterscheiden, genügt es jeweils einen Eckpunkt des einen Polyeders mit dem anderem Polyeder zu vergleichen. Ein sogennanter Punkt-im-Polyeder-Test kann aus dem Punkt-im-Polygon-Test (Abschnitt 8.3.1) dafür hergeleitet werden. Die Inklusionseigenschaft des Punktes überträgt sich in diesem Fall auf das ganze Polygon und all seine Flächen.

Der Algorithmus 6-1 zur Schnittbildung zweier Polyeder benötigt einen quadratischen Aufwand, da sämtliche Flächen des einen Polyeders mit allen Flächen des anderen Polyeders geschnitten werden.

```
Algorithmus 6-1
(* Berechnen des Produktkörpers C zweier Polyeder A und B                    *)

Input: A = {FA,KA,EA}                     (* Polyeder A resp. B mit          *)
       B = {FB,KB,EB}                     (* Flächen, Kanten und Ecken       *)
       O = (+,*,-)                        (* Vereinigung, Durchschnitt       *)
                                          (* und Differenz                   *)
Output: C = {FC,KC,EC}                    (* Produktkörper C                 *)

Product:
Begin
     for each FA in A do                  (* Schnitt von Flächen             *)
        for each FB in B do
           {g} := {g} + INTERSECT(FA,FB)
     for each g in {g} do                 (* Schnittpunkte der Strecken      *)
        for each KA in A do
           {P1} := {P1} + CUT(g,KA)
        for each KB in B do
           {P2} := {P2} + CUT(g,KB)
        {P} := {P1} + {P2}
     for each g in {g} do                 (* Analyse der Schnittsegmente     *)
        SORT({P})
        {S} := COMBINE(Pi,Pi+1)
        for each s in {S} do
           if (SinA and SinB)
           then
              {Sj} := {Sj} + {S}
     for each FA in A do                  (* unterteilen der Flächen         *)
        DIVIDE(FA,{Sj};FAinB,FAoutB)
     for each FB in B do
        DIVIDE(FB,{Sj};FBinA,FBoutA)
     Case o of                            (* Auswahl der Produktflächen      *)
        +:     C := { FAoutB,FBoutA }
        *:     C := { FAinB, FBinA }
        -:     C := { FAoutB, FBinA }
end (* Product *)
```

Die hierfür notwendigen geometrischen Schnittoperationen wurden für ebenbegrenzte Körper in Kapitel 2 eingeführt. Für nicht ebenbegrenzte Körper werden aufwendigere algebraische oder numerische Techniken nötig [Hoffmann 1989].

Sollen auch Spezialfälle, wie Punkt-, Kanten-, oder Flächenberührung korrekt behandelt werden, wird der Algorithmus zur Berechnung von Produktkörpern wesentlich komplexer (siehe auch [Hoffmann 1989]). Ein Teil der mathematischen Konzepte wird im Abschnitt 6.5.1 (reguläre Mengenoperationen) eingeführt.

Eine Effizienzverbesserung liegt darin, die beiden Polyeder oder die Begrenzungsflächen nur auf Schnitt zu prüfen, wenn sich ihre Umgebungscontainer (z.B. in einer mehrdimensionalen Datenstruktur) überlappen. Diese Prüfung auf

Lokalität der Schnittbildung führt zu einem effizienteren Algorithmus (siehe z.B. [Jared/Stroud 1983] oder [Mantyla/Tamminen 1983]).

Der in Kapitel 8 besprochene Durchlaufalgorithmus läßt sich für dreidimensionale Objekte verallgemeinern. Seien n und m die Anzahl der Kanten von A resp. von B und sei s die Anzahl der Kanten des Durchschnitts $A \cap B$. Der Algorithmus von [Mehlhorn/Simon 1985] schneidet ein konvexes Polyeder mit einem nicht konvexen in der Zeit $O((n+m+s) \cdot \log(n+m+s))$.

6.5   Modellieren mit Raumprimitiven

Standardprimitiven wie Würfel, Zylinder, Kegel u.a. können anstelle von Halbräumen zur Mengenbildung verwendet werden. Ein Objekt läßt sich dann durch
die folgende Grammatik definieren:

<Objekt> ::=   <Primitive> |
                         <Objekt><Transformation> ARGUMENT |
                         <Objekt> <Operation> <Objekt>

<Primitive> ::=   CUBE | CYLINDER | SPHERE | ...

<Transformation> ::=   TRANSLATION | ROTATION | SCALING

<Operation> ::=   UNION | INTERSECTION | DIFFERENCE

Gemäß der Grammatik ist jedes Objekt als binärer Baum oder Konstruktionsbaum darstellbar, wobei die Blätter Primitivkörper (oder Transformationsparameter) repräsentieren und die Knoten für Operationen und Transformationen
stehen. Ein Konstruktionsbaum ist also nichts anderes als die grafische Reprä-
sentation eines Booleschen Ausdrucks über Primitiven.

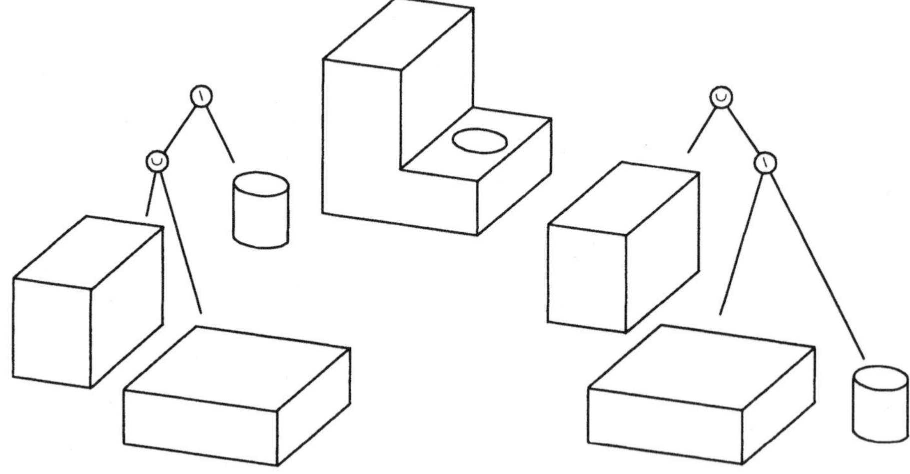

Abb. 6-19 Zwei äquivalente Darstellungen eines Objekts

Da die Darstellungsform als Konstruktionsbaum resp. als Boolescher Ausdruck
nicht eindeutig ist, können zwei verschiedene Darstellungen dasselbe physische

Objekt beschreiben (vgl. Abb. 6-19). Es kann auch vorkommen, daß ein Konstruktionsbaum eine leere Menge repräsentiert. Man spricht in diesem Fall von einem Nullobjekt.

Als Primitiven eignen sich auch Profilkörper, wobei eine Profilfläche entlang einer Geraden verschoben oder um eine Rotationsachse gedreht wird. Modelliersysteme, die auf Konstruktionsbäumen über Standardprimitiven basieren, sind PADL [Brown 1982] und GMSolid [Boyse/Gilchrist 1982]; SHAPES [Laning/Madden 1979] und TIPS [Okino et al. 1973] sind zwei Beispiele für Modelliersysteme über Halbräume. In heutigen CAD-Modelliersystemen werden solche Primitiven zuerst einheitlich in die Randdarstellung umgewandelt. Danach können die Produktkörper wiederum mit Hilfe des in Abschnitt 6.4.4 beschriebenen Verfahrens berechnet werden.

6.5.1 Reguläre Mengenoperationen

Beim Modellieren mit Standardprimitiven oder Halbräumen werden die Mengenoperationen oft als regulär vorausgesetzt [Requicha 1980], d.h. die Dimension der Objekte soll erhalten bleiben. Um diese Eigenschaft genauer zu fassen, benötigen wir einige Begriffe.

Eine Metrik auf einer Menge X ist eine Abbildung d: $X \times X \to$ {Menge der positiven reellen Zahlen} mit folgenden Eigenschaften für beliebige x, y und z aus X:

Idempotenz	$d(x,y) = 0$ genau dann wenn $x=y$
Symmetrie	$d(x,y) = d(y,x)$
Dreiecksungleichung	$d(x,y) \leq d(x,z) + d(z,y)$

Ein Paar (X,d) bestehend aus einer Menge X und einer Metrik d heißt metrischer Raum.

Eine Kugel mit Zentrum x aus X und Radius $\varepsilon >0$ heißt ε-Umgebung, falls der Abstand $d(x,y)$ jedes Punktes der Kugel y mit Zentrum x kleiner ε ist. Wir nennen eine Menge M offen, wenn es zu jedem Punkt der Menge eine ε-Umgebung gibt, die vollständig in der Menge liegt. Durch Ausnützung der Dreiecksungleichung läßt sich zeigen, daß die ε-Umgebungen selbst offene Mengen sind. Wir bezeichnen mit ιM das Innere von M, nämlich sämtliche in M enthaltenen offenen Kugeln.

Eine Menge heißt abgeschlossen, falls ihr Komplement $\varkappa M := X\backslash M$ offen ist. Der Abschluß αM einer Menge M ist definiert als Durchschnitt aller abgeschlossenen Mengen, die M enthalten. Als Rand ϱM einer Menge M bezeichnen wir sämtliche Punkte von M, die zum Abschluß αM von M und zum Abschluß des Komplements von M, $\alpha\,(\varkappa M)$, gehören.

Nun können wir die Begriffe reguläre Menge, Regularisierung und reguläre Mengenoperationen definieren. Eine Menge M heißt regulär, falls sie identisch dem Abschluß des Innern von M ist:

$$\text{Menge M ist regulär genau dann wenn } M = \alpha\,(\iota M)$$

Der Operator, der jeder beliebigen Menge M ihre reguläre Menge $\alpha\,(\iota M)$ zuordnet, heißt Regularisierung. Die regulären Mengenoperationen lauten:

$$M \cup' N := \alpha\big(\iota(M \cup N)\big) \tag{6.6}$$

$$M \cap' N := \alpha\big(\iota(M \cap N)\big) \tag{6.7}$$

$$M \backslash' N := \alpha\big(\iota(M \backslash N)\big) \tag{6.8}$$

In Abb. 6-20 wird anhand des Mengendurchschnitts demonstriert, daß die regulären Mengenoperationen Vereinigung $\cup'$, Durchschnitt $\cap'$ und Differenz $\backslash'$ die Dimension der beteiligten Mengen erhalten.

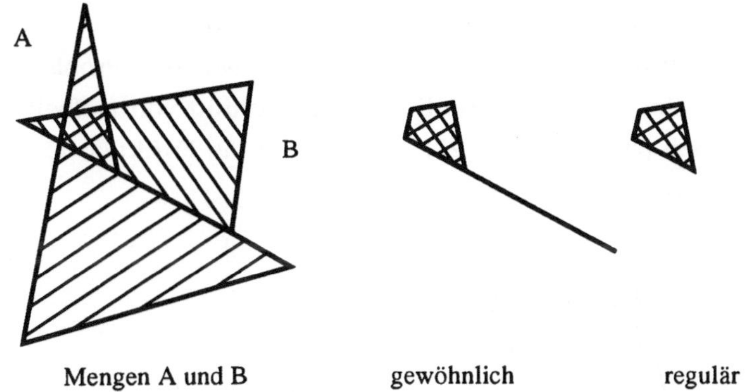

Abb. 6-20 Gewöhnlicher und regulärer Mengendurchschnitt

Bei dreidimensionalen Objekten führen die regulären Mengenoperationen räumliche Objekte in solche über, d.h. die resultierende Menge ist entweder leer oder wieder ein dreidimensionales Objekt. Rein physikalisch machen räumliche Objekte mit angehefteten 2- oder 1-dimensionalen Gebilden wie Flächen und Strecken kaum Sinn. Aus diesem Grund werden beim Modellieren mit Primitiven die Mengenoperationen im Folgenden immer als regulär vorausgesetzt.

6.5.2 Evaluieren der Mengenzugehörigkeit

Die Klassifikation von Mengen kann als Verallgemeinerung vieler geometrischer Problemstellungen aufgefaßt werden [Tilove 1980]. Eine Klassifikationsfunktion C operiert auf einer Kandidatenmenge X und auf einer Referenzmenge R und beschreibt die folgenden Beziehungen zwischen X und R (mit ι als Operator für Inneres, ϱ als Randoperator und $\varkappa$ als Komplementbildung):

$$XinR := X \cap \iota R \qquad (6.9)$$
$$XonR := X \cap \varrho R \qquad (6.10)$$
$$XoutR := X \cap \varkappa R \qquad (6.11)$$

C operiert also auf dem kartesischen Produkt $X \times R$ und unterteilt die Kandidatenmenge X in drei Klassen:

$$C[X,R] := \{ XinR, XonR, XoutR \} \qquad (6.12)$$

Die Auswertung der Klassifikationsfunktion C ist besonders bei Booleschen Ausdrücken über Halbräume interessant. Betrachten wir eine Problemstellung in der Ebene: Es sei eine Polygonfläche F als Durchschnitt von Halbebenen H_1, H_2, H_3 und H_4 gegeben (vergl. Abb. 6-21), gesucht sei die Funktion C bezüglich eines Kandidatenpunktes P_1, P_2 oder P_3.

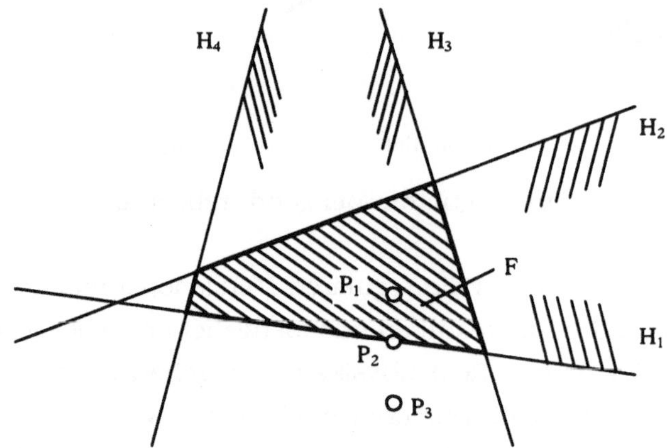

Abb. 6-21   Klassifikation von Punkten P1, P2 und P3 bezüglich einer Fläche

Der Klassifikationsalgorithmus verlangt für die Blätter des Konstruktionsbaumes eine elementare Entscheidung, z.B. die Überprüfung P_1inH_1, P_2onH_1 oder P_3outH_1. Die Klassifikation für die Halbräume ist also trivial, hingegen nicht offensichtlich für die Knoten des Konstruktionsbaumes. Der Einfachheit halber beschränken wir uns im Folgenden auf die Operation Durchschnitt und fragen uns, wie aus den Eigenschaften „in", „out" und „on" des linken und des rechten Teilbaumes auf die Eigenschaft des Durchschnittsknotens geschlossen werden kann.

Liegt der Kandidatenpunkt P innerhalb des linken Baumes L und innerhalb des rechten Baumes R so gilt für eine Polygonfläche F=L∩R die Klassifikation

$$PinF = PinL \cap PinR. \hspace{4cm} (6.13)$$

Im obigen Beispiel der Abb. 6-21 ist P_1inF, da P_1inH_i für alle Halbebenen H_i mit i=1,...,4 gilt.

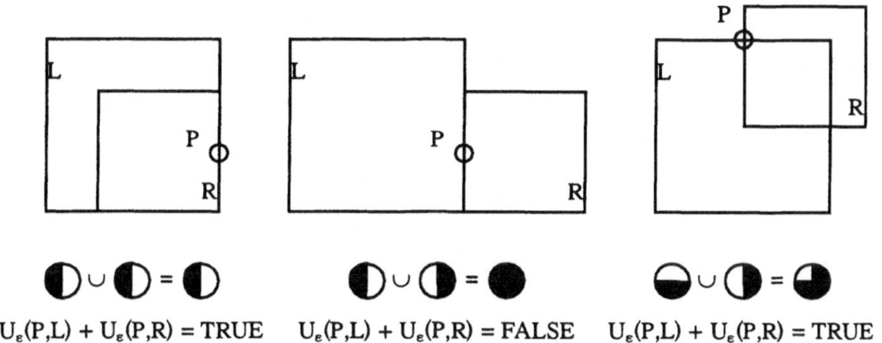

Abb. 6-22 Nachbarschaftskriterien für ε-Umgebungen

Die Klasse „on" kann Mehrdeutigkeiten liefern: Wenn z.B. der Kandidatenpunkt
P bei der Durchschnittbildung auf dem Rand des linken wie des rechten Halbe-
benengebildes liegt, kann aus den Eigenschaften der Teilbäume und den Rand-
punkten selbst nicht auf die Eigenschaft des Operationsknotens geschlossen
werden. Es bedarf hierzu einer lokalen Nachbarschaftsbetrachtung, d.h. für
jeden Raumpunkt muß eine ε-Umgebung analysiert werden (siehe Abb. 6-22).
Abhängig davon, ob die ε-Umgebung des Randpunktes des linken Halbraumge-
bietes mit derjenigen des rechten eine leere, partiell gefüllte oder volle ε-
Umgebung ergibt, wird die Klassifikation PonF=PonL∩PonR vorgenommen.

Zusammenfassend gilt für einen Durchschnittknoten F=L∩R die Klassifikation

$$PonF = T_1 \cup T_2 \cup T_3$$

wobei

$T_1 =$ PonL ∩ PinR und

$T_2 =$ PinL ∩ PonR und

$T_3 = \{$ PonL ∩ PonR falls U_ε (P,L) ∪ U_ε (P,R) partiell gefüllt $\}$

Für unser Beispiel aus Abb. 6-21 gilt P_2onF, da P_2 auf dem Rand von H_1 und
zusätzlich innerhalb aller anderen Halbräume liegt, d.h. es gilt P_2onH$_1$ und
P_2inH$_i$ mit i=2,3,4.

Schließlich bleibt die Klasse „out" zur Analyse übrig; sie wird mit Hilfe der Definitionsformel für äußere Punkte direkt erhalten:

$$PoutF = P \setminus \{ PinF \cup PonF \} \tag{6.14}$$

Der Punkt P_3 aus der Abb. 6-21 liegt außerhalb von F (d.h. P_3outF), da er weder im Inneren noch auf dem Rand von F liegt.

Die Klassifikationsschritte für die Funktion C[P,F] scheinen aufwendig, aber sie gelten für eine beliebige Kandidatenmenge X und eine beliebige Referenzmenge R eines metrischen Raumes zur Bestimmung von XinR, XonR und XoutR. Wir diskutieren jetzt diesen allgemeinen Klassifikationsalgorithmus 6-2, der einen Konstruktionsbaum über Halbräume mit einer Divide-et-Impera-Strategie auswertet.

Wir wissen, daß für Primitiven XinPRIM, XonPRIM und XoutPRIM ausgewertet werden müssen, falls die Referenzmenge selbst eine Primitive PRIM darstellt. Falls R einen echten Konstruktionsbaum repräsentiert, so ist die rekursive Evaluation zweier Teilbäume (linker und rechter Teilbaum L resp. R) des entsprechenden Knotens erforderlich.

Der Algorithmus 6-2 demonstriert im Fall der Durchschnittbildung bei „on"/"on"-Beziehungen, daß die Klassifikation $C[X, L \cap R]$ nicht alleine durch die Klassifikationen C[X,L] und C[X,R] bestimmt ist, sondern daß Zusatzinformationen lokaler Art benötigt werden.

```
Algorithmus 6-2
(* Mengenzugehörigkeit XinR, XonR und XoutR nach [Tilove 1980]                *)

Input:     X                                    (* Kandidatenmenge            *)
           R                                    (* Referenzbaum als           *)
                                                (* Konstruktionsbaum          *)
Output:    Q = { XinR, XonR, XoutR }            (* Klassifikation             *)

Merge( C(L), C(R), Root(R) ):
begin
    case Root(R) of
        *:    if (XinC(L) and XinC(R))          (* Mengendurchschnitt         *)
              then
                  return(XinR)
              else
                  T1 := XonC(L) and XinC(R)
                  T2 := XinC(L) and XonC(R)
                  if Condition                  (* Prüfen der lokalen         *)
                  then                          (* Nachbarschaft              *)
                      T3 := XonC(L) and XonC(R)
                  if (T1 or T2 or T3)
                  then
                      return(XonR)
                  else
                      return(XoutR)
        +:  ...                                 (* Mengenvereinigung          *)
        -:  ...                                 (* Mengendifferenz            *)
end (* Merge *)


Classification(X,R):
begin
    if R=PRIM
    then                                        (* Klassifikation einer       *)
        Q := Evaluate(XinPRIM, XonPRIM, XoutPRIM) (* Primitiven               *)
        return(Q)
    else                                        (* rekursive Klassifikation*)
        L := LeftSubtree(R)
        R := RightSubtree(R)
        C(L) := Classification(X,L)
        C(R) := Classification(X,R)
        Q := Merge( C(L), C(R), Root(R) )
        return(Q)
end (* Classification *)
```

6.5.3 Vereinfachen von Konstruktionsbäumen

Wie wir zu Beginn des Abschnitts feststellten, können zu einem Objekt mehrere
Konstruktionsbäume existieren. Solche unterschiedliche Darstellungen haben
durchaus ihre Bedeutung, da sie beispielsweise alternative Herstellungsprozesse
widerspiegeln. Hingegen sollten Mehrdeutigkeiten in der Darstellung ein und
desselben Objekts dem System bekannt sein.

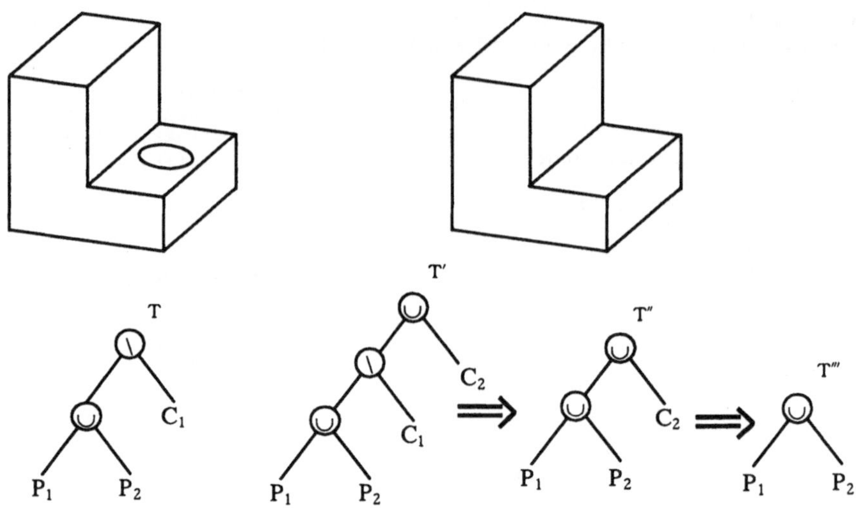

Abb. 6-23 Weglassen von 0-redundanten Primitiven

Eine andere Problemstellung lautet, Nullobjekte ausfindig zu machen [Tilove 1984]. Ein Nullobjekt ist ein Objekt, dessen Konstruktionsbaum die leere Menge darstellt. Es ist meistens nicht sinnvoll, sowohl redundante Darstellungen wie Darstellungen mit Nullobjekten mitzuführen. Vielmehr sollte das Modelliersystem automatisch Redundanz beim Konstruktionsprozess erkennen und entsprechend den Anforderungen eliminieren.

Im Folgenden geht es darum, Redundanz schrittweise aus dem Konstruktionsbaum zu entfernen. Sei T ein Objekt mit der Darstellung T=tree(P_1,...,P_i,...). Wir bezeichnen mit 0 die leere Menge und mit X den ganzen Raum. Die Bezeichnung $T(P_i \leftarrow 0)$ soll bedeuten, daß in der Darstellung T die Primitive P_i durch die leere Menge ersetzt werden kann, d.h. T=tree(P_1,..., P_{i-1},0, P_{i+1},...). Eine Primitive P_i eines Objekts T heißt 0-redundant nach Tilove, wenn $T=T(P_i \leftarrow 0)$. Analog heißt eine Primitive P_i X-redundant, falls $T=T(P_i \leftarrow X)$.

Betrachten wir dazu als Beispiel das Objekt T aus Abb. 6-23, das modifiziert werden soll. Das Objekt T' entsteht, indem man das Zylinderloch C_1 mit dem Zylinder C_2 füllt. Im neuen Objekt T' erkennen wir C_1 als 0-redundant: Die Darstellung T'=tree(P_1, P_2, C_1, C_2) läßt sich vereinfachen zu T''=tree(P_1, P_2, 0, C_2). Mit analoger Überlegung erhalten wir schließlich $T'''=tree(P_1, P_2, 0, 0) = tree(P_1, P_2)$. Diese vereinfachte Darstellung stellt immer noch das Objekt T dar.

Wenn alle Primitiven in einem Konstruktionsbaum redundant sind, dann repräsentiert der Konstruktionsbaum ein Nullobjekt. Unsere Aufgabe besteht darin, redundante Primitiven zu entdecken. Wir zeigen für den Fall $T \cap P_i = 0$, daß P_i 0-redundant ist. Diese Eigenschaft erlaubt uns, Primitiven auf 0-Redundanz zu überprüfen. Zusätzlich folgt daraus direkt eine wichtige Aussage: Falls $T \cap P_i$ nicht die leere Menge darstellt, so kann T selbst nicht das Nullobjekt sein.

Sei T ein Objekt mit der Darstellung $T=tree(...,P_i,...)$ und der Eigenschaft $T \cap P_i = 0$. Wir zeigen, daß P_i 0-redundant ist. Dazu betrachten wir die disjunkte Normalform von T, wobei Konjunktionen nicht innerhalb von Disjunktionen auftreten:

$$T = \left(P_i \cap T(P_i \leftarrow X)\right) \cup \left(\varkappa P_i \cap T(P_i \leftarrow 0)\right) \tag{6.15}$$

Das Objekt T ist in disjunkter Normalform, falls es als Summe eines Produktes von Primitiven und Primitivkomplementen dargestellt ist. Durch logisch äquivalente Umformungen läßt sich jeder Boolesche Ausdruck über Primitiven in die obige Normalform überführen, wobei wir die Differenz als Durchschnitt mit Komplementärmengen definieren. So kann man z.B. mit dem Distributivgesetz

$$(A \cup B) \cap C \text{ ist äquivalent zu } (A \cap C) \cup (B \cap C) \tag{6.16}$$

einen Booleschen Ausdruck als Vereinigung von zwei Ausdrücken auffassen etc.

Setzen wir nun $T \cap P_i = 0$ in die Normalform von T ein, so erhalten wir:

$$P_i \cap T(P_i \leftarrow X) = 0 \tag{6.17}$$

Wir setzen P_i als positiv voraus. Das positive oder negative Vorzeichen einer Primitiven P_i ergibt sich aus der Anzahl Subtraktionen der Primitiven P_i im Konstruktionsbaum. Falls die Anzahl gerade ist, heißt die entsprechende Primitive positiv, andernfalls negativ. Aus der Positivität der Primitiven P_i folgt, daß $T(P_i \leftarrow 0)$ in T enthalten ist. Mit anderen Worten:

$$T = T \cup T(P_i \leftarrow 0)$$

$$= \left(P_i \cap T(P_i \leftarrow X)\right) \cup \left(\varkappa P_i \cap T(P_i \leftarrow 0)\right) \cup T(P_i \leftarrow 0)$$

$$= \left(P_i \cap T(P_i \leftarrow X)\right) \cup T(P_i \leftarrow 0) \tag{6.18}$$

Mit der Eigenschaft (6-17) und obiger Formel folgt die Behauptung $T = T(P_i \leftarrow 0)$.

Basierend auf der 0-Redundanz positiver Primitiven und analog dazu der X-Redundanz negativer Primitiven läßt sich der folgende Algorithmus zur Vereinfachung von Konstruktionsbäumen angeben:

```
Algorithmus 6-3
(* Vereinfachen von Konstruktionsbäumen nach [Tilove 1984]                   *)

Input: P = {P1,...,Pn}              (* Konstruktionsbaum über  Primitiven Pi *)
Output:Q = {Q1,...,Qm}             (* reduzierter Konstruktionsbaum mit      *)
                                   (* m ≤ n über Qi                          *)

Eliminate:
begin
  for each Pi in P do
    case Sign(Pi) of
        Positive: if Pi 0-redundant    (* Elimination 0-redundanter Primitiven *)
                  then
                        Qi := 0
                  else
                        Qi := Pi
        Negative: if Pi X-redundant    (* Elimination X-redundanter Primitiven *)
                  then
                        Qi := X
                  else
                        Qi := Pi
    Q := Q + {Qi}                   (* reduzierter Konstruktionsbaum          *)
  return(Q)                         (* eventuell Nullobjekt                   *)
end (* Eliminate *)
```

Im Algorithmus 6-3 läuft das Evaluieren von 0-Redundanz resp. von X-Redundanz auf Schnittfragen hinaus. Wie wir gesehen haben, ist jede positive Primitive P_i mit einem leeren Durchschnitt mit dem Objekt T 0-redundant. Entsprechend gilt eine negative Primitive P_i als X-redundant, wenn sie im Konstruktionsbaum durch den ganzen Raum ersetzt werden kann.

6.6 Berechnen von Volumeneigenschaften

Zur Berechnung von Volumeneigenschaften geometrischer Objekte wie z.B. Gewicht, Masse, Trägheit u.a. ist die Auswertung mehrfacher Integrale notwendig:

$$\int_O f(x,y,z)\,dV \tag{6.19}$$

Bei der Theorie mehrfacher Integrale ist der Objektbereich O normalerweise einfach strukturiert (z.B. Würfel, Kugel etc.) und die Funktion f eine beliebige reellwertige Funktion. In geometrischen Modelliersystemen hingegen stellt der Integrationsbereich meist ein kompliziertes Objekt dar. Aus diesem Grunde ist man bestrebt, Objekte in Teilobjekte zu zerlegen und einfachere Einzelintegrale aufzusummieren [Lee/Requicha 1982]. Wir diskutieren im Folgenden Methoden zur Integralberechnung bei verschiedenen Darstellungsformen.

Die parametrisierte Darstellung eines Objekts verlangt, Volumeneigenschaften ebenfalls in parametrisierter, falls möglich in geschlossener Form anzugeben. Da die Kombinationsmöglichkeit unterschiedlicher Objektfamilien sowieso wegfällt, ist diese Berechnung im Normalfall einfach.

Enumerationsverfahren und Zellenzerlegungen beschreiben ein Objekt O als Vereinigungsmenge identischer oder ähnlicher Objektzellen Z_i. Da die Zellen gegenseitig disjunkt sind, erhalten wir Volumeneigenschaften durch die Formel

$$\int_O f\,dV = \sum_i \int_{Z_i} f\,dV \tag{6.20}$$

Die Einzelintegrale sind normalerweise einfach zu berechnen (z.B. bei einem Oktagonbaum) und aufzusummieren. Bei speziellen Kettenzerlegungen bedient man sich der Durchlauftechnik [Bieri/Nef 1983].

Die Randdarstellung ermöglicht die Anwendung des Gaußschen Divergenzsatzes, wonach zu jeder stetigen Funktion $f(x,y,z)$ eine nicht notwendigerweise eindeutige Vektorfunktion g(x,y,z) mit div(g)=f[1] existiert, welche über den Rand ∂O des Objekts integriert wird. Es folgt:

$$\int_O f\,dV = \int_O \operatorname{div} g\,dV = \int_{\partial O} g\cdot n\,dF = \sum_i \int_{F_i} g\cdot n\cdot dF_i \qquad (6.21)$$

wobei F_i die berandenden Flächen des Objekts O bezeichnen, n_i den Normalenvektor zu F_i beschreibt und dF_i das Flächendifferential darstellt.

Falls die Flächenstücke F_i Dreiecke sind, ist die Summe der Einzelintegrale einfach zu berechnen. Für Funktionen g, welche durch Polynome von maximal drittem Grad dargestellt werden, kann das Integral als gewichtete Summe der Funktionswerte von g an den sogenannten Gaußpunkten P_i [Messner/Taylor 1980] berechnet werden (Abb. 6-24).

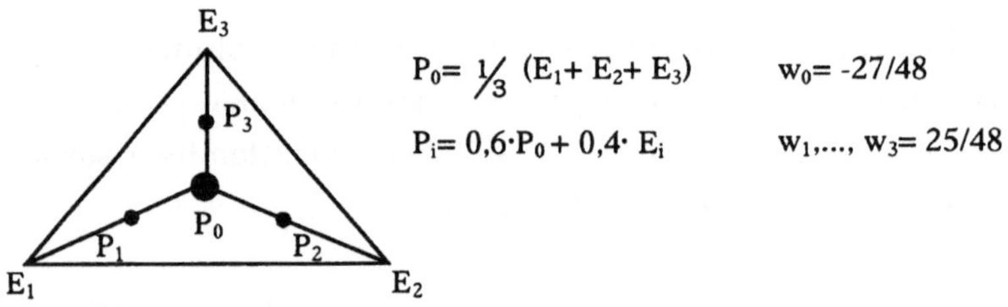

Abb. 6-24 Gaußpunkte im Dreieck

$$\int_\Delta g\cdot n\,dF = A\sum_{i=0}^{3} w_i\cdot g(P_i)\cdot n \qquad (A = \text{Flächeninhalt des Dreiecks}) \qquad (6.22)$$

Schließlich behandeln wir Volumeneigenschaften bei Objekten, die durch einen Konstruktionsbaum über Primitiven gegeben sind. Aufgrund der Formel

$$\int_{A\cup B} f\,dV = \int_A f\,dV + \int_B f\,dV - \int_{A\cap B} f\,dV \qquad (6.23)$$

---

[1] $\operatorname{div} g = \dfrac{\partial g}{\partial x} + \dfrac{\partial g}{\partial y} + \dfrac{\partial g}{\partial z}$

$$\int\limits_{A\backslash B} f\,dV = \int\limits_{A} f\,dV - \int\limits_{A\cap B} f\,dV \qquad\qquad (6.24)$$

lassen sich Volumeneigenschaften eines Objekts rekursiv aus dem Konstruktionsbaum ableiten. Die obigen Formeln setzen natürlich voraus, daß das Integral über den Schnittkörper bestimmt wird. Mit diesem Ansatz berechnet [Sarraga 1982] Flächeninhalte, indem er im Konstruktionsbaum die Flächenanteile von Primitivkörpern aufsummiert. Neuerdings gelangen Simulationsverfahren (z.B. Monte-Carlo Methode) zur Anwendung, wobei über eine zufällig gewählte, aber große Punktmenge aus dem Objektinnern summiert wird.

Zusammenfassend läßt sich sagen: Volumeneigenschaften und andere integrale Eigenschaften lassen sich direkt aus den meisten Darstellungsformen bestimmen. Dabei können auch Konversionen zwischen Darstellungsformen vorgängig durchgeführt werden.

6.7 Übungsaufgaben

1. Welche Darstellungsform für Objekte ist vollständig und eindeutig und weshalb?

2. Wie könnte man ein Polygon in der Ebene durch einen Quadtree beschreiben und welche Operationen wären notwendig?

3. Schreiben Sie die Euler-Operatoren für die Konstruktion eines Tetraeders auf.

4. Wie sieht die Datenstruktur für die Randdarstellung ebenbegrenzter Körper aus und welche Grundoperationen (Methoden) würden Sie vorsehen?

5. Wie können Sie die Äquivalenz zweier Objekte in der CSG-Darstellung feststellen resp. beseitigen?

6. Leiten Sie geeignete Funktionen g zur Berechnung von Volumeninhalt (bzw. Masse), Schwerpunkt, Trägheitsmomente und Deviationsmomente her (siehe Abschnitt 6.6).

7 Approximation von Kurven und Flächen

Die Approximation von Kurven und Flächen durch geeignete Polynome eröffnet in der Computergrafik ein breites Anwendungsspektrum. Für den Modellbau von Fahrzeugen, Flugzeugen oder Schiffen sowie für Fertigungsverfahren wie Gießen, Schmieden oder Tiefziehen können Interpolations- und Approximationsmethoden verwendet werden. Wir beschreiben im vorliegenden Kapitel vor allem Verfahren, die sich für das rechnergestützte Entwerfen sogenannter Freiformflächen eignen.

7.1 Parameterdarstellung

Die Parameterdarstellung von Kurven und Flächen wird bei grafischen Anwendungen gegenüber impliziten Beschreibungen bevorzugt. Zum Beispiel lassen sich einzelne Kurven- und Flächenpunkte längs Parameterlinien sukzessive berechnen und auf Bildschirmkoordinaten transformieren (inkrementelle Methode). Auf der anderen Seite verlangen implizite Kurven- und Flächendefinitionen oft das aufwendige Lösen von Gleichungssystemen für jeden einzelnen Punkt. Als weiterer Vorteil von Parameterdarstellungen gegenüber anderen Darstellungsformen ist die Möglichkeit, einzelne Kurven- und Flächenstücke beim rechnergestützten Entwurf stückweise linear zu beschreiben und aneinanderzuheften. Die Übergänge bei solchen Nahtstellen lassen sich je nach Anforderung durch mathematische Verfahren ausgleichen.

Die einfachste Parameterdarstellung einer Geraden ist durch die lineare Vektorfunktion

$$r = a + t \cdot b \tag{7.1}$$

gegeben, wie sie für Linien bereits in Kapitel 2 eingeführt wurde. Wir ersetzen nun t durch eine beliebige Funktion $f(t)$ und erhalten den Ortsvektor r als Vektorfunktion $r(t)$ des Parameters t, die sich als Parameterdarstellung einer Raumkurve interpretieren läßt. Dies ist äquivalent zur Angabe von drei unabhängigen Funktionen $f_1(t)$, $f_2(t)$ und $f_3(t)$ bezogen auf ein kartesisches Koordinatensystem mit den Basisvektoren i, j und k.

$$r(t) = f_1(t) \cdot i + f_2(t) \cdot j + f_3(t) \cdot k \qquad (7.2)$$

Die Koordinaten des laufenden Punktes können durch die folgenden Gleichungen beschrieben werden:

$$x = f_1(t), \quad y = f_2(t) \quad \text{und} \quad z = f_3(t) \qquad (7.3)$$

Es ist offensichtlich, daß eine Raumkurve keine eindeutige Parameterdarstellung besitzt, da die Wahl der Parameterfunktion beliebig sein kann. Im Allgemeinen läßt sich jedoch der Parameter t aus den Gleichungen (7.3) eliminieren (z.B. Resultantenmethode [Hoffmann 1989]) und man erhält als Resultat Gleichungen der Form

$$f(x, y) = 0, \quad g(y, z) = 0 \qquad (7.4)$$

d.h. die impliziten Gleichungen der Raumkurve.

Die Ableitung der Vektorfunktion r(t) ergibt sich, indem man einzeln die Komponenten ableitet. Mehrfache Ableitungen sind auf analoge Art möglich. Die Parameterdarstellung ist besonders geeignet und einfach für die Berechnung von Ableitungen, falls für die Parameterfunktion ein Polynom gewählt wird. Polynome höheren Grades beschreiben komplexe Kurven, doch führt eine steigende Anzahl von Koeffizienten bei der numerischen Berechnung zu Problemen und Effizienzeinbußen. Aus diesem Grund haben sich beim interaktiven Generieren von Kurven- und Flächenstücken kubische Polynome sehr gut bewährt. Sie genügen den Qualitätsansprüchen und weisen einen nicht zu hohen Grad auf.

Einen ausgezeichneten Überblick über die gebräuchlichen Methoden zum rechnergestützten Entwurf von Kurven und Flächen liefert der Artikel von [Böhm et al. 1984]. Mathematische Grundlagen und Verfahren sind in [Faux/Pratt 1981] und [Barnhill, Riesenfeld 1974] zusammengestellt; weiterführende Arbeiten finden sich in [Barnhill/Böhm 1983] und [Piegl/Tiller 1997].

7.2 Approximation von Kurven durch Polynome

Seit den Anfängen der Computergrafik versucht man, Kurven und Flächen auf effiziente Art darzustellen. Besondere Bedeutung kommt der interaktiven Definition von Kurven- und Flächengebilden zu. Zur Beschreibung von Kurvenstücken können z.B. Tangential- und Krümmungseigenschaften vom Benutzer verlangt werden. Die Wirkung solcher Parametergrößen ist jedoch schwer abzuschätzen. Das Bézier-Verfahren schlägt deshalb einen anderen Weg ein, indem der Benutzer eine erste Approximation einer Kurve durch eine Menge von Kontrollpunkten festlegt. Anschließend kann er diese Kurve interaktiv durch das Verschieben einzelner Kontrollpunkte in die gewünschte Form bringen.

7.2.1 Kubische Kurven

Die Approximation von Kurven durch kubische Polynome läßt sich in allgemeiner Form durch die Vektorfunktion

$$r(t) = a_0 + t \cdot a_1 + t^2 \cdot a_2 + t^3 \cdot a_3 \quad \text{mit } 0 \le t \le 1 \tag{7.5}$$

ausdrücken. Von allen polynomialen Funktionen zur Beschreibung nichtplanarer Raumkurven weisen die kubischen den minimalsten Grad auf. Ihr Kurvenverlauf läßt sich durch vier Bestimmungsstücke beeinflussen. Je nach Wahl der vier Koeffizienten sind verschiedene Klassen kubischer Kurven entstanden.

Zum Entwurf von Kurven und Flächen für den Flugzeugbau verwendete Ferguson die obige Parameterdarstellung [Ferguson 1964], wobei er die vier Koeffizientenvektoren durch die Ortsvektoren des Anfangs- und des Endpunktes sowie durch die beiden Tangentenvektoren in diesen Punkten ausdrückte:

$$a_0 = r(0)$$
$$a_1 = r'(0)$$
$$a_2 = -3r(0) + 3r(1) - 2r'(0) - r'(1)$$
$$a_3 = 2r(0) - 2r(1) + r'(0) + r'(1)$$

Substituiert man die ursprünglichen Koeffizientenvektoren a_0, a_1, a_2 und a_3 durch die obigen Ausdrücke, so erhält man das Gleichungssystem:

$$r(t) = \begin{pmatrix} 1 & t & t^2 & t^3 \end{pmatrix} \cdot \begin{pmatrix} 1 & 0 & 0 & 0 \\ 0 & 0 & 1 & 0 \\ -3 & 3 & -2 & -1 \\ 2 & -2 & 1 & 1 \end{pmatrix} \cdot \begin{pmatrix} r(0) \\ r(1) \\ r'(0) \\ r'(1) \end{pmatrix} \tag{7.6}$$

Diese symbolische Vektorgleichung umfaßt auf der rechten Seite die Multiplikation von skalaren Größen mit Vektorgrößen. Die Multiplikation wird nach den gewohnten Regeln der Matrizenrechnung definiert, wobei nur je eine Matrix mit Vektorelementen auftreten darf. Wir benutzen diese gemischte Matrizenmultiplikation, damit die Vektorgleichung einfach und kompakt erscheint [Faux/Pratt 1981].

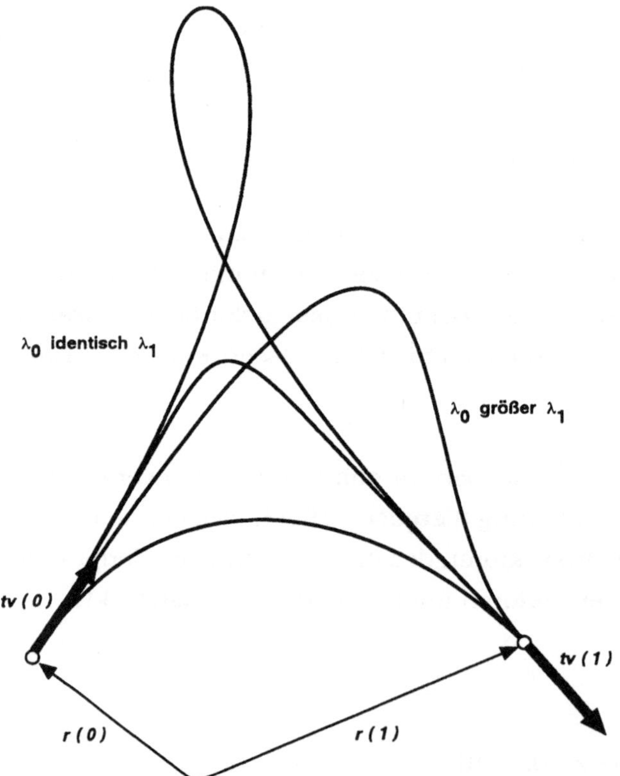

Abb. 7-1 Einfluß der Längenparameter λ_0 und λ_1 auf den Kurvenverlauf

Beim interaktiven Entwurf von Kurvenstücken nach Ferguson ist der Kurvenverlauf durch die Wahl der Orts- und Tangentenvektoren bestimmt. Wir betrachten normierte Tangentenvektoren

$$tv(0) := \frac{r'(0)}{|r'(0)|} \quad und \quad tv(1) := \frac{r'(1)}{|r'(1)|} \tag{7.7}$$

und erhalten damit die Gleichungen

$$r'(0) := \lambda_0 \cdot tv(0) \quad und \quad r'(1) := \lambda_1 \cdot tv(1) \tag{7.8}$$

Die beiden gegebenen Ortsvektoren beeinflussen zusammen mit den Richtungen der Tangentenvektoren und den Größen der beiden Parametern λ_0 und λ_1
den Kurvenverlauf gemäß Abb. 7-1. Wählt man große Werte für λ_0 und λ_1, so ist
der Kurvenverlauf entsprechend länger durch die Tangentenvektoren $tv(0)$ und
$tv(1)$ bestimmt. Unterschiedliche Längen der beiden Parameter λ_0 und λ_1 führen
zu unterschiedlichen Krümmungen beim Anfangs- resp. Endpunkt des jeweili-
gen Kurvenstücks.

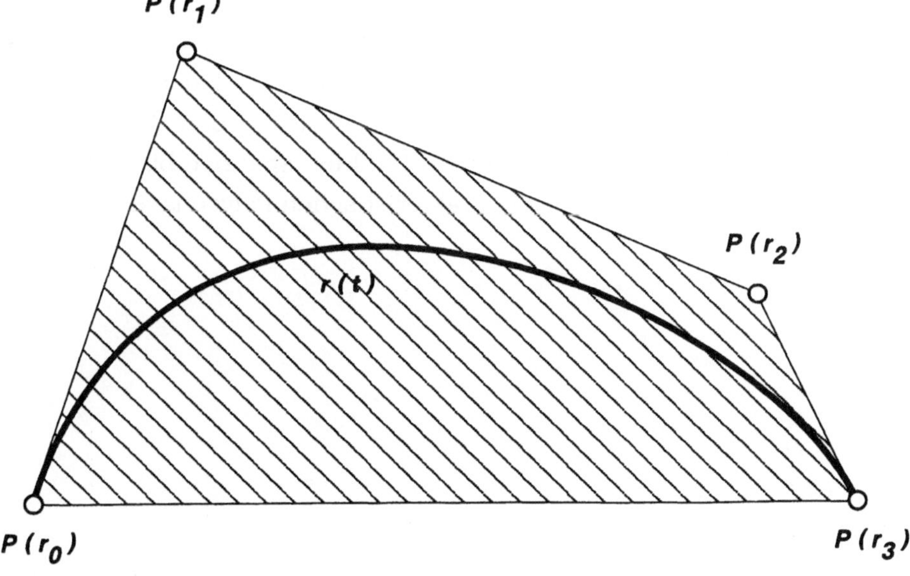

Abb. 7-2 Charakteristisches Polygon mit zugehöriger Bézier-Kurve

Durch eine andere Umformung der kubischen Gleichung (7.5) stößt man auf die Kurvenbeschreibung von Bézier:

$$r(t) = (1 - t)^3 \cdot r_0 + 3t(1 - t)^2 \cdot r_1 + 3t^2(1 - t) \cdot r_2 + t^3 \cdot r_3 \tag{7.9}$$

mit $0 \leq t \leq 1$

Die kubische Bézier-Kurve beruht auf der Wahl der Koeffizienten

$$a_0 = r_0$$
$$a_1 = -3r_0 + 3r_1$$
$$a_2 = 3r_0 - 6r_1 + 3r_2$$
$$a_3 = -r_0 + 3r_1 - 3r_2 + r_3$$

Die Kurve läßt sich in Matrixschreibweise als Vektorfunktion darstellen:

$$r(t) = \begin{pmatrix} 1 & t & t^2 & t^3 \end{pmatrix} \cdot \begin{pmatrix} 1 & 0 & 0 & 0 \\ -3 & 3 & 0 & 0 \\ 3 & -6 & 3 & 0 \\ -1 & 3 & -3 & 1 \end{pmatrix} \cdot \begin{pmatrix} r_0 \\ r_1 \\ r_2 \\ r_3 \end{pmatrix} \tag{7.10}$$

Man bezeichnet das durch die vier Ortsvektoren r_0, r_1, r_2 und r_3 aufgespannte Polygon als charakteristisches Polygon (vgl. Abb. 7-2) der Bézier-Kurve. Die Kurve selbst läuft durch den Anfangspunkt $P(r_0)$ und den Endpunkt $P(r_3)$. Die jeweiligen Tangentenvektoren in diesen Punkten spannen bis auf einen Faktor je eine Seite r_1-r_0 resp. r_3-r_2 des charakteristischen Polygons auf.

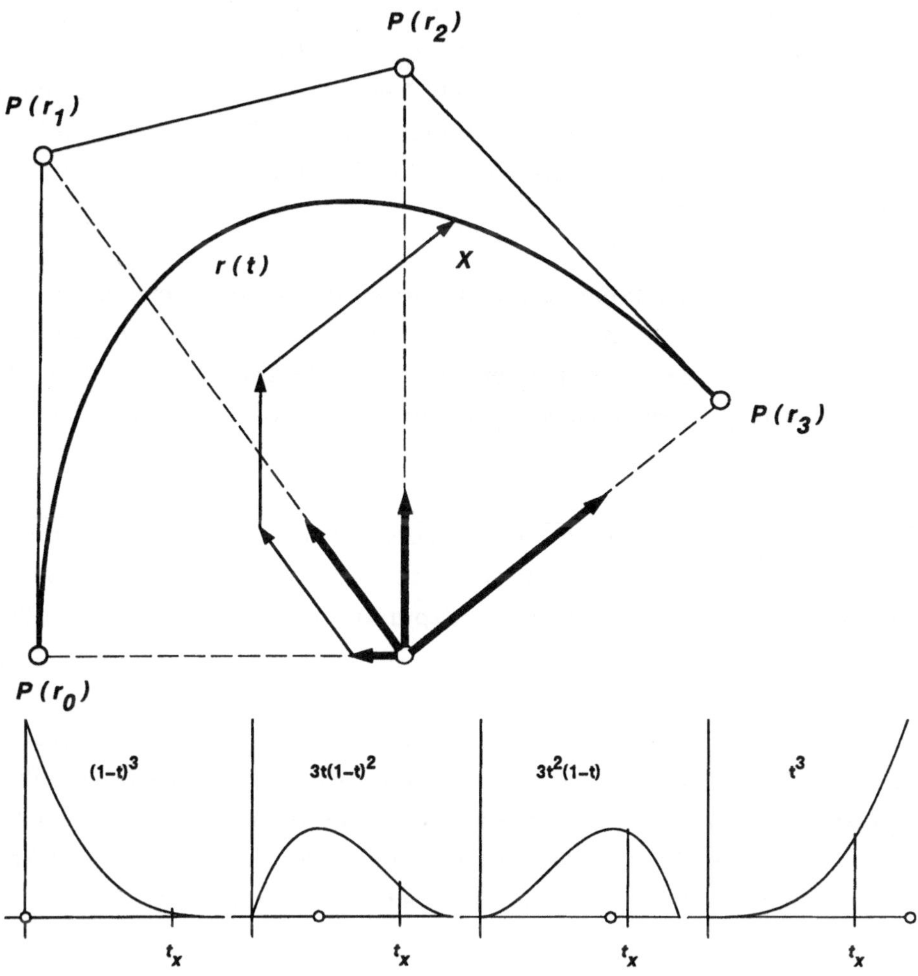

Abb. 7-3 Einfluß der Mischfunktionen auf den Kurvenverlauf

Um eine Bézier-Kurve interaktiv zu entwerfen, können beispielsweise zuerst die beiden Eckpunkte des charakteristischen Polygons festgelegt werden. Durch die Wahl der inneren Punkte $P(r_1)$ und $P(r_2)$ lassen sich die entsprechenden Längen der Tangentenabschnitte r_1-r_0 resp. r_3-r_2 und damit die Krümmungseigenschaften verändern. Falls alle Punkte des charakteristischen Polygons kollinear sind, entspricht der Bézier-Kurve eine Gerade. Beim Zusammenlegen der beiden Punkte mit den Ortsvektoren r_1 und r_2 erhält man als weiteren Spezialfall eine Parabel zweiter Ordnung.

Der Verlauf der Bézier-Kurve wird gemäß der Vektorgleichung durch die vier Ortsvektoren r_0, r_1, r_2 und r_3 resp. durch die Mischfunktionen $(1-t)^3$, $3t(1-t)^2$, $3t^2(1-t)$ und t^3 bestimmt (vgl. Abb. 7-3). Der Anfangspunkt $P(r_0)$ hat die größte Auswirkung auf den Verlauf für $t=0$, der Endpunkt $P(r_3)$ für $t=1$ und die Zwischenpunkte $P(r_1)$ resp. $P(r_2)$ entsprechend den Graphen ihrer Mischfunktionen bei $t=1/3$ und $t=2/3$.

Da jede der Mischfunktionen auf dem ganzen Parameterbereich $0<t<1$ von Null verschieden ist, spricht man von globaler Kontrolle der Bézier-Kurve durch die Stützpunkte des charakteristischen Polygons. Mit anderen Worten wird durch die Veränderung eines einzigen Stützpunktes der Kurvenverlauf überall beeinflußt.

Eine wichtige Eigenschaft gibt sich aus der Tatsache, daß die Mischfunktionen sich in jedem Punkt auf Eins summieren. Dadurch erscheint die Bézier-Kurve innerhalb der konvexen Hülle der Stützpunkte des charakteristischen Polygons (vgl. Abb. 7-2).

Als weitere Klasse kubischer Kurven gelten die rationalen Kurven [Faux/Pratt 1981]. Wie der Name sagt, handelt es sich dabei um eine Bruchdarstellung von Polynomen, d.h. Zähler wie Nenner sind Polynome. Der Vorteil dieser Kurvendefinition liegt in ihrer Allgemeinheit und in der Eigenschaft, daß rationale Kurven unter projektiven Transformationen invariant bleiben.

7.2.2 Bézier-Kurven vom Grad m

Durch die Angabe von m+1 Kontrollpunkten, gegeben durch die Ortsvektoren r_i mit $i=0,\dots,m$ erhält man die allgemeine Vektorform der Bézier-Kurve vom Grad m:

$$r(t) = \sum_{i=0..m} \frac{m!}{i!(m-i)!} \cdot t^i \cdot (1-t)^{m-i} \cdot r_i \quad \text{für } 0 \leq t \leq 1 \qquad (7.11)$$

Man bezeichnet die Mischfunktionen zusammen mit den Binomialkoeffizienten als Bernsteinpolynome

$$B_{i,m}(t) = \frac{m!}{i!(m-i)!} \cdot t^i \cdot (1-t)^{m-i} \qquad (7.12)$$

Aufgrund der Eigenschaften der Bernsteinpolynome können die Eigenschaften der Bézier-Kurven hergeleitet werden. Beispielsweise sind sämtliche Bernsteinpolynome positiv und zerlegen die Einheit, d.h. es gilt:

$$\sum_{i=0..m} B_{i,m}(t) = 1 \qquad (7.13)$$

Diese Eigenschaft folgt direkt aus der Beziehung

$$(a+b)^m = \sum_{i=0..m} \frac{m!}{i!(m-i)!} \cdot a^i \cdot b^{m-i} \qquad (7.14)$$

mit a:=t und b:= (1-t). Für ein beliebiges, aber festes t ist somit die Summe der Koeffizienten der Vektoren r_i mit i=1,...,m identisch Eins.

Weiter gilt die Symmetrieeigenschaft der Bernsteinpolynome

$$B_{i,m}(t) = B_{m-i,m}(1-t) \qquad (7.15)$$

und die Ableitung eines Bernsteinpolynoms läßt sich als Differenz zweier Bernsteinpolynome ausdrücken

$$\frac{\partial B_{i,m}(t)}{\partial t} = m \cdot \left(B_{i-1,m-1}(t) - B_{i,m-1}(t) \right) \qquad (7.16)$$

Setzen wir die Ableitung identisch Null, so erhalten wir die Bedingung für die Maximalwerte der Bernsteinpolynome bei

$$t = i/m \qquad\qquad (7.17)$$

mit $i=1,...,m-1$ resp. bei $t=0$ mit $i=0$ und bei $t=1$ mit $i=m$.

Diskutieren wir nun die Eigenschaften der Bézier-Kurve (7.11) selbst: Der Grad der Bézier-Kurve ist durch die Anzahl der Kontrollpunkte definiert. Je mehr Stützpunkte zur Definition einer Bézier-Kurve eingeführt werden, desto größer wird der Grad und entsprechend der Aufwand zur Generierung der Kurve. Dabei geht die Bézier-Kurve immer durch den Anfangspunkt $P(r_0)$ und den Endpunkt $P(r_m)$. Außerdem verläuft sie tangential in diesen Punkten bezüglich des charakteristischen Polygons, da für die Ableitungen in den Punkten $t=0$ und $t=1$ die Gleichungen $r'(0)=m\cdot(r_1-r_0)$ resp. $r'(1)=m\cdot(r_m-r_{m-1})$ gemäß den Ableitungsformeln gelten.

Anstelle einer Bézier-Kurve mit hohem Grad lassen sich mehrere Kurven kleineren Grades definieren und zusammensetzen. Dabei müssen natürlich End- und Anfangspunkt aufeinanderfolgender Stützpolygone übereinstimmen. Aufgrund der oben beschriebenen Tangentialeigenschaft in den Endpunkten erzwingt man z.B. einen einmal stetig differenzierbaren Übergang, indem man die entsprechenden Seiten der beiden charakteristischen Polygone kollinear wählt (vgl. Abb. 7-4). Koinzidenz und Kollinearität genügen hingegen nicht, wenn zusätzliche Krümmungseigenschaften an den Nahtstellen gefordert werden.

Die Kontrollpunkte haben einen globalen Einfluß auf den Verlauf der Bézier-Kurve. Diese Tatsache folgt direkt aus der Definition der Bernsteinpolynome: Jedes Polynom ist auf dem Parameterbereich $0<t<1$ nie identisch Null und beeinflußt deshalb den Kurvenverlauf überall. Lokale Änderungen einer Bézier-Kurve sind nicht möglich.

Aufgrund der Positivität der Bernsteinpolynome und der Zerlegung der Einheit gewichten die Mischfunktionen den Kurvenverlauf nie übermäßig. Die Bézier-Kurve verläuft innerhalb der konvexen Hülle der Ortsvektoren r_i mit $i=0,...,m$ (Abb. 7-2).

Wir diskutieren nun Bedingungen zur n mal stetigen Differenzierbarkeit C^n beim Zusammensetzen von Bézier-Kurven. Seien $x(u)$ mit Stützpunkten

$P_0,...,P_n$ und Parameterbereich $[u_0,u_1]$ sowie $y(u)$ mit Stützpunkten $Q_0,...,Q_m$ und Parameterbereich $[u_1,u_2]$ zwei Bézier-Kurven. Notwendige und hinreichende Bedingungen für einen mehrfach-stetig differenzierbaren Übergang beim Zusammensetzen der beiden Kurven $x(u)$ und $y(u)$ an der Stelle $u=u_1$ sind in der Abb. 7-4 zusammengefaßt.

Bei der Bedingung C^0 müssen die beiden charakteristischen Polygone in den Eckpunkten übereinstimmen, d.h. $P_n=Q_0$.

Die Bedingung C^1 verlangt nicht nur Koinzidenz, sondern das Übereinstimmen der ersten Ableitungen:

$$n \cdot (P_n - P_{n-1}) = m \cdot (Q_1 - Q_0) \tag{7.18}$$

Mit anderen Worten müssen die Punkte P_{n-1}, $P_n=Q_0$ und Q_1 kollinear und die Punktabstände im richtigen Verhältnis sein. Analog entwickelt man Bedingungen für mehrfach stetige Differenzierbarkeit. So gilt im Fall von C^2 die Beziehung:

$$n \cdot (n-1) \cdot (P_{n-2} - 2P_{n-1} + P_n) = m \cdot (m-1) \cdot (Q_0 - 2Q_1 + Q_2) \tag{7.19}$$

Führen wir einen neuen Hilfspunkt D gemäß der Abb. 7-4 ein, so erhalten wir die Vektorformel:

$$2P_{n-1} - P_{n-2} = D = 2Q_1 - Q_2 \tag{7.20}$$

Die beiden Punkte P_{n-1} resp. Q_1 halbieren also die Verbindung von D nach P_{n-2} resp. von D nach Q_2.

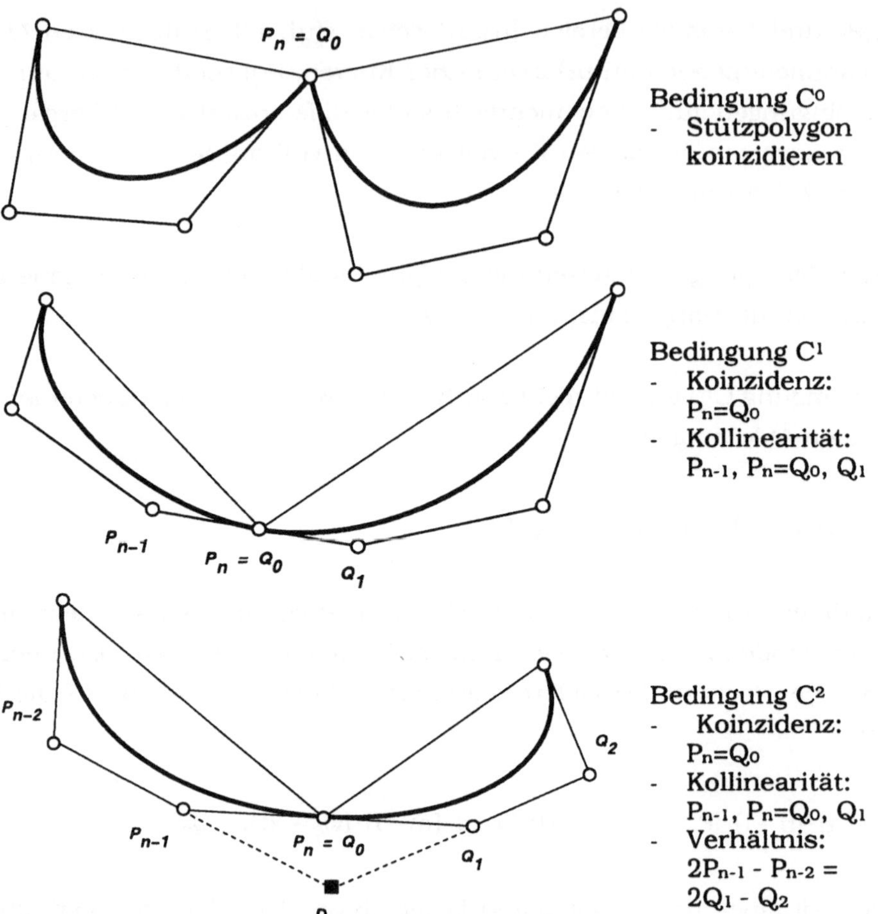

Abb. 7-4 Stetig und stetig differenzierbare Übergänge beim Zusammensetzen von Bézier-Kurven

Die Bedingungen zur n mal stetigen Differenzierbarkeit beim Zusammenheften von Bézier-Kurven stehen in engem Zusammenhang mit dem sogenannten De Casteljau-Algorithmus (vgl. [Böhm/Gose 1977]). Dieser berechnet einzelne Kurvenpunkte durch sukzessives Unterteilen des charakteristischen Polygons in bestimmten Verhältnissen. Wir beschreiben den Algorithmus im folgenden Abschnitt.

7.2.3 Rekursiver Algorithmus von De Casteljau

Wir definieren einen rekursiven Algorithmus zur Erzeugung von Bézier-Kurven, indem wir die Summe (7.11) aus Abschnitt 7.2.2 aufspalten:

$$r(t) = (1-t)^m \cdot r_0 + \sum_{i=1..m-1} \frac{m!}{i!(m-i)!} \cdot t^i \cdot (1-t)^{m-i} \cdot r_i \quad + t^m \cdot r_m \qquad (7.21)$$

Nun verwenden wir die Beziehung

$$\frac{m!}{i!(m-i)!} = \frac{(m-1)!}{i!(m-i-1)!} + \frac{(m-1)!}{(i-1)!(m-i)!} \qquad (7.22)$$

und beschreiben die obige Summe durch zwei Teilsummen

$$r(t) = (1-t) \cdot \left\{ (1-t)^{m-1} \cdot r_0 + \sum_{i=1..m-1} \frac{(m-1)!}{i!(m-i-1)!} \cdot t^i \cdot (1-t)^{m-i-1} \cdot r_i \right\}$$
$$+ t \cdot \left\{ \sum_{i=1..m-1} \frac{(m-1)!}{(i-1)!(m-i)!} \cdot t^{i-1} \cdot (1-t)^{m-i} \cdot r_i \quad + \quad t^{m-1} \cdot r_m \right\} \qquad (7.23)$$

Schließlich erhalten wir mit der Notation $r(t) := r(t) [r_0,...,r_m]$ die Rekursionseigenschaft

$$r(t)[r_0,...,r_m] = (1-t) \cdot r(t)[r_0,...,r_{m-1}] + t \cdot r(t)[r_1,...,r_m] \qquad (7.24)$$

Eine Bézier-Kurve vom Grad m läßt sich aufgrund von (7.24) durch zwei Bézier-Kurven vom Grad m-1 definieren, indem man für ein bestimmtes t die zugehörigen Punkte verbindet und die Verbindungsstrecke im Verhältnis (1-t) zu t teilt.

Die geometrische Interpretation des De Casteljau-Algorithmus ist in Abb. 7-5 gegeben: Jede Generation von Stützpunkten ist z.B. für t=0.25 als Menge von Viertelspunkten der Seiten des charakteristischen Polygons definiert. Natürlich können anstelle von t=0.25 andere Werte für t gewählt und die entsprechenden

Kurvenpunkte gefunden werden. Falls durch wiederholte Rekursion ein einziger Stützpunkt übrigbleibt, so ist dieser ein Kurvenpunkt.

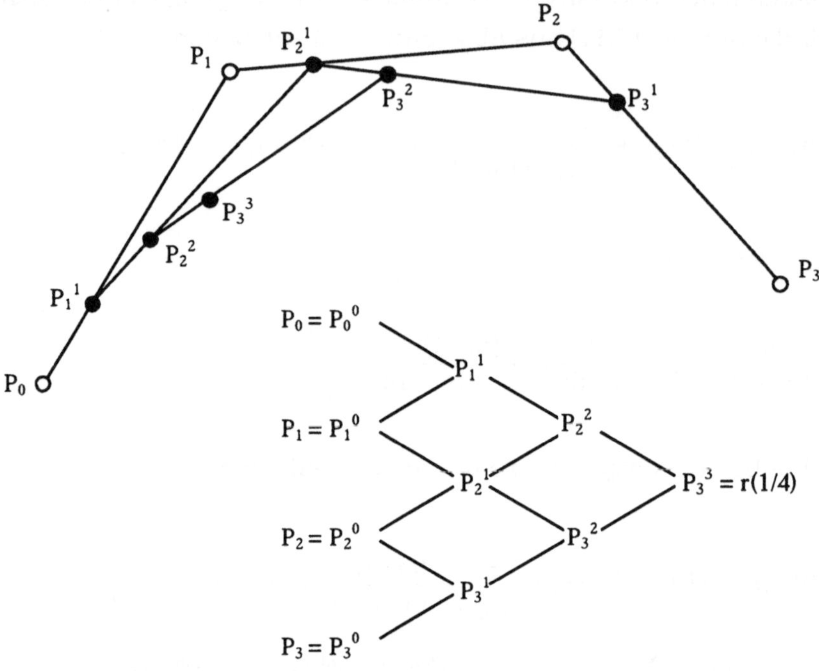

Abb. 7-5 Geometrische Interpretation des Rekursionsschemas von De Casteljau (für Bézier-Kurve vom Grad m=3 und Parameterwert t=1/4)

```
Algorithmus   7-1
(* Bézier-Kurvenpunkt nach De Casteljau                              *)

Input: P0,...,Pm                     (* alte Stützpunkte             *)
Output: PT                           (* Bézier-Kurvenpunkt           *)

Casteljau:
begin
     n := m
     while n>0 do
        for i:=0 to n-1 do           (* Rekursionseigenschaft        *)
           Pi := Pi + t * (Pi+1 - Pi) (* für neue Stützpunkte Pi      *)
        n := n-1

     PT = P0                         (* Kurvenpunkt PT               *)
     Display(PT)                     (* für ein bestimmtes t         *)
end (* Casteljau *)
```

Der Algorithmus 7-1 ist für eine Bézier-Kurve mit großem Grad nicht sehr effizient. Durch die folgende Umformung der ursprünglichen Definition einer Bézier-Kurve (7.11) lassen sich die Kurvenpunkte effizienter generieren:

$$r(t) = (1-t)^m \cdot \left\{ (t/1-t) \cdot \left(\sum_{i=1..m} \frac{m!}{i!\,(m-i)!} \cdot (t/1-t)^{i-1} \cdot r_i \right) + r_0 \right\} \qquad (7.25)$$

für $0 \le t \le 1$

Diese Form der Berechnung ermöglicht einen schnellen Algorithmus, da die Produkte aus Binomialkoeffizienten und Kontrollpunkten und die Werte für $(1-t)^m$ resp. $t/(1-t)$ vorausberechnet werden können.

```
Algorithmus 7-2
(* Berechnung der Bézier-Kurve nach dem Horner-Schema                    *)

Input:      P0,...,Pm                      (* alte Stützpunkte           *)
            BCMI                           (* Binomialkoeffizienten      *)
Output:     PT                             (* Bézier-Kurvenpunkte        *)

Horner:
begin
    for t:=0 to 0.5 by dt do               (* für t zwischen 0 und 1/2   *)
       CTM := Evaluate((1-t)^m)
       Q0 := Pm
       for i:=1 to m do
          Qi := t/(1-t) * Qi-1 + BCMI * Pm-i   (* neue Stützpunkte Qi    *)
       PT := CTM * Qm
       Display(PT)
    for t:=0.5 to 1 by dt do               (* für t zwischen 1/2 und 1   *)
       TM := Evaluate(t^m)
       Q0 := P0
       for i:=1 to m do
          Qi := (1-t)/t * Qi-1 + BCMI * Pi     (* neue Stützpunkte Qi    *)
       PT := TM * Qm
       Display(PT)
end (* Horner *)
```

Der Algorithmus 7-2 basierend auf dem Horner-Schema ist gemäß [Pavlidis 1982] dem De Casteljau-Algorithmus 7-1 vorzuziehen, falls der Grad der Bézier-Kurve m größer als 5 ist und falls viele Kurvenpunkte (mit kleiner Schrittgröße) berechnet werden müssen.

7.3   Stückweise Approximation durch Polynome

Splinekurven sind stückweise polynomiale Kurven mit stetig differenzierbaren Nahtstellen. Fürs Zusammensetzen von Kurvenstücken existieren verschiedene Verfahren. Die Lagrange-Interpolation legt z.B. ein Polynom vom Grad n+1 durch die vorgegebenen Punkte $X_0,...,X_n$. Diese Interpolation ist anfällig auf Oszillation bei großem n. Die Interpolation mit Splines hingegen beschreibt zusammengesetzte Kurven durch Polynome kleinen Grades, wobei Stetigkeitsforderungen an den Übergängen gelten [De Boor 1978]. Dieses Verfahren hat sich nicht nur für Interpolationsprobleme bewährt, sondern vor allem auch für den rechnergestützten Entwurf von Kurven und Flächen.

Eine bekannte Klasse von Splinekurven bilden die B-Splines; diese sind Verallgemeinerungen von Bézier-Kurven. Eine der wichtigsten Eigenschaften der B-Splines besteht darin, daß sie nur in einem Teil des Parameterbereiches von Null verschieden sind. Sie weisen also einen lokalen Träger auf und garantieren, daß sich Änderungen von B-Splinekurven nur lokal auswirken. Die B-Splinekurven und -flächen dienen vor allem zur Definition von Freiformflächen im Schiffsbau, im Flugzeug- und Automobilbereich oder beim rechnergestützten Entwurf von Gebrauchsgegenständen. Im Folgenden beschreiben wir die Grundlagen und Eigenschaften der B-Splinekurven etwas ausführlicher anhand der B-Splinefunktionen.

7.3.1   B-Splinefunktionen

Sei $T = \{t_0,...,t_n\}$ ein Vektor von reellen Zahlen mit $t_i \leq t_{i+1}$. Eine Funktion S heißt polynomiale Splinefunktion vom Grad k-1 (resp. von der Ordnung k), falls die folgenden zwei Bedingungen gelten:

1) Auf jedem Teilintervall $[t_i, t_{i+1}]$ ist S ein Polynom vom Grad k-1.
2) S ist (k-2)-mal stetig differenzierbar, d.h. S gehört zur Klasse C^{k-2}.

Die einzelnen Parameterwerte t_i nennt man Knotenpunkte, der Vektor T wird Knotenvektor genannt. Die Knotenwerte können monoton steigen und uniform oder auch nicht-uniform auf der Parameterachse positioniert sein. Dadurch sind bei Bedarf unterschiedliche Paramterisierungen möglich. Wir können die Menge aller Splinefunktionen als (n+k-1)-dimensionalen Vektorraum auffassen. Eine Splinefunktion vom Grad k-1, für die sämtliche Knotenpunkte ganzzahlig sind und die überall außer auf k Intervallen verschwindet, heißt Basis-Spline oder B-Spline vom Grad k-1. Die Basis der B-Splinefunktionen ist durch folgende Rekursionsformel bestimmt:

$$N_{i,1}(t) := \begin{cases} 1 & \text{falls } t_i \leq t \leq t_{i+1} \\ 0 & \text{sonst} \end{cases}$$

$$N_{i,k}(t) := \frac{t - t_i}{t_{i+k-1} - t_i} \cdot N_{i,k-1}(t) + \frac{t_{i+k} - t}{t_{i+k} - t_{i+1}} \cdot N_{i+1,k-1}(t) \qquad \text{für } k>1 \qquad (7.26)$$

Zur Berechnung der B-Splinefunktionen müssen wir die Rekursionsformel (7.26) auswerten (mit der Konvention 0/0:=0). Ein Ausschnitt des Rekursionsschemas sieht z.B. wie folgt aus:

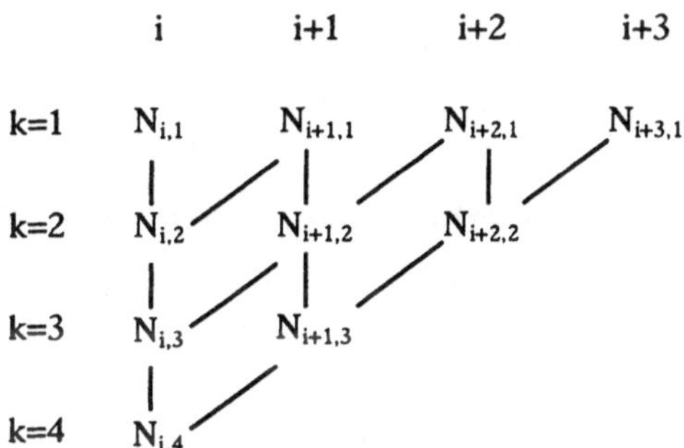

Aus diesem Diagramm folgern wir, daß eine B-Splinefunktion vom Grad k-1 höchstens in k Intervallen ungleich Null ist. Zum Beispiel ist $N_{i,4}(t)$ in vier Intervallen ungleich Null, da die B-Splinefunktion nur von den Basisfunktionen $N_{i,1}$, $N_{i+1,1}$, $N_{i+2,1}$ und $N_{i+3,1}$ abhängig ist. Diese Eigenschaft ist ausschlaggebend für die Lokalität der B-Splinekurve (siehe nächsten Abschnitt).

Ein Knotenvektor T kann identische Knoten enthalten, bis zur Mehrfachheit j mit j ≤ k. Falls wir

$$t_i = t_{i+1} = \ldots = t_{i+j}$$

wählen, reduzieren wir damit die Differenzierbarkeit der Basisfunktion $N_{i,k}$ im Punkt t_i zu C^{k-j}.

Aus der Definition (7.26) können sogenannte periodische und nicht-periodische B-Spline-funktionen hergeleitet werden.

Bei einer Basis $\{N_{i,k}\}_{i=0,\ldots,n-1}$ periodischer B-Splinefunktionen ist der Knotenvektor T ein Vektor mit ganzzahligen Komponenten der Form:

$$T = (0, 1, \ldots, n) .$$

Als Beispiel periodischer B-Splinefunktionen betrachten wir den quadratischen Fall. Die Rekursionsformel lautet z.B. für

$$N_{0,3}(t) := \begin{cases} 1/2 \cdot t^2 & \text{für } 0 \leq t \leq 1 \\ 3/4 - (t - 3/2)^2 & \text{für } 1 \leq t \leq 2 \\ 1/2 \cdot (3 - t)^2 & \text{für } 2 \leq t \leq 3 \end{cases}$$

Die übrigen B-Splinefunktionen $\{N_{i,3}\}_{i=0,\ldots,n-1}$ erhält man, indem man $N_{0,3}$ zyklisch nach rechts verschiebt (vgl. Abb. 7-6). Der Träger jeder B-Splinefunktion $N_{i,3}$ ist ein Intervall der Form $[t_i, t_{i+3}]$.

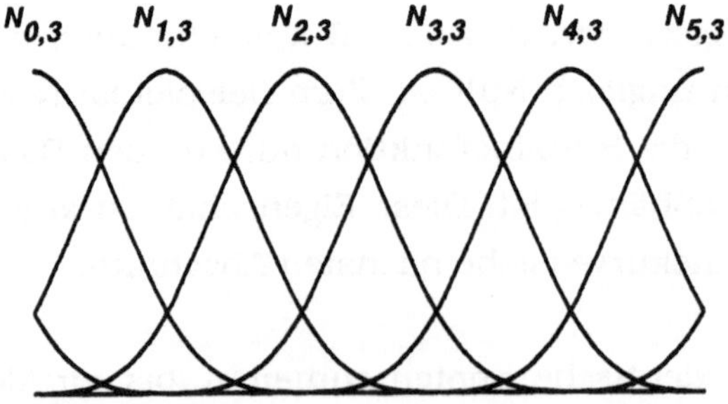

Abb. 7-6 Periodische B-Splinefunktionen für k=3

Allgemein lassen sich periodische B-Splinefunktionen durch den einfachen Ausdruck

$$N_{i,k}(t) = N_{0,k}\big((t - i + n + 1)\bmod(n + 1)\big) \qquad (7.27)$$

herleiten, wobei der Parameter t von 0 bis n+1 läuft.

Bei den nicht-periodischen uniformen B-Splinefunktionen hat die Basis $\{N_{i,k}\}_{i=0,\ldots,k+n-2}$ den Knotenvektor

$$T = \{0,0,\ldots,0,\underbrace{1,2,\ldots,n-1},\underbrace{n,n,\ldots,n}\},$$

$$\underbrace{}_{k\text{ mal}} \qquad \underbrace{}_{k\text{ mal}}$$

d.h. die Knotenwerte sind k-fach im Anfangs- und Endpunkt bewertet.

Die Knotenwerte von t_0 bis t_{n+k} können z.B. durch die folgende Regel festgelegt werden:

$$
\begin{aligned}
t_i &= 0 && \text{falls } i < k\\
t_i &= i\text{-}k+1 && \text{falls } k \le i \le n\\
t_i &= n\text{-}k+2 && \text{falls } i > n
\end{aligned}
$$

Betrachten wir ein Beispiel einer Basis nicht-periodischer B-Splinefunktionen von der Ordnung k=3 und von der Dimension n=5. Der Knotenvektor hat nach obiger Regel die Komponenten T=(0,0,0,1,2,3,4,4,4) und seine B-Splinefunktionen sind in der Abb. 7-7 aufgezeigt.

Der Spezialfall einer Basis nicht-periodischer B-Splinefunktionen mit dem Knotenvektor

$$T = \{\underbrace{0,0,\ldots,0},\ \underbrace{1,1,\ldots,1}\}$$

$$\underbrace{}_{k\text{ mal}}\ \underbrace{}_{k\text{ mal}}$$

ist degeneriert und berücksichtigt lediglich Anfangs- und Endpunkt mit Mehrfachheit k. Die dazugehörenden B-Splinefunktionen haben die Form

$$N_{i,k}(t) = \frac{(k-1)!}{i!\,(k-i-1)!} \cdot t^i \cdot (1-t)^{k-i-1} \quad \text{mit } i=0,1,\dots,k\text{-}1 \tag{7.28}$$

und entsprechen damit exakt den Bernsteinpolynomen [Gordon/Riesenfeld 1974]. Die B-Splinefunktionen lassen sich also als Verallgemeinerungen der Bernsteinpolynome auffassen.

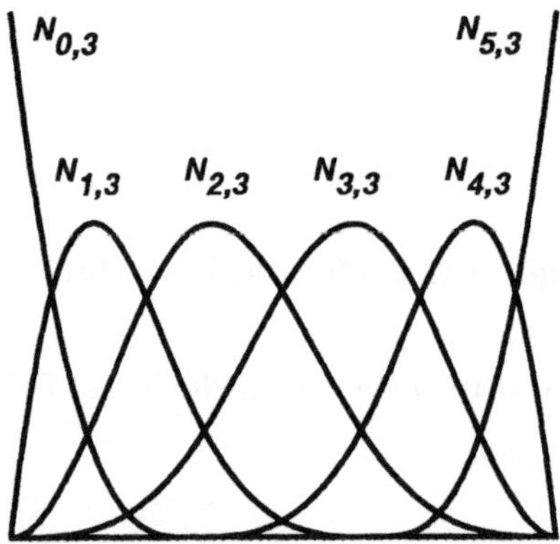

Abb. 7-7 Nicht-periodische B-Splinefunktionen für k=3

Analog zu den Bernsteinpolynomen gilt für die B-Splinefunktionen die Eigenschaft der Zerlegung der Einheit, d.h.

$$\sum_{i=\dots} N_{i,k}(t) = 1 \tag{7.29}$$

Die Summation über i wird nicht explizit angegeben, da jede B-Splinefunktion vom Grad k-1 höchstens k Beiträge für jedes t beisteuert. Die Behauptung für die Zerlegung der Einheit läßt sich aufgrund der Rekursionsformel (7.24) durch Induktion beweisen. Summieren wir die B-Splinefunktionen z.B. von i=j bis i=m, so erhalten wir die Gleichung

$$\sum_{i=j,\ldots,m} N_{i,k}(t) = \frac{t-t_j}{t_{j+k-1}-t_j}\cdot N_{j,k-1}(t) + \sum_{i=j+1,\ldots,m} N_{i,k-1}(t) +$$
$$\frac{t_{m+k}-t}{t_{m+k}-t_{m+1}}\cdot N_{m+1,k-1}(t) \tag{7.30}$$

Wählen wir nun j genügend klein und m genügend groß, so verschwinden die Werte von $N_{j,k-1}(t)$ und $N_{m+1,k-1}(t)$. Also gilt:

$$\sum_{i=\ldots} N_{i,k}(t) = \sum_{i=\ldots} N_{i,k-1}(t) \tag{7.31}$$

Mit anderen Worten ist die Summe der B-Splinefunktionen in einem festen Punkt t unabhängig vom Grad. Setzen wir z.B. k=1, so erhalten wir gemäß der Rekursionsformel (7.24) die Behauptung.

7.3.2   B-Splinekurven

In Parameterform lassen sich B-Splinekurven vom Grad k-1 durch die folgende Vektorformel definieren:

$$r(t) := \sum_{i=0,\ldots n} N_{i,k}(t)\cdot r_i \tag{7.32}$$

Die Stütz- oder Kontrollpunkte r_i heißen De Boor-Punkte, das zugehörige Polygon heißt De Boor-Polygon oder Stützpolygon. Für die B-Splinekurven gilt, daß Anfangs- und Endpunkt des Stützpolygons auf der Kurve liegen und daß die Kurven tangential zu den jeweiligen Seiten des Stützpolygons verlaufen.

Wir diskutieren nun weitere Eigenschaften der B-Splinekurven anhand der B-Splinefunktionen. Sämtliche B-Splinefunktionen $N_{i,k}(t)$ sind positiv, haben lokalen Träger und sind (k-2)-mal stetig differenzierbar gemäß ihrer Definition. Bei der Manipulation eines Punktes des Stützpolygons wirken sich somit Änderungen der B-Splinekurve nur lokal, d.h. in höchstens k Abschnitten aus.

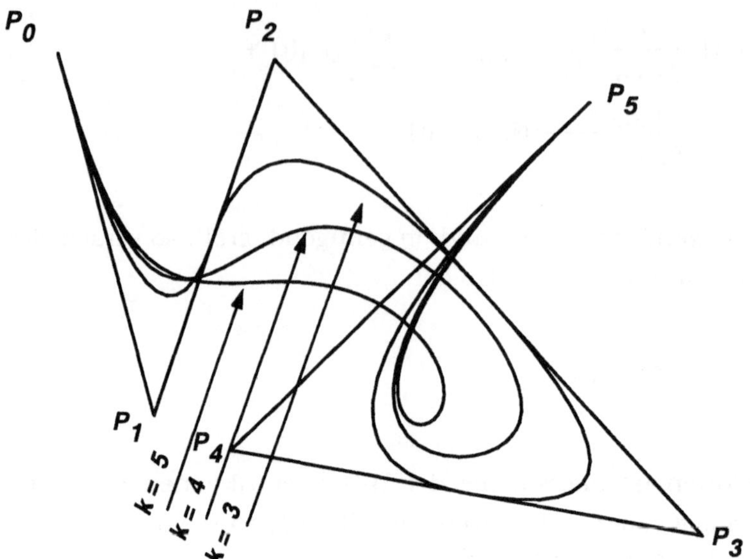

Abb. 7-8a Nicht-periodische B-Splinekurven für k=3,4,5 und n=5

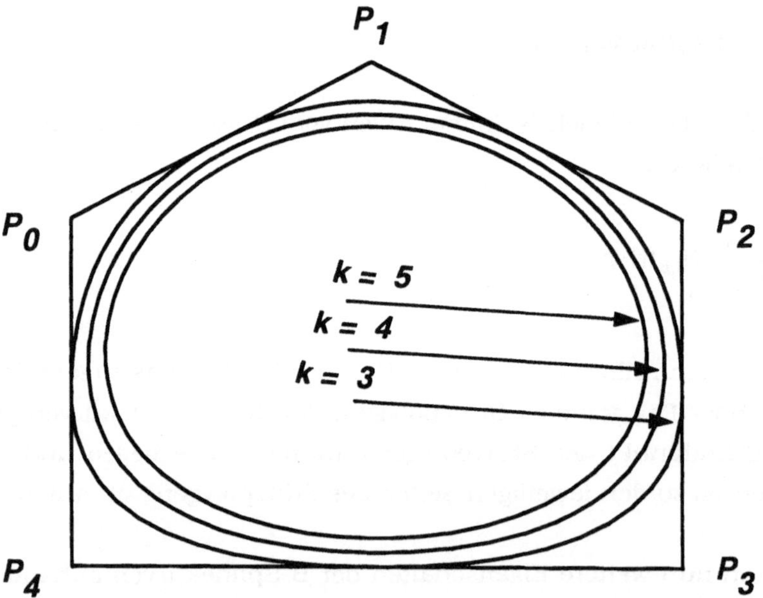

Abb. 7-8b Periodische B-Splinekurven für k=3,4,5 und n=5

Man spricht von periodischen resp. nicht-periodischen B-Splinekurven, wenn
sich diese auf periodische resp. nicht-periodische B-Splinefunktionen beziehen. Periodische B-Splinekurven sind nützlich für das interaktive Generieren

von geschlossenen Kurven, die nicht-periodischen eignen sich für offene Kurven. In der Abb. 7-8a zeigen wir einige Beispiele nicht-periodischer B-Splinekurven mit unterschiedlicher Stetigkeit. Entsprechende Beispiele für periodische B-Splinekurven zeigt Abb. 7-8b.

Die Eigenschaft der Lokalität wirkt sich bei der konvexen Hülleneigenschaft aus. Da die B-Splinefunktionen positiv sind und die Einheit zerlegen, verläuft die entsprechende B-Splinekurve vollständig innerhalb des konvexen Polygons seiner Stützpunkte. Aufgrund der Lokalität der B-Splinefunktionen gilt hingegen eine differenziertere Aussage: Für eine B-Splinekurve vom Grad k-1 liegt ein Kurvenpunkt stets in der konvexen Hülle seiner k Nachbarpunkte des Stützpolygons (vgl. Abb. 7-9). Somit müssen die Punkte der B-Splinekurve in der Vereinigung aller konvexen Hüllen entsprechender Stützpunkte des De Boor-Polygons liegen.

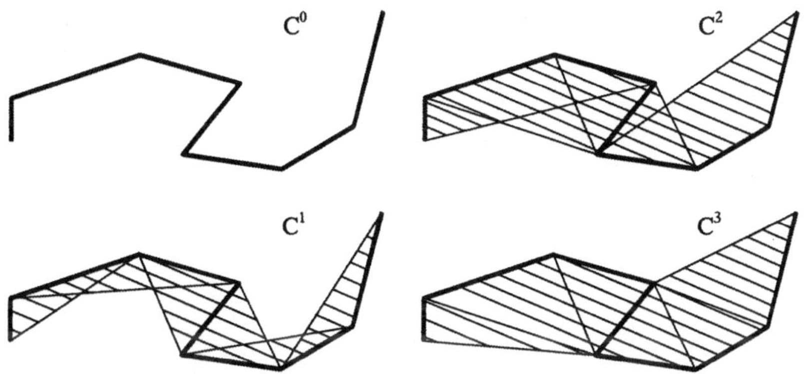

Abb. 7-9 Konvexe Hülleneigenschaft bei B-Splinekurven (k=2,3,4,5)

Der Algorithmus von De Casteljau gilt in analoger Weise auch für die Berechnung von B-Splinekurven resp. deren Ableitungen (siehe z.B. [Böhm 1984]). Eine Verallgemeinerung der bis jetzt diskutierten B-Splinekurven bilden die nicht-uniformen B-Splinekurven [Cohen et al. 1980]. Sie sind über eine Basis von Funktionen definiert, deren Knotenvektor nicht ganzzahlige Komponenten besitzt. Die Abstände der Komponenten sind also nicht uniform. Dieses Verfahren erlaubt, neue Knoten einzuführen, mehrfache Knoten zu verwenden und die Vielfachheit bestimmter Knoten zu verändern. Durch die Einführung von rationalen B-Splinefunktionen (siehe z.B. [Tiller 1983]) ergibt sich weiter die Möglichkeit, Kegelabschnitte wie Kreise, Ellipsen oder Parabeln exakt zu beschreiben. Die Methode beruht auf einer Bruchdarstellung der Basispolynome. Eine nicht-uniforme B-Splinekurve wird ausgedrückt durch:

$$r(t) := \frac{\sum\limits_{i=0,\ldots n} N_{i,k}(t)\, w_i \cdot r_i}{\sum\limits_{j=0,\ldots n} N_{j,k}(t)\, w_j}$$

Durch die Wahl der Gewichte w_i kann der Verlauf der Kurve mehr oder weniger stark zu den Kontrollpunkten hingezogen werden. Im Spezialfall (alle $w_i = 1$) entspricht die Kurve der nicht-rationalen B-Splinekurve (7.32).

7.4 Approximation von Flächen

Als Freiformflächen bezeichnet man Flächen, die sich interaktiv und nach den Wünschen des Benutzers gestalten lassen. Verfahren für Freiformflächen stützen sich nicht auf Grundflächen wie Ebene, Kegel, Kugel oder Zylinder ab, sondern z.B. auf Bézier- und B-Spline-Methoden. Der Benutzer eines solchen Entwurfssystems steht also selbst vor der Aufgabe, die genaue Form der gewünschten Fläche interaktiv zu definieren oder abzuändern.

Wählt man Parameterdarstellungen zur Definition von Kurven, so lassen sich Flächen durch Projektionen einzelner Parameterlinien auf dem Bildschirm darstellen. Dabei verlangen gewisse Verfahren für Freiformflächen mathematische Vorkenntnis oder Vorstellungskraft. Nicht zuletzt sind wegen diesen Schwierigkeiten Bézier- und B-Spline-Methoden fürs interaktive Generieren von Flächen studiert worden [Lane/Riesenfeld 1980]. Beide Methoden basieren nämlich auf der Festlegung von Stützpunkten durch den Benutzer, wodurch sich der Flächenverlauf kontrollieren läßt.

Die allgemeine Form einer Bézier-Fläche ist durch die folgende Vektorformel gegeben:

$$r(u, v) = \sum_{i=0,\ldots,m} \ \sum_{j=0,\ldots,n} B_{i,m}(u) \cdot B_{j,n}(v) \cdot r_{ij} \quad \text{für Parameter u und v} \qquad (7.33)$$

Das charakteristische Polygonnetz r_{ij} (Abb. 7-10) definiert eine Menge von $(n+1)\cdot(m+1)$ Stützpunkten, welche in der Flächendefinition mit je einem Bernsteinpolynom (7.12) in u- und v-Richtung multipliziert werden. Es lassen sich verschiedene Bézier-Flächen stückweise zusammensetzen, wobei dieselben Regeln wie bei den Bézier-Kurven gelten.

Die Bézier-Flächen können aufgrund der Konvergenzeigenschaft mit Hilfe des Algorithmus von De Casteljau gebildet werden. Als Beispiel zeigen wir in Abb. 7-11 drei aufeinanderfolgende Generationen von Bézier-Flächen.

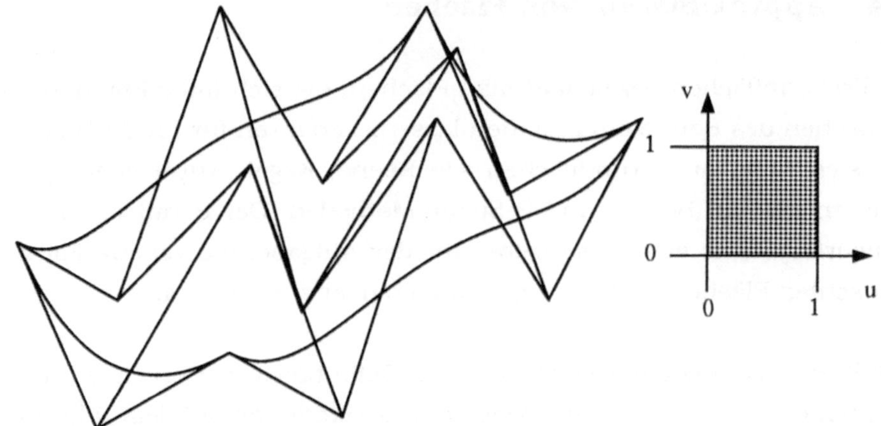

Abb. 7-10 Stützpunkte der Bezier-Fläche

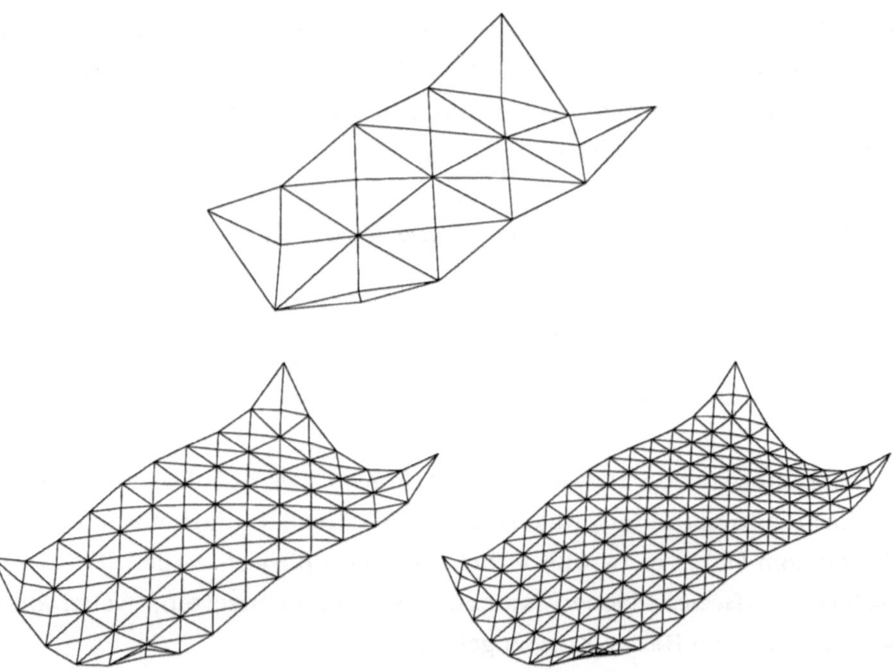

Abb. 7-11 Bézier-Flächengenerationen nach De Casteljau

Die Verallgemeinerung von B-Splinekurven auf B-Splineflächen ist durch das
folgende kartesische Produkt definiert:

$$r(u, v) = \sum_{i=0,\ldots,m} \sum_{j=0,\ldots,n} N_{i,k}(u) \cdot N_{j,l}(v) \cdot r_{ij} \quad \text{für Parameter u und v} \qquad (7.34)$$

Auch hier arbeitet man mit den De-Boor-Punkten, die ein Netz von Stütz-punkten definieren, und mit B-Splinefunktionen in u- und v-Richtung, wie sie oben für Kurven eingeführt wurden (7.26). Ähnlich wie bei den B-Splinekurven können B-Splineflächen sowohl nicht-periodisch als auch periodisch in einer oder in beiden Paramterrichtungen definiert werden (Abb. 7-12).

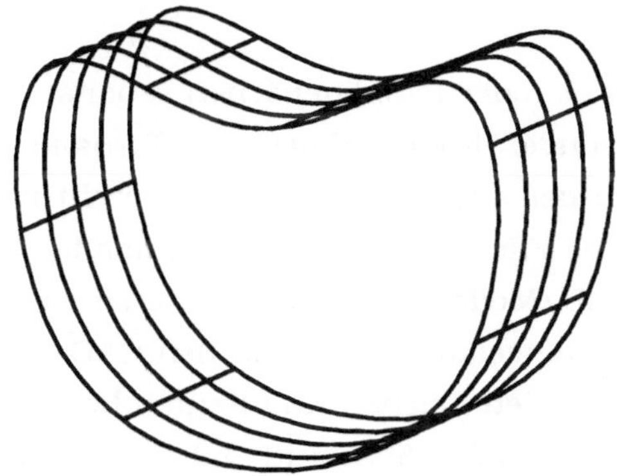

Abb. 7-12 Periodische B-Splinefläche

Bézier- und B-Splineflächen sind für rechteckige Parameterbereiche in der u/v-Ebene definiert (Abb. 7-10). Durch Angabe von zweidimensionalen Kurven u(t), v(t) (sogenannte Trimmkurven) kann eine beliebige Umrandung der Flä-chen (auch mit Flächenlöchern) definiert werden. Durch Substitution der Kur-ven in die Flächendefinition (Komposition) entstehen Raumkurven, die exakt auf der Fläche liegen. Die Kurven selbst werden als zweidimensionale Bézier- oder B-Splinekurven definiert (Abb. 7-13). Für die Zerlegung getrimmter Flä-chen in Dreiecke wird zunächst das oben genannte Verfahren nach De Castel-jau für Flächen verwendet. Danach werden auch die Trimmkurven in stück-weise lineare Segmente unterteilt (siehe Abschnitt 7.2.2). Die Dreiecke der Flä-che welche ganz außerhalb der Trimmgrenzen liegen, werden gelöscht und diejenigen welche die Trimmkurve schneidet werden in Inneren der Fläche unter Verwendung der Kurvensegmente unterteilt (Abb. 7-13).

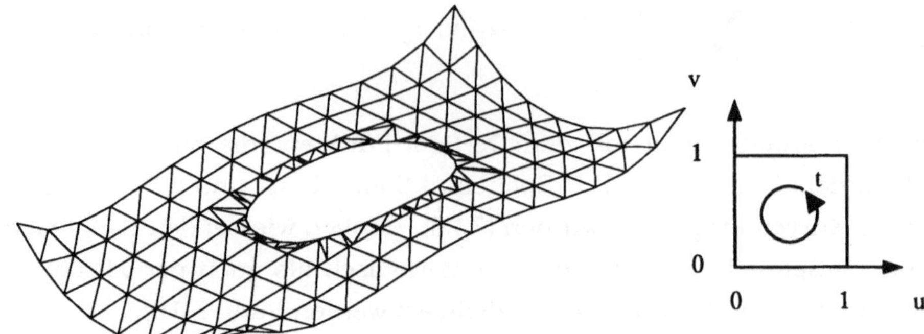

Abb. 7-13 Getrimmte Bezier-Fläche, kreisförmiges Loch, Parameter t läuft über [u,v]- Bereich

Ebenso wie die Kurven können Bézier- oder B-Splineflächen rational definiert werden, wodurch unter anderem Zylinder, Konus, Kugel oder Torus mathematisch exakt repräsentiert werden. In der allgemeinsten Form spricht man von nicht-uniformen, rationalen B-Spline-Flächen (NURBS). Getrimmte NURBS-Flächen werden von den meisten CAD/Modelliersystemen unterstützt. Die damit repräsentierte Flächen- und Kurvengeometrie wird in den CAD-Systemen als geometrische Zusatzinformation zu den Flächen und Kanten bei der Randdarstellung (Boundary Representation, siehe Abschnitt 6.3.4) abgespeichert. Damit können die Formen der gängigsten technischen Objekte dargestellt werden [Piegl/Tiller 1997].

Mit der Unterteilung von getrimmten Flächen in Dreiecke können die im fünften Kapitel beschriebenen Schattierungsverfahren (Gouraud Shading, Phong Shading) angewendet werden. Die Berechnung der dafür notwendigen Normalenvektoren an den Eckpunkten der Dreiecke erfolgt aus dem Kreuzprodukt der partiellen Ableitungen [7.16]. Auch zur Berechnung der Volumenintegrale (Abschnitt 6.6) ist die Triangulierung geeignet. Ebenfalls wird die Berechnung von approximativen, stückweise linearen Schnittkurven, wie sie in der Auswertung der Produktkörper (Abschnitt 6.4.4) bei nicht ebenbegrenzte Objekten notwendig wird, anhand der hier beschriebenen Unterteilung in Dreiecke vorgenommen.

7.5   Vergleich von Bézier- und B-Spline-Methoden

Anwender von interaktiven Systemen verlangen für die Kurven- und Flächendefinition einfache Verfahren mit hoher Benutzerfreundlichkeit. Im Folgenden
geben wir deshalb die wichtigsten Kriterien bei der Modellierung von Kurven
und Flächen, um die diskutierten Bézier- und B-Spline-Methoden vergleichen
zu können:

1) Beeinflussung des Kurvenverlaufs
Kontroll- oder Stützpunkte dienen der Festlegung oder Veränderung des Kur-
ven- und Flächenverlaufs. Bézier- wie B-Spline-Methoden benutzen ein Kon-
trollpolygon resp. -netz. Diese Punkte geben dem Benutzer die Möglichkeit, den
Verlauf der Kurven und Flächen direkt zu beeinflussen; er muß sich also nicht
um abstrakte Parameter wie Längen von Tangentenvektoren oder Krüm-
mungswerte kümmern.

2) Globale oder lokale Kontrolle
Ein Benutzer kann die Form von Kurven- oder Flächenstücken durch Verschieben von Stützpunkten kontrollieren. Bei der Bézier-Methode wirken solche Änderungen auf den gesamten Verlauf der Kurven oder Parameterlinien.
Im Gegensatz dazu geschieht bei der B-Spline-Methode die Kontrolle lokal, d.h.
Veränderungen einzelner Stützpunkte sind auf lokale Umgebungen beschränkt.

3) Vermeidung von Oszillation
Bézier- wie B-Spline-Methoden weisen kleine Variation auf. Beide Verfahren
approximieren lineare Funktionen exakt und es läßt sich zeigen, daß der
Schnitt einer Bézier- oder B-Spline-Approximation mit irgendeiner beliebigen
Geraden nicht mehr Schnittpunkte ergibt, als die primitiven Bernsteinpolygone
resp. B-Splinefunktionen beim Schnitt mit dieser Geraden selber erzeugen
würden. Diese Eigenschaft garantiert im Gegensatz zu anderen Approxima-
tions- und Interpolationsverfahren die Vermeidung von Oszillation.

4) Konvexe Hülleneigenschaft
Kontrolliert ein Benutzer Kurven und Flächen durch Stützpunkte, so ist er
neben der Eigenschaft einer kleinen Variation auch daran interessiert, daß der

Kurvenverlauf nicht beliebig weit von den Kontrollpunkten abweicht. Bézier-
wie B-Spline-Kurven verlaufen in der konvexen Hülle ihrer Stützpunkte. Bei
den B-Splinekurven ist diese Hülleneigenschaft differenzierter, da eine ganze
Schar von konvexen Hüllen existiert.

5) Zusammensetzen von Kurvenstücken
Normalerweise werden komplizierte Kurven- oder Flächenstücke schrittweise
definiert und zusammengesetzt. Dabei ist wichtig, daß je nach Anforderung des
Benutzers die Übergänge stetig sind oder gewisse Krümmungseigenschaften
aufweisen. Bei der Bézier-Methode müssen für höhere Differenzierbarkeit auf-
wendige Restriktionen bei den Stützpunkten auferlegt werden. Beim B-Spline-
Ansatz läßt sich von vornherein der Grad der Differenzierbarkeit durch den
Benutzer wählen.

Neben diesen wichtigen Kriterien für die Beschreibung von Freiformflächen
interessiert sich der Benutzer vor allem für die grafische Unterstützung seiner
Arbeit. So umfaßt ein ausgereiftes System auch Algorithmen zur Evaluation
verdeckter Parameterlinien. Es gelangen mit Vorteil die in Abschnitt 7.2.3 er-
klärten rekursiven Algorithmen zur Anwendung, die durch Unterteilen von
Stützpolygonen Kurvenpunkte erzeugen. Weitere wichtige Anwendungen werden in Abschnitt 7.4 besprochen.

7.6 Übungsaufgaben

1. Verallgemeinern Sie den Algorithmus von De Casteljau für Bézierflächen.

2. Entwickeln Sie einen Algorithmus zur Darstellung von B-Splinekurven.

3. Bei welchen praktischen Problemstellungen würden Sie Bézierflächen, wann eher B-Splineflächen wählen?

4. Leiten Sie die Ausdrücke für die partiellen Ableitungen einer Bézierfläche und damit den Normalenvektor an einen Punkt <u,v> her.

8 Effiziente Datenstrukturen und Algorithmen der Computergeometrie

Effizientes Suchen und Sortieren gehören zu den grundsätzlichen Problemstellungen der Informatik. Entsprechende Datenstrukturen und Algorithmen sind für die Entwicklung von Betriebssystemen oder für die effiziente Speicherung und Bearbeitung von Datenbanken entworfen worden. In diesem Kapitel behandeln wir wichtige Datenstrukturen und Algorithmen zur Darstellung und Verarbeitung geometrischer Sachverhalte, wie sie in der Computergrafik auftreten. Dazu müssen eindimensionale Such- und Sortierprobleme für höhere Dimensionen verallgemeinert werden (z.B. Punkt-im-Polygon Test oder Bestimmung nächster Nachbarn im mehrdimensionalen Raum).

8.1 Effizienzkriterien

Unter das Rechnen mit geometrischen Objekten fallen folgende Fragestellungen: Wie aufwendig ist es, den Schnitt von Strecken, Rechtecken oder beliebigen Polygonen in der Ebene zu berechnen? Lassen sich die entsprechenden Datenstrukturen und Algorithmen auf höhere Raumdimensionen oder zur Bestimmung anderer geometrischer und topologischer Eigenschaften verallgemeinern? Was heißt in der Computergrafik und Computergeometrie „effizient entscheiden" oder „effizient berechnen"?

Betrachten wir ein Beispiel: Wir wollen für n Strecken in der Ebene entscheiden, ob sie schnittfrei sind; gegebenenfalls sollen existierende Schnittpunkte berechnet werden. Die Effizienzfrage lautet deshalb: Ist es möglich, anstelle des einfachen Prüfens jedes einzelnen Paares von Strecken, für die Entscheidungs- oder Schnittfrage weniger als $n \cdot (n-1)/2$ Elementoperationen zu gebrauchen? Welches sind dabei die oberen und unteren Schranken für Rechenzeit und Speicherplatz?

Wir setzten das folgende Modell als Berechnungsgrundlage voraus: Jeder Speicherplatz unseres idealisierten Rechners kann reelle Zahlen mit beliebiger Stellenzahl darstellen, wobei die indirekte Adressierung einer Speicherzelle eine

Zeiteinheit benötigt. Zusätzlich sind die arithmetischen Operationen Addition, Subtraktion, Multiplikation, Division und die Vergleichsoperationen beliebig genau vorausgesetzt. Sie sollen zusammen mit den logischen Operationen ebenfalls eine Zeiteinheit beanspruchen. Daraus folgen primitive Operationen wie z.B. Test auf Kollinearität dreier Punkte oder Schnitt zweier Geraden in konstanter Zeit.

Zur Illustration betrachten wir einen geometrischen Sachverhalt, der für einen einfachen Entscheid eine konstante Zeit benötigt. Wir wollen nämlich wissen, ob beim Durchlaufen eines geschlossenen Polygons im Gegenuhrzeigersinn bei den Eckpunkten jeweils eine Links- oder eine Rechtsdrehung nötig ist (Abb. 8-1).

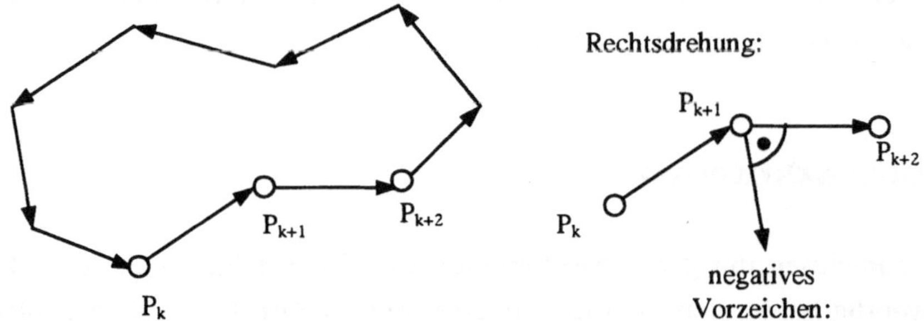

Abb. 8-1 Links- und Rechtsdrehungen beim Durchlaufen eines Polygons

Diese Entscheidungsfrage können wir in konstanter Zeit beantworten, da keine trigonometrische Berechnungen, sondern nur Elementaroperationen gebraucht werden. Zu einem Tripel P_k, P_{k+1} und P_{k+2} von Polygonpunkten berechnen wir das Vektorprodukt (siehe Abschnitt 2.3.3):

$$S(P_k, P_{k+1}, P_{k+2}) := (X_{k+1} - X_k) \cdot (Y_{k+2} - Y_{k+1}) + (X_{k+1} - X_{k+2}) \cdot (Y_{k+1} - Y_k) \quad (8.1)$$

Nun gilt für S die folgende Aussage (vgl. Abb. 8-1):

$S = 0$:   Die Punkte P_k, P_{k+1} und P_{k+2} sind kollinear.

$S < 0$: P_{k+2} wird bezüglich P_k und P_{k+1} durch eine Rechtsdrehung besucht.

$S > 0$: P_{k+2} wird bezüglich P_k und P_{k+1} durch eine Linksdrehung besucht.

Das Vorzeichen der Funktion S läßt sich als Richtung des Vektorproduktes der beiden Vektoren (P_k, P_{k+1}) resp. (P_{k+1}, P_{k+2}) auffassen. Bei einem negativen Vorzeichen wissen wir, daß es sich um eine Rechtsdrehung handelt bzw. daß der Winkel zwischen den beiden Polygonkanten (P_k, P_{k+1}) und (P_{k+1}, P_{k+2}) innerhalb des Polygons gemessen größer als 180 Grad ist.

Zeit- und Speicherplatzbedarf sind die beiden wichtigsten Masse bei der Untersuchung der Effizienz von Algorithmen. Diese Werte werden als Funktion des Inputs der Länge n (n ist hier gleich der Anzahl geometrischer Objekte) wie folgt definiert: $O(g(n))$ beschreibt die Menge aller positiv-wertigen Funktionen $f(n)$, für welche positive Konstanten C und k existieren mit

$$f(n) \leq C \cdot g(n) \text{ für alle } n \geq k. \tag{8.2}$$

Mit anderen Worten ist eine Funktion $f(n)$ von der Ordnung $O(g)$, falls $f(n)$ höchstens so schnell wächst wie $g(n)$, mit n gegen Unendlich. Bei dieser sogenannten asymptotischen Komplexität sind also nur dominante Terme wichtig und die Notation $O(g)$ entspricht der Angabe einer oberen Schranke.

Analog wird mit der Notation $\Omega(g)$ eine Klasse von Funktionen ausgezeichnet, die wenigstens so schnell wächst wie ein Vielfaches von g. $\Omega(g(n))$ beschreibt die Menge aller Funktionen $f(n)$, für die positive Konstanten C und k existieren mit

$$f(n) \geq C \cdot g(n) \text{ für alle } n \geq k. \tag{8.3}$$

$\Omega(g)$ entspricht dem Konzept einer unteren Schranke.

Durch die Angabe von oberen und unteren Schranken wird rein theoretisch ein Maß für die Effizienz definiert. Damit läßt sich das Verhalten des Zeit- und Speicherplatzbedarfs verschiedener Algorithmen resp. Suchvorgängen auf Datenstrukturen vergleichen. Da bei der asymptotischen Komplexität nur dominante Terme interessieren, ist dieses Maß bei praktischen Problemen teilweise zuwenig aussagekräftig. Hinzu kommt, daß sich z.B. bei großen Datenmengen der Aufwand für Vorarbeit aufgrund der Komplexitätsanalyse nur im Fall häufig durchgeführter Abfragen lohnt.

8.2 Mehrdimensionale Datenstrukturen

Mehrdimensionale Datenstrukturen unterstützen den Zugriff auf Datensätze mit mehreren Schlüsselwerten. Einfache geometrische Objekte wie Punkte, Rechtecke, Kreise, Würfel, Zylinder oder Kugeln lassen sich in einer mehrdimensionalen Datenstuktur verwalten, indem man sie als Punkte eines höherdimensionalen Parameterraumes auffaßt. Betrachten wir dazu ein Beispiel: Wir interessieren uns für achsenparallele Rechtecke in der Ebene, wie sie beim Entwurf integrierter Schaltungen vorkommen. Jedes Rechteck läßt sich z.B. eindeutig durch die Koordinaten des Mittelpunktes sowie durch halbe Länge und Breite beschreiben und identifizieren. Für die Verwaltung solcher Rechtecke benötigen wir eine mehrdimensionale Datenstruktur mit einem vierdimensionalen Schlüssel. Die Mittelpunktskoordinaten zusammen mit den Längen und Breitenmaßen definieren diesen Schlüssel und gewähren einen effizienten Zugriff auf die Rechtecke. Auch können wir mit dieser Datenstruktur Bereichs- oder Teilbereichsabfragen beantworten, indem wir z.B. nach allen Rechtecken suchen, die einen gemeinsamen Mittelpunkt aufweisen.

Im Gegensatz zu invertierten Dateien strebt man bei mehrdimensionalen Datenstrukturen an, daß keiner der Schlüsselteile ausgezeichnet wird und die Reihenfolge bei der Speicherung der physischen Datensätze bestimmt. Man nennt eine mehrdimensionale Datenstruktur symmetrisch, wenn sie den Zugriff über mehrere Schlüsselteile ermöglicht, ohne einen bestimmten Teilschlüssel oder eine Schlüsselkombination zu bevorzugen. Im obigen Beispiel von Rechtecken in der Ebene ist wünschenswert, daß jeder der vier Teilschlüssel gleichberechtigt ist und bei einer konkreten Anfrage den Zugriff auf die einzelnen Datensätze effizient realisiert.

Eine weitere Forderung an mehrdimensionale Datenstrukturen betrifft die Größe der Datenbestände, d.h. den Einbezug von Sekundärspeichermedien. Viele mehrdimensionale Datenstrukturen verhalten sich effizient für Objekte, die im Hauptspeicher residieren. Sobald die Größe der einzelnen Objekte zunimmt oder die Menge der geometrischen Objekte wächst, wird ihre Effizienz jedoch stark beeinträchtigt. Aus diesen Gründen setzen wir im Folgenden große Datenbestände voraus, wie sie bei grafischen und geometrischen Anwendungen häufig vorkommen.

Um die Diskussion mehrdimensionaler Datenprobleme unabhängig von der jeweiligen Anwendung zu machen, setzen wir eine abstrakte Menge von Datensätzen mit k Schlüsseln (resp. Schlüsselteilen) voraus. Beim Vergleich dieser k-dimensionalen Datenstrukturen interessieren uns Qualitätsunterschiede für folgende Anfragearten:

Punktfrage (exact match query):	Bei der Angabe von k Schlüsselwerten soll der entsprechende Datensatz gefunden werden, falls er existiert.
Teilpunktfrage (partial match query):	Anstelle von k Schlüsseln gibt man eine Schlüsselkombination mit weniger als k Schlüsseln vor und interessiert sich für alle Datensätze, die der Schlüsselkombination genügen.
Bereichfrage (exact range query):	Für jeden der k Schlüssel spezifiziert man einen Bereich. Sämtliche Datensätze erfüllen die Anfrage, wenn ihre Schlüsselteile in den jeweiligen Bereichen liegen.
Teilbereichfrage (partial range query):	Analog der Bereichfrage werden hier Anfragen formuliert, die hingegen weniger als k Bereiche betreffen.
Nachbarschaftsfrage (nearest neighbor query):	Bezüglich eines bestimmten Datensatzes und eines Abstandskriteriums (z.B. Euklidische Metrikangaben bei geometrischen Daten) interessieren alle Datensätze, deren Schlüssel vom Referenzwert höchstens um den erlaubten Abstand abweichen.

In den nächsten Abschnitten diskutieren wir k-dimensionale Datenstrukturen aufgrund der obigen Anfragetypen. Grundsätzlich stehen zur Speicherung mehrdimensionaler Daten baumartige Datenstrukturen oder Adressberechnungsmethoden (Zellstrukturen) zur Verfügung. Wir erläutern deshalb je einen wichtigen Vertreter aus beiden Klassen.

8.2.1   Baumstrukturen

K-dimensionale Bäume oder k-d-Bäume [Bentley 1975] sind binäre Bäume, deren Knoten Datensätze mit k-dimensionalen Schlüsseln enthalten. Seien k Schlüssel $K_1, K_2, ..., K_k$ gegeben: Auf der obersten Stufe des Baumes entscheiden wir durch Vergleich mit dem ersten Schlüsselwert K_1, ob wir einen neuen Datensatz beim Einfügen im rechten oder linken Teilbaum ablegen. Der Datensatz kommt in den linken Teilbaum, falls sein K_1-Schlüssel kleiner als der entsprechende Wert im Knoten ist; analog wird der Datensatz mit einem Schlüssel größer oder gleich K_1 im rechten Teilbaum abgespeichert. Auf der zweiten Stufe des Baumes wird der zweite Schlüssel K_2 zum Wertevergleich benützt, und auf der k-ten Stufe kommt der Schlüssel K_k zum Zuge. Schließlich kann auf der Stufe k+1 der erste Schlüssel wieder als Diskriminator auftreten, bis der Datensatz Platz zur Speicherung findet.

Betrachten wir einen bestimmten Knoten eines k-d-Baumes, so sind die Schlüsselwerte in seinen zugehörigen Teilbäumen durch feste Grenzen eingeschränkt. Nehmen wir einen beliebigen Knoten R im rechten Teilbaum des Knotens P der Stufe j an, so gilt für die j-Komponente des k-dimensionalen Schlüssels

$$Kj\,(R) \geq Kj\,(P)$$

laut Definition des k-d-Baumes. Diese Tatsache kann man ausnützen, indem man jedem Knoten sogenannte Bereichskalen zuordnet. Eine Bereichskala umfaßt für jede Schlüsselkomponente des k-dimensionalen Schlüssels eine untere und eine obere Schranke. So lautet die Bereichskala des Wurzelelementes wie folgt:

$$B := \big(\min(K_1), \max(K_1), \min(K_2), \max(K_2), ..., \min(K_k), \max(K_k)\big) \qquad (8.4)$$

Entsprechend den Datensätzen in den Knoten des k-d-Baumes werden die Bereichskalen sukzessive eingeschränkt. Fügen wir z.B. den Datensatz A in der Wurzel ein, so definieren die Nachfolgeknoten auf der ersten Stufe des k-d-Baumes die folgenden Bereichskalen:

$$B\_Left = \left(\min(K_1), K_1(A), \ldots, \min(K_k), \max(K_k)\right) \qquad \text{und}$$

$$B\_Right = \left(K_1(A), \max(K_1), \ldots, \min(K_k), \max(K_k)\right) \tag{8.5}$$

Als Beispiel betrachten wir einen 2-d-Baum, der Punkte in der Ebene gemäß Abb. 8-2 verwaltet. Seien die x-Werte als Schlüsselbereich K_1 aufgefaßt, entsprechend die y-Werte als Schlüsselbereich K_2.

Die Datensätze mit den zweidimensionalen Schlüsseln werden nun in der alphabetischen Reihenfolge A,B,C, ...,I eingefügt. Dabei vergleicht man beim Einstieg in den 2-d-Baum den jeweiligen Schlüssel des Datensatzes abwechselnd mit dem ersten und dem zweiten Schlüsselwert bereits gespeicherter Datensätze. Die Bereichskalen, hier beschränkt auf je zwei Einträge für die Teilschlüssel K_1 und K_2, müssen nicht explizit pro Knoten abgelegt werden. Sie lassen sich beim Absteigen des 2-d-Baumes aus den Schlüsselwerten bereits besuchter Datensätze direkt berechnen. So ergeben sich beispielsweise auf der ersten Stufe des 2-d-Baumes die beiden Bereichskalen B_Left = (0,45,0,100) und B_Right = (45,100,0,100).

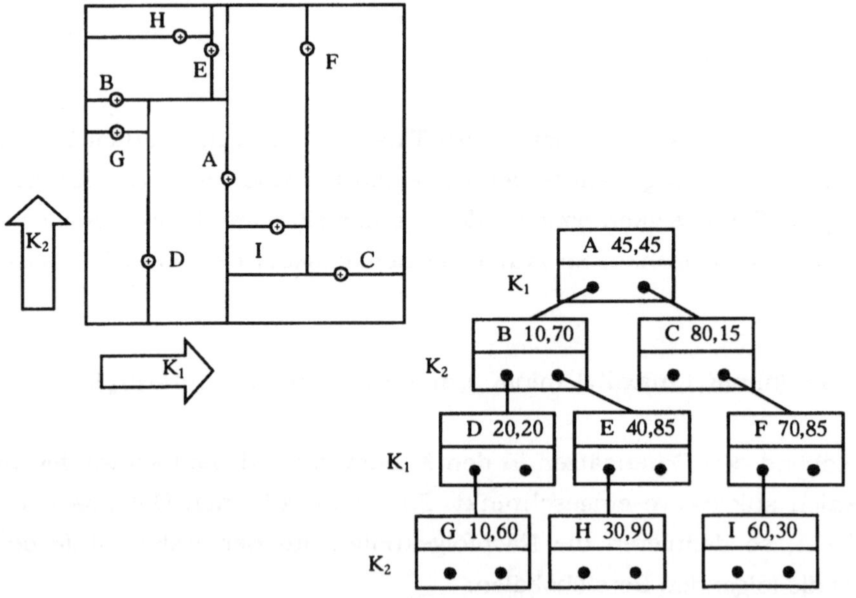

Abb. 8-2 Szenarium mit Punkten in der Ebene und zugehörigem 2-d-Baum

Beim Suchen eines Datensatzes steigen wir den Baum hinunter, bis wir den Datensatz in einem Knoten finden oder erfolglos aus dem Baum fallen. Dabei kennen wir aufgrund bereits besuchter Knoten die aktuellen Bereichskalen. Zusätzlich ändern sich die Schlüsselwerte beim Absteigen des Baumes zyklisch. Der Knoten der n-ten Stufe korrespondiert mit dem Schlüssel $n \cdot \mathrm{mod}(k+1)$, falls wir den Wurzelknoten der nullten Stufe zuordnen.

Aufwendiger wird das Anfragen bei teilweise vorhandenen Schlüsselwerten (Teilpunktfrage). Falls ein bestimmter Schlüsselwert nicht spezifiziert ist, müssen wir bei den entsprechenden Knoten beide Söhne rekursiv konsultieren. Analoges gilt für Bereich- und Nachbarschaftsfragen.

Wir betrachten eine beliebige Teilbereichfrage, definiert durch eine Anzahl t (mit t echt kleiner als k) Schlüsselbereichen. Diese beschreiben einen t-dimensionalen Unterraum des k-dimensionalen Datenraumes und es gilt, sämtliche Datensätze in diesem Unterraum auszugeben. Dazu dient der Algorithmus 8-1 mit den folgenden Prozeduren: Für einen beliebigen Knoten des k-d-Baumes wird durch die Prozedur InRegion festgestellt, ob der zugehörige Datensatz vollständig innerhalb des Unterraumes der Teilbereichfrage liegt oder nicht. Dieser Inklusionstest läßt sich durch einfache Vergleiche zwischen den Grenzen des Unterraumes und den gefundenen Schlüsselwerten durchführen. Eine weitere Prozedur TestRegion stellt für eine bestimmte Bereichskala fest, ob der durch die Skalen definierte Teilraum den Unterraum der Anfrage schneidet oder nicht. Schließlich gibt die Prozedur Found sämtliche Datensätze aus, die im Unterraum gefunden werden.

```
Algorithmus 8-1
(* Bereichfrage für k-d-Baum nach [Bentley 1975]                        *)

Input: P                                    (* k-d-Baum              *)
       U                                    (* Suchregion            *)
       B                                    (* Bereichskalen         *)
Output: P                                   (* Datensätze in U       *)

TreeSearch(P,B):
begin
       if InRegion(P,U)
       then
          Found(P)                          (* Ausgabe Datensatz     *)
       j:=Diskriminator(P)
       B_Left(2*j + 1) := Kj(P)             (* Bereichskalen         *)
       B_Right(2*j) := Kj(P)
       if LeftSon(P) <> {} and TestRegion(B_Left)
       then
          TreeSearch(LeftSon(P), B_Left)    (* linker Sohn           *)
       if RightSon(P) <> {} and TestRegion(B_Right)
       then
          TreeSearch(RightSon(P),B_Right)   (* rechter Sohn          *)
end (* Tree Search *)
```

Beim häufigen Einfügen und Löschen kann es vorkommen, daß der k-d-Baum
ausartet. Zum Ausbalancieren muß dann für den Schlüsselbereich K_1 der Median gefunden werden (d.h. dasjenige Element, das größer als die eine Hälfte und kleiner als die andere Hälfte sämtlicher Schlüsselwerte von K_1 ist). Dieses Element bestimmt das neue Wurzelelement, wobei die eine Hälfte in den linken Teilbaum, die andere in den rechten zu liegen kommt. Nun geschieht der gleiche Vorgang mit dem Schlüsselbereich K_1 usw.

Bentley zeigt in seiner Arbeit [Bentley 1975], daß der Aufwand für das Einfügen eines beliebigen Datensatzes im Durchschnitt von der Ordnung O(logn) ist, wobei n die Anzahl gespeicherter Datensätze resp. Knoten des k-d-Baumes bezeichnet. Einen ähnlichen Aufwand benötigt das Löschen und die Nachbarsuche. Bei Entartungen kann ein Algorithmus zur Balancierung des k-d-Baumes vom Aufwand O(n·logn) verwendet werden.

Die diskutierten Zeitschranken sind irrelevant, falls der Datenbestand sehr groß ist und auf Sekundärspeicher ausgelagert werden muß. In diesem Fall zeigen k-d-Bäume Nachteile, da sie Bereich- oder Nachbarschaftsfragen schlecht unterstützen. Der Grund liegt in der Baumstruktur selbst: Ein Baum organisiert die Daten anstelle des Datenraumes; bei einem k-d-Baum erhöhen Baumtraversierungen die Anzahl der Sekundärspeicherzugriffe, da zusammenhängende Suchregionen nicht mit zusammenhängenden physischen Seiten korrespondieren.

Deshalb wurde der k-d-Baum erweitert, um die angesprochenen Nachteile zu entschärfen. Der in [Bentley 1979] beschriebene inhomogene k-d-Baum z.B. verwaltet die eigentlichen Datensätze in den Blättern und legt die Verzweigungsinformation in den internen Knoten ab. Weitere mehrdimensionale Baumstrukturen, die sich für Sekundärspeicher eignen, sind k-d-B-Bäume [Robinson 1981] und mehrdimensionale B-Bäume [Scheuermann/Ouskel 1982].

Anstelle von festen k-dimensionalen Schlüsselwerten zur Separierung der Daten, können auch (k-1)-dimensionale Hyperebenen dafür verwendet werden. Diese Hyperebenen unterteilen den Raum jeweils in zwei Halbräume. Die entsprechende Datenstruktur wird Binary Space Partition, (BSP)-Baum genannt [Naylor 1990]. Der oben beschriebene k-d-Baum ist ein Spezialfall des BSP-Baums, bei welchem die Hyperebenen parallel zu den Koordinatenebenen liegen. Der Vorteil von BSP-Bäumen liegt darin, daß die Hyperebenen der Geometrie von Polyedern und anderen Objekten angepaßt werden können. Damit können unter anderem Schnitte zwischen einem Strahl und einem Polyeder (Ray Tracing) oder zwischen zwei Polyedern effizienter berechnet werden.

Neben dem k-d-Baum und seinen Abwandlungen sind weitere baumartige Datenstrukturen entwickelt worden [Samet 1984], die meistens Variationen von binären Bäumen darstellen. Beispielsweise ist der Segmentbaum (engl. segment tree) ein binärer Baum minimaler Höhe über eine Menge von Intervallen. Verallgemeinerungen des Segmentbaumes sind in den Dimensionen zwei und drei der sogenannte Quadratbaum (engl. quadtree) und der Oktagonbaum (engl. octree; Abschnitt 6.3.2).

8.2.2   Zellstrukturen

Im Gegensatz zu mehrdimensionalen Bäumen organisieren Zell- oder Gitterstrukturen nicht die Datensätze, sondern den zugrundeliegenden Datenraum. Wir beschreiben im Folgenden die Gitterdatei [Nievergelt et al. 1984], die den Datenraum durch ein orthogonales Gitter unterteilt.

Die Gitterdatei ist eine symmetrische Datenstruktur, da jede Raumdimension gleich behandelt wird. Datensätze mit k Schlüsselwerten $K_1,...,K_k$ fassen wir als

Punkte im k-dimensionalen Raum auf. Ein Gitter unterteilt diesen k-dimensionalen Datenraum aufgrund eines Gitterverzeichnisses. Die Skalen des Gitterverzeichnisses sind k eindimensionale Bereiche $S_1,...,S_k$ und enthalten die Grenzen, die den zugrundeliegenden Datenraum aufteilen. Das Gitterverzeichnis selbst ist ein k-dimensionaler dynamischer Bereich und ordnet auf eindeutige Art den Gitterzellen die entsprechenden Datensätze zu, indem jede Gitterzelle die Adresse eines Datenblocks enthält. Um eine schlechte Speicherausnutzung zu vermeiden, können mehrere Gitterzellen auf einen Datenblock zeigen. Dabei muß jede Zellregion ein konvexes mehrdimensionales Rechteck bilden, da sonst beim dynamischen Verändern der Grenzen des Gitterverzeichnisses Konflikte entstehen könnten.

Zur Illustration betrachten wir dasselbe zweidimensionale Beispiel wie in Abschnitt 8.2.1. Der Einfachheit halber nehmen wir an, daß nur je zwei Datensätze in einem Datenblock Platz finden. Die Abb. 8-3 zeigt das zum Datenraum gehörende Gitterverzeichnis, wobei die Datensätze wiederum in der Reihenfolge A,B,C,...,I in die Gitterdatei eingefügt wurden. Entsprechend lauten die Skalen für den ersten Schlüssel $S_{11}=0$, $S_{12}=25$, $S_{13}=50$, $S_{14}=100$ und für den zweiten $S_{21}=0$, $S_{22}=50$, $S_{23}=100$, da zyklisch in Richtung K_1 und K_2 halbiert wurde. Unter anderem ist aus dem Beispiel ersichtlich, daß die beiden Zellen mit dem Datensatz A und D eine gemeinsame Zellregion definieren, da beide Datensätze in einem Datenblock Platz finden.

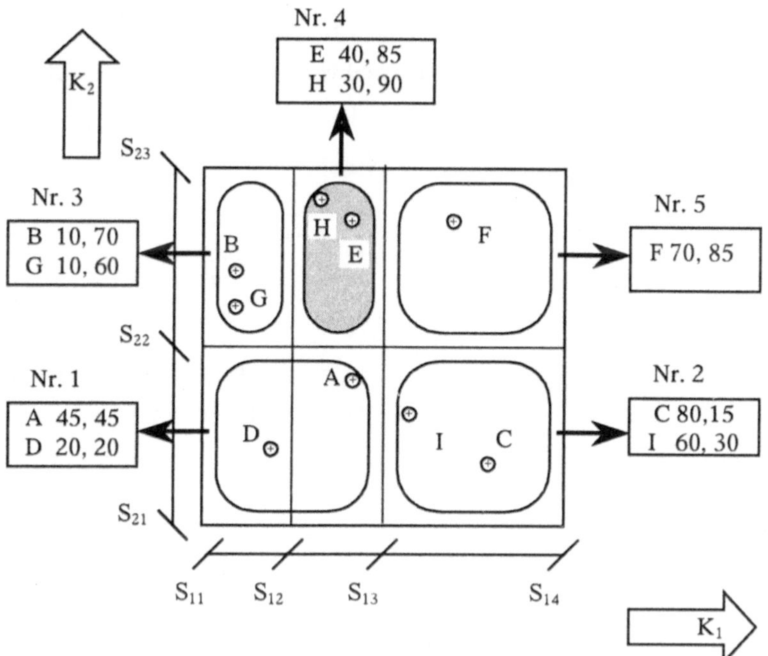

Abb. 8-3 Gitterverzeichnis mit zugehörigen Datenblöcken

Da das Gitterverzeichnis normalerweise sehr groß ist, muß es wie die Daten auf Sekundärspeicher gehalten werden. Die Skalen hingegen sind klein und resident. Somit erfolgt ein Zugriff auf einen spezifischen Datensatz wie folgt: Mit den k Schlüsselwerten durchsucht man die Skalen und stellt fest, in welchem Intervall der jeweilige Schlüsselwert liegt. Die so bestimmten Intervalle erlauben einen direkten Zugriff auf die entsprechende Zelle oder Zellregion des Gitterverzeichnisses. Mit der gefundenen Adresse erhält man nach einem weiteren Zugriff den Datenblock und kann feststellen, ob er den gesuchten Datensatz enthält oder nicht. Auf alle Fälle ist bei diesem Vorgehen das 2-Disk-Zugriffprinzip gewährleistet. Es sagt aus, daß eine beliebige Punktfrage höchstens zwei Zugriffe auf den externen Speicher benötigt: Der erste Zugriff führt zur richtigen Zelle, der zweite zum gesuchten Datenblock.

Möchten wir z.B. in der Abb. 8-3 den Datensatz mit dem Schlüssel (30,90) finden, so liegt K_1 zwischen den Skalen S_{12} und S_{13}, entsprechend liegt K_2 zwischen S_{22} und S_{23}. Ein erster Diskzugriff führt auf die schraffierte Zellregion im Gitterverzeichnis, welche als Adresse die Datenblocknummer 4 enthält. Durch einen zweiten Diskzugriff läßt sich der Datenblock Nr. 4 einlesen. Schließlich findet man den Datensatz H mit den Schlüsselwerten $K_1=30$ und $K_2=90$.

```
Algorithmus 8-2
(* Bereichfrage für Gitterdatei nach [Hinrichs 1985]                      *)

Input: GF                                   (* Gitterdatei               *)
       S                                    (* Skalen                    *)
       U                                    (* Suchregion                *)
Output: R                                   (* Datensätze in U           *)

GridSearch:
begin
   {Si} := LowerBound(U)                    (* Bestimmen der Zellregion   *)
   {Sj} := UpperBound(U)
   {Zk} := ReadGridDirectory( {Si,Sj} )     (* Zugriff auf Gitterverzeichnis *)
   for each Zk in {Zk} do
        Rk := ReadGridBucket(Zk,GF)         (* Zugriff auf Datenblock     *)
        if Rk Inside U
        then
             for each R in Rk do
                 Found(R)                     (* Ausgabe Datensatz          *)
        else
             for each R in Rk do
                 if R Inside U
                 then Found(R)               (* selektive Ausgabe Datensatz *)
end (* GridSearch *)
```

Neben dem 2-Diskzugriffprinzip für Punktfragen zeigt eine Gitterdatei auch bezüglich Teil- und Bereichfragen Vorteile [Hinrichs 1985]. Wird eine Suchregion wie im Algorithmus 8-2 durch Schlüsselbereiche definiert, so lassen sich je Schlüsselbereich obere und untere Skalenwerte durch einfache Vergleiche bestimmen. Die zu diesen Skalenwerten gehörigen Intervalle führen mit `Read-GridDirectory` auf die gesuchten Zellregionen des Gitterverzeichnisses. Jetzt liest man mit `ReadGridBucket` die Datenblöcke mit Hilfe der gefundenen Adressen ein. Falls der Bereich eines Datenblocks vollständig in der Suchregion liegt, gehören alle seine Datensätze zur gesuchten Datenmenge. Andernfalls muß jeder Datensatz im Datenblock auf Inklusion mit der Suchregion getestet werden.

Natürlich wird beim Einfügen und Löschen von Datensätzen die Struktur der Gitterdatei, d.h. die Skalen und das Gitterverzeichnis, dynamisch verändert. Ein überlaufender Datenblock wird wie folgt auf zwei Datenblöcke verteilt: Durch eine [k-1]-dimensionale Hyperebene teilt man die entsprechende Gitterzelle, wobei man für jeden dieser Teile einen neuen Datenblock anlegt. Dabei müssen die Elemente des Gitterverzeichnisses und die Datensätze aus dem Überlaufdatenblock konsistent nachgeführt werden. Umgekehrt können Datenblöcke verschmolzen werden, wenn nach dem Löschen die Belegsquote unter eine bestimmte Schranke fällt.

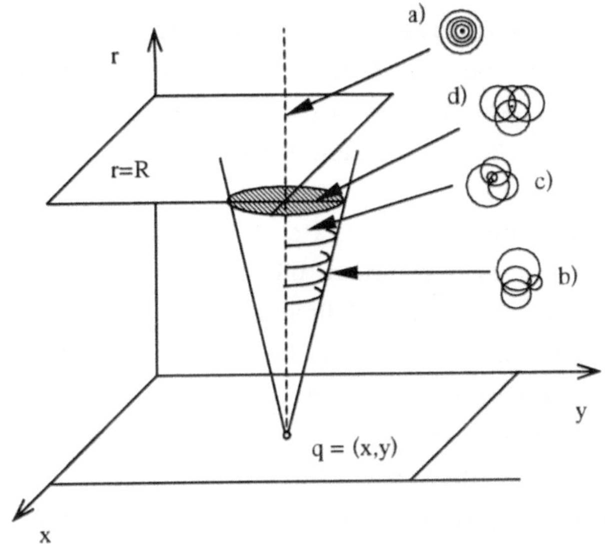

Abb. 8-4 Raumorganisation der Gitterdatei für Kreise in der Ebene

Zur weiteren Illustration von Bereichfragen geben wir ein einfaches geometrisches Beispiel in Abb. 8-4. Kreise in der Ebene seien als dreidimensionale Punkte durch die Angabe der x- und y-Koordinaten ihrer Mittelpunkte und durch ihren Radius r in einer Gitterdatei gespeichert. Wir geben einen Anfragepunkt q=(x,y) in der Ebene vor und interessieren uns für sämtliche Datensätze der Gitterdatei, die in einer geometrischen Beziehung zu q stehen. Mögliche Anfragen lauten:

- *Konzentrische Kreise*: Welches sind die zu q konzentrischen Kreise (vgl. in Abb. 8-4 die Klasse a)?

- *Berührende Kreise*: Welche Kreise schneiden den Punkt q gemäß Klasse b?

- *Einschließende Kreise*: Gibt es Kreise, die q umfassen (vgl. Klasse c)?

- *Einschließende Kreise mit festem Radius*: Existieren Kreise gemäß Klasse d, die einen fixen Radius R aufweisen und q enthalten?

Die obigen Anfragen entsprechen Teilmengen des Kegels mit der Spitze q und einer Achse parallel zur r-Achse. Sämtliche Punkte der Kegelachse repräsentieren die zum Punkt q konzentrischen Kreise. Die Punkte auf dem Mantel des Kegels entsprechen den mit q koinzidenten Kreisen, diejenigen innerhalb des Kegelmantels stellen Kreise dar, die den Punkt q einschließen. Schließlich schneidet die Hyperebene mit dem Radius r=R den Kegel; das Innere des Schnittkreises evaluiert diejenigen Kreise mit fixem Radius R, die q enthalten.

Wir folgern: Um die Suchregion von Anfragepunkten q bezüglich Kreisen (oder anderen geometrischen Objekten) zu bestimmen, bilden wir den Kegel mit der Spitze q und erhalten dadurch verschiedene Teilmengen aus unserem Gitterverzeichnis. Diese Suchregionen führen direkt zu denjenigen Datenblöcken, die möglicherweise Datensätze mit den gewünschten Eigenschaften bezüglich q aufweisen. Die Berechnung wird allein mit Hilfe der Skalen durchgeführt. Anschließend müssen die Datenblöcke, die vollständig oder teilweise die Suchregion schneiden, zugegriffen und ausgewertet werden. Auf jeden Fall entfällt das unnötige Durchsuchen solcher Regionen, die mit der Anfrage nichts zu tun haben.

Weitere mehrdimensionale Datenstrukturen, die auf Adressberechnungen beruhen und ebenfalls den Datenraum organisieren, sind z.B. erweiterte Hashverfahren [Tamminen 1982] und interpolierende Indexverwaltung [Burkhard 1983].

8.3 Inklusionsfragen

Inklusionsfragen fallen unter die Begriffe „geometrisches Suchen" oder „Lokalisieren von Punkten". Für eine gegebene Partition des Raumes in mehrere Unterräume $R_1,...,R_n$ sei für eine beliebige Punktmenge $X_1,...X_k$ zu berechnen, welcher Punkt in welchem Unterraum liegt. Diese Inklusions- oder Lokalisierungsfrage hat einen allgemeinen Charakter. Beispielsweise möchte man Einträge in einer Datei auffinden, wobei gewisse Datenwerte als Teile eines mehrdimensionalen Schlüssels $X_1,...,X_k$ vorkommen. Fassen wir durch eine geometrische Interpretation jeden Eintrag in der Datei als einen Punkt in einem mehrdimensionalen Parameterraum auf, so entspricht das Lokalisieren von Punkten im Raum dem Verarbeiten von Datenbankanfragen.

Als einfaches geometrisches Suchproblem behandeln wir den Punkt-im-Polygon-Test und wichtige Verallgemeinerungen. Ein Polygon ist durch einen geschlossenen Streckenzug definiert, wobei sich der Polygonrand normalerweise nicht selbst schneiden darf. Orientieren wir den Streckenzug im Gegenuhrzeigersinn, so bezeichnen wir mit dem Inhalt des Polygons die links vom Streckenzug liegende Fläche. Diese Vereinbarung soll ermöglichen, künftig vom Innern, vom Äußeren oder vom Rand eines Polygons zu sprechen.

8.3.1   Punkt-im-Polygon-Test

Im zweidimensionalen Raum lautet die Inklusionsfrage: Entscheide, ob ein beliebiger Punkt X innerhalb, außerhalb oder auf dem Rand eines gegebenen Polygons R liegt. Bei dieser Fragestellung wird es sich zeigen, daß Zeit- und Speicherkomplexität des gesuchten Algorithmus davon abhängig sind, ob R konvex und ob Vorarbeit für das Polygon R erlaubt ist oder nicht.

Das Jordansche Theorem für beliebige Polygone (bzw. geschlossene Kurven) sagt aus, daß jedes Polygon R die Ebene in zwei disjunkte Regionen „Inneres" und „Äußeres" teilt. Ist die Anzahl der echten Schnittpunkte eines beliebigen in X startenden, in einer Richtung unbegrenzten Teststrahls mit den Grenzstrecken ungerade, so liegt X innerhalb von R; anderenfalls ist X ein äußerer Punkt von R.

In der praktischen Anwendung des Jordanschen Theorems für Polygone können Entartungen auftreten. Probleme ergeben sich, wenn Eckpunkte von Polygonkanten direkt auf dem Teststrahl liegen (vgl. Abb. 8-5). Als Teststrahl wählen wir der Einfachheit halber einen Strahl parallel zur x-Achse. Ein Schnittpunkt des Teststrahls mit einer Polygonkante wird gezählt, falls sich der tieferliegende Eckpunkt (gemessen bezüglich der y-Werte) der jeweiligen Polygonkante unterhalb des Teststrahls befindet. Mit dieser Regel liefert z.B. eine vollständig auf dem Teststrahl liegende Polygonkante keinen Beitrag beim Zählen von Schnittpunkten.

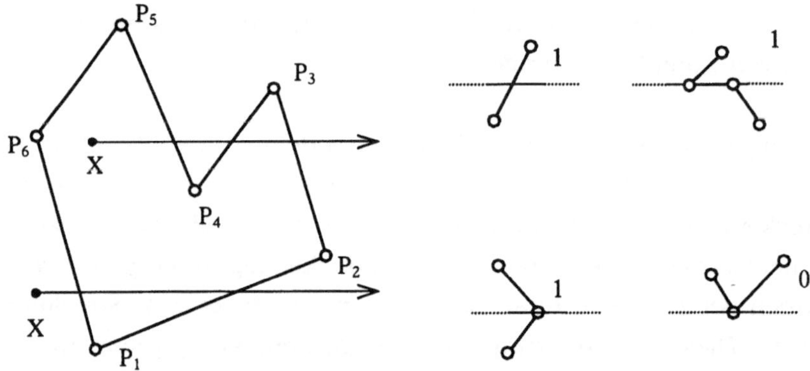

Abb. 8-5 Punkt-im-Polygon-Test und Zählstrategie bei Entartung

Der Algorithmus 8-3 verwendet eine Funktion `Intersection`, die den Schnittpunkt des Teststrahls mit der jeweiligen Polygonstrecke berechnet. In der Prüfregel `Condition` ist die oben beschriebene Zählstrategie implementiert. Die Zeitkomplexität des Algorithmus ist $O(n)$, da jede Strecke P_iP_{i+1} mit dem Teststrahl geprüft werden muß. Im schlimmsten Fall existieren n echte Schnittpunkte des Polygons mit dem Teststrahl. Falls wir das Polygon R nicht explizit speichern, beträgt die Speicherkomplexität $O(1)$. Dazu müssen die Polygonstrecken sukzessive eingelesen und verarbeitet werden.[1]

---

[1] Die hier beschriebene Punkt-im-Polygon-Test lässt sich im Dreidimensionalen zum Punkt-im-Polyeder-Test verallgemeinern, indem man einen vom Punkt X ausgehenden Teststrahl mit sämtlichen begrenzenden Polygonen des Polyeders schneidet. Ein Schnittpunkt muß dabei natürlich jeweils innerhalb der Polygonumrandung liegen, wozu wiederum ein Punkt-im-Polygon-Test herangezogen wird.

```
Algorithmus  8-3
(* Punkt-in-Polygon-Test nach Jordan                                    *)

Input:   R = {P1,...,Pn}                      (* Polygon              *)
         X                                    (* Testpunkt            *)
Output: (X inside R) or (X outside R)
        or (X on R)

PointInPolygon:
begin
    T := Ray(X)                               (* Strahl durch X       *)
    Pn+1 := P1
    for i:=1 to n do
        Si := Segment(Pi,Pi+1)
        Qi := Intersection(T,Si)
        if Qi=X
        then
            Return (X on R)                   (* X Randpunkt          *)
        if (Qi on Si) and Condition
        then
            Counter := Counter + 1            (* Zählen derSchnittpunkte *)
    if (Counter mod 2) = 0
    then
        Return (X outside R)                  (* X außerhalb R        *)
    Else
        Return (X inside R)                   (* X innerhalb R        *)
end (* PointInPolygon *)
```

Neben dem Jordanschen Theorem ist der Winkelsummentest von Bedeutung
(vgl. dazu Abschnitt 2.3.9): Ein Punkt X liegt innerhalb von R, falls sich die
Winkel zwischen benachbarten Sektorenstrahlen XP_i und XP_{i+1} auf 2π summieren. Ist die Winkelsumme identisch Null, liegt der Punkt X außerhalb des Polygons R. Bei einem Randpunkt bildet die Winkelsumme gerade π. Die Zeitkomplexität ist von der Ordnung O(n), wenn wir elementare Winkelfunktionen als
O(1) Operationen auffassen.

Algorithmische Vorarbeit zu leisten macht sich nur bezahlt, wenn ein und dieselbe Szene mehrfach auf Punktinklusion getestet wird. Setzen wir das Polygon
als konvex voraus, können wir bei geeigneter Vorarbeit die Zeitkomplexität für
den Inklusionstest auf O(logn) drücken. Unter einem konvexen Polygon R verstehen wir ein Polygon, dessen Fläche eine konvexe Menge bildet (siehe dazu
auch Abschnitt 8.4).

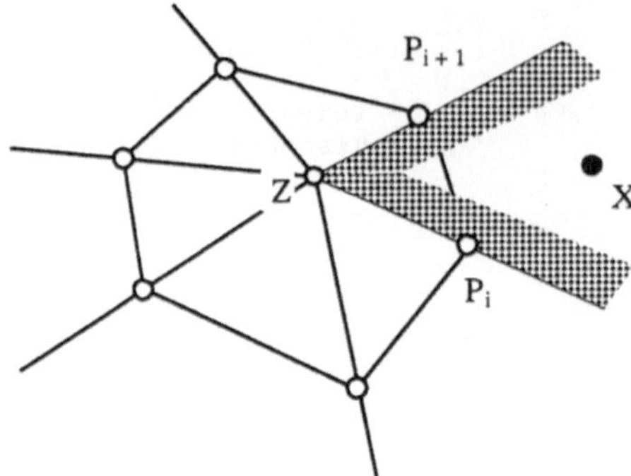

Abb. 8-6 Punktinklusion bei konvexen Polygonen

In Abb. 8-6 zeigen wir den Punkt-im-Polygon-Test für ein konvexes Polygon R
mit den Polygonpunkten P_1,...,P_n. Zuerst konstruieren wir einen Punkt Z im Innern des Polygons, indem wir z.B. den Schwerpunkt der Punkte P_1, P_2 und P_3 in
der Zeit O(1) bestimmen. Nun betrachten wir die n Strahlen, die durch die Polygonpunkte laufen. Bei einem konvexen Polygon bilden die Winkel der Strahlen
eine monotone Folge z.B. bezüglich x-Achse und Zentrum Z. Dabei messen wir
die Winkel von der x-Achse zu jedem Strahl Z_k im Gegenuhrzeigersinn. Seien Z_k
die Sektoren von Z mit den Polygonpunkten P_k resp. P_{k+1}. Nach Einteilung des
konvexen Polygons R in n Sektoren erlaubt nun binäres Suchen, für einen beliebigen Punkt X den zugehörigen Sektorabschnitt Z_i zu finden. Ein einfacher
Vergleich mit der Grenzstrecke P_iP_{i+1} evaluiert X als inneren oder äußeren
Punkt, je nachdem ob X links oder rechts der gerichteten Strecke P_iP_{i+1} liegt (vgl.
die Funktion S aus Abschnitt 8.1). Sind die Punkte P_i, P_{i+1} und X kollinear, so
liegt der Punkt X auf dem Rand des Polygons R.

```
Algorithmus 8-4
(* Punkt-im-Polygon-Test   nach [Shamos 1975]                              *)

Input:   R={P1,...,Pn}                        (* konvexes Polygon          *)
         X                                    (* Testpunkt                 *)
Output: (X inside R) or (X outside R)
        or (X on R)

Preprocessing:
begin
   Z := InnerPoint(R)                         (* Konstruktion des Zentrums *)
   Sort(P1,...,Pn)
   Pn+1 := P1
   for k:=1 to n do
       Zk := Partition(Z,Pk,Pk+1)             (* Konstruktion der Sektoren *)
end (* Preprocssing *)

PointInclusion:
begin
   Zi := BinarySearch (Z1,...,Zn)
   Case S(Pi,Pi+1,X) of
       zero:      Return (X on R)             (* X ist Randpunkt           *)
       positive: Return (X inside R)          (* X liegt innerhalb von R   *)
       negative: Return (X outside R)         (* X liegt außerhalb von R   *)
end (* PointInclusion *)
```

Der Algorithmus 8-4 beansprucht Zeit $O(\log n)$ und verlangt Speicherplatz $O(n)$. Die Vorarbeit benötigt $O(n \cdot \log n)$, falls die Punkte P_i zufällig vorliegen und zuerst sortiert werden müssen. Im Normalfall ist das Polygon R durch eine geordnete Punktfolge $P_1,...,P_n$ gegeben, was die Vorarbeit auf $O(n)$ reduziert.

Obiger Algorithmus gilt auch für eine Klasse nicht konvexer Polygone, genannt Sternpolygone. Ein Sternpolygon R liegt vor, wenn ein innerer Punkt Z existiert, so daß sämtliche Strecken ZP_k für k=1,...,n vollständig im Inneren des Polygons R verlaufen. Mit anderen Worten ist vom Zentrum aus der gesamte Rand eines sternförmigen Polygons sichtbar. Die durch die Strecken ZP_k gebildeten Strahlen bilden gerade die gewünschten Sektorenabschnitte Z_k und erweitern damit den Algorithmus 8-4 von konvexen Polygonen auf sternförmige. Die Menge der inneren Punkte Z mit der beschriebenen Eigenschaft nennt man den Kern eines Polygons, auf dessen Bestimmung wir im Abschnitt 8.5.3 näher eingehen.

8.3.2 Lokalisieren von Punkten

Die erzielte Reduktion der Zeitkomplexität im Falle konvexer oder sternförmiger Polygone motiviert, auf Kosten der Vorarbeit das Auffinden von Punkten zu verallgemeinern. Wir behandeln dazu einen Algorithmus mit Zeitaufwand $O(\log n)$, der einen gegebenen Punkt in einer beliebigen Partition der Ebene (oder des Raumes) lokalisiert. Unter Partition der Ebene verstehen wir eine vollständige, paarweise disjunkte Überdeckung der Ebene mit Polygonflächen. Der Einfachheit halber betrachten wir ein einzelnes Polygon, das die Ebene in eine äußere und in eine innere Region unterteilt. Gleichzeitig nehmen wir an, daß der Suchpunkt X nicht auf dem Rand der Partition liegt.

Jedes ebene Polygon R mit n Grenzpunkten kann durch n-1 horizontale (oder vertikale) Streifen gemäß Abb. 8-7 unterteilt werden. Diese lassen sich durch ihre y-Werte während der Vorarbeit sortieren. Wichtig ist die Eigenschaft, daß sich innerhalb eines horizontalen Streifens keine Polygonkanten von R schneiden. Somit unterteilt jeder Streifen das Polygon in eine Menge von Trapezen oder Dreiecken. Je zwei Kanten eines zu R gehörenden Trapezes oder Dreiecks sind trivialerweise Teilkanten des ursprünglichen Polygons. Ordnen wir diese Teilkanten bzw. die entsprechenden Polygonkanten von links nach rechts, so können wir für einen beliebigen Punkt X=(x,y) durch binäres Suchen zuerst bezüglich x-Wert das gesuchte Trapez oder Dreieck in der Zeit O(logn) finden.

Wir bestimmen zuerst den Aufwand für die Vorarbeit. Wir sortieren die Polygonpunkte nach aufsteigenden y-Koordinaten und bilden den Bereich `Vertex`. Die Verarbeitung der jeweiligen Streifen führen wir ebenfalls von unten nach oben durch. Für jede Teilkante innerhalb eines Streifens nehmen wir einen Eintrag in einem binären, höhenbalancierten Baum `EdgeTree` (z.B. AVL-Baum, siehe [Klein 1996]) vor, basierend auf der Links-Rechts-Ordnung der Kanten innerhalb eines Streifens. Überschreiten wir eine Streifengrenze, so führt wenigstens eine der schon verarbeiteten Kanten nicht in den neuen Streifen, während die meisten weiterlaufen. Beim Übertritt in einen neuen Streifen können neue Polygonkanten gemäß Abb. 8-7 starten. Eines steht dabei fest: Jede weiterführende Kante erhält die Links-Rechts-Ordnung beim Übergang.

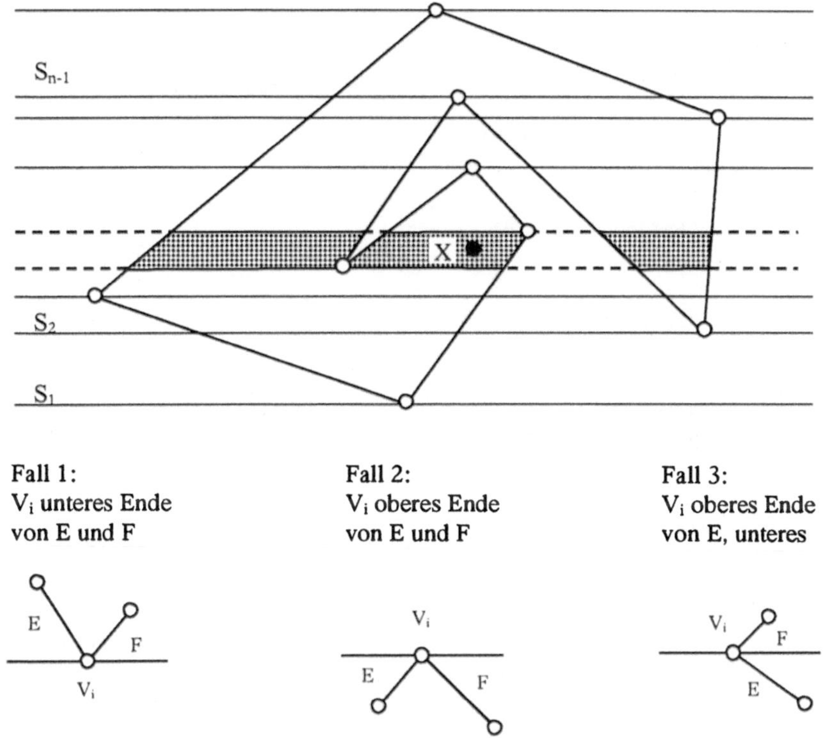

Fall 1:
V_i unteres Ende
von E und F

Fall 2:
V_i oberes Ende
von E und F

Fall 3:
V_i oberes Ende
von E, unteres

Abb. 8-7 Einteilung in Streifen und Fallunterscheidung beim Streifen-
übergang

Wir müssen beim Streifenwechsel lediglich terminierende Kanten mit `Delete`
löschen und startende Kanten mit `Insert` in unserem EdgeTree einfügen. Da
jede Kante genau einmal eingefügt und gelöscht wird, ist der Aufwand $O(n \cdot \log n)$.
Mit Hilfe des höhenbalancierten Binärbaumes kann nun die Datenstruktur für
jeden Streifen als eine Liste `Slab` von Polygonkanten aufgebaut werden. Da für
n Punkte $O(n)$ Streifen existieren und jeder Streifen linearen Aufwand benötigt,
resultiert ein totaler Aufwand von $O(n^2)$ für Zeit und Speicher.

```
Algorithmus 8-5
(* Lokalisieren von Punkten bei der Streifenzerlegung nach [Shamos 1978]       *)

Input:   R = {P1,...,Pn}                    (* Polygon mit n Punkten     *)
         X                                  (* Testpunkt                 *)
Output: (X inside R) or (X outside R)

Preprocessing
begin
   Vertex[i| := SortByYCoordinate(P1,...,Pn)
   EdgeTree[j]:                             (* Aufbau des Suchbaumes      *)
   for i=1 to n do
      case Vertex[i] of
          1: Insert(E), Insert(F)
          2: Delete(E), Delete(F)
          3: Delete(E), Insert(F)
   for i=1 to n do                          (* Konstruktion der Trapeze  *)
      Slab[i,j] := Output( EdgeTree[j] )    (* pro Streifen              *)
end (* Preprocessing *)

PointLocation:
begin
   y := Ycoordinate(x)
   Strip := BinarySearch( Vertex[i] )       (* Suche des Streifens        *)
   if Found
   then
      x := XCoordinate(X)
      Trapez := BinarySearch( Slab[i,j] )   (* Suche des Trapezes         *)
      if Found and (j mod 2) <> 0
      then
          Return (X inside R)               (* X innerhalb R              *)
   Return (X outside R)                     (* X außerhalb R              *)
end (* PointLocation *)
```

Eine der ersten Arbeiten zur Punktlokalisierung im mehrdimensionalen Raum verwendet die obige Methode der „Marmorplatte" (oder Slab-Methode), vgl. [Dobkin/Lipton 1976]. Verschiedene Autoren haben diese Technik aufgegriffen und verfeinert [Lee/Preparata 1984]; wir beschreiben dazu einen Algorithmus im nächsten Abschnitt.

8.3.3   Monotone Kettenzerlegung

In der Ebene lautet die Lokalisierungsfrage: Finde in einer Menge M paarweise disjunkter Polygonflächen (Partition der Ebene genannt) dasjenige Polygon, das einen gegebenen Punkt X enthält. Im schlimmsten Fall müßten sämtliche Polygone nach der Jordanschen Methode durchgetestet werden. In [Lee/Preparata 1977] wird ein effizienterer Algorithmus vorgestellt, der die Polygonkanten durch Vorarbeit in monotone Ketten anordnet. Ein Kantenzug K wird monoton bezüglich einer Geraden L genannt (vgl. Abb. 8-8), falls die Ordnung der auf L projizierten Punkte des Kantenzuges gleich der Ordnung der Punkte auf dem Kantenzug ist.

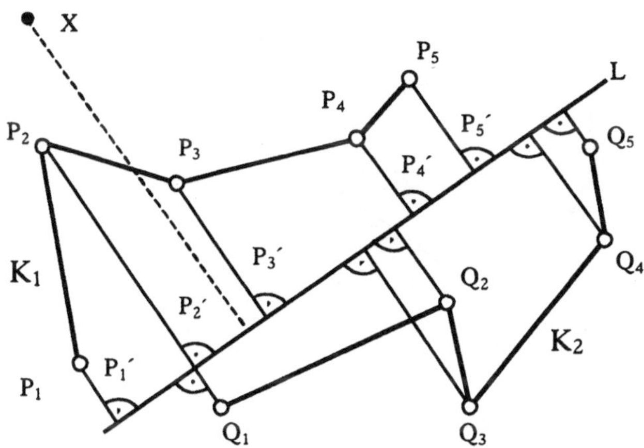

Abb. 8-8 Monotone und nicht monotone Ketten K_1 und K_2

Um den Punkt X bezüglich der Kette K_1 zu lokalisieren, projizieren wir X auf L. Durch binäres Suchen finden wir das zu X gehörende Intervall $[P_2',P_3']$. In einem einfachen Vergleich evaluieren wir, auf welcher Seite der Kante P_2P_3 der Punkt X liegt. Im Gesamten benötigen wir einen Aufwand $O(\log k_1)$, falls k_1 die Anzahl der Kanten der Kette K_1 bezeichnet. Dieser logarithmische Aufwand ermuntert uns, das Lokalisieren von Punkten mit Hilfe monotoner Ketten anzugehen.

Nun lokalisieren wir einen beliebigen Punkt X in einer durch monotone Ketten $K_1,...,K_k$ definierten Partition, ohne auf die Konstruktion dieser Kettenzerlegung näher einzugehen. Die Ketten seien gemäß Abb. 8-9 von links nach rechts durchnummeriert und monoton bezüglich der y-Achse. Wir wählen einen binären Suchbaum, bei dem die Ketten K_i aufgrund der Links-Rechts-Ordnung in den Knoten abgelegt sind. Um das zu X gehörende Polygon R_x zu finden, bestimmen wir vorerst die beiden Nachbarketten K_l und K_r von X durch binäres Suchen. Für X nehmen wir die Projektion von K_r auf die y-Achse. Durch ein weiteres binäres Suchen finden wir die entsprechende Kante des Polygons R_x analog der Methode aus der bereits besprochenen Abb. 8-8. Bei der Annahme von k Ketten ermitteln wir für X das Gebiet zwischen den beiden Nachbarketten in der Zeit $O(\log k)$. Die Kante selbst finden wir in der Zeit $O(\log n)$, falls der Kantenzug n Kanten enthält. Somit resultiert ein Gesamtaufwand für die Zeit von $O(\log k \cdot \log n)$.

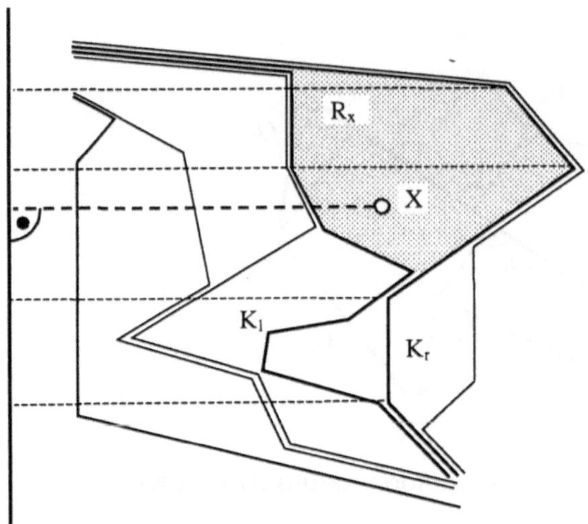

Abb. 8-9 Kettenzerlegung und Punktlokalisierung

Falls man die Redundanz in einer durch die Kettenzerlegung gegebenen Partition beseitigt, läßt sich die Vorarbeit in linearer Zeit und mit linearem Speicher realisieren. Schließlich kann durch geschickte Kombination des Suchens in x- und y-Richtung auch die Zeit des Suchalgorithmus auf $O(\log n)$ reduziert werden [Edelsbrunner et al. 1986].

8.4 Konvexität und konvexe Hülle

Eine Menge M heißt konvex, wenn für je zwei Punkte x und y aus M die Verbindungsstrecke zu M gehört. Beispielsweise sind eine Strecke, eine n-dimnesionale Kugel $x_1{}^2 + x_2{}^2 + \dots x_n{}^2 \leq 1$ oder ein Halbraum $a_1 \cdot x_1 + \dots + a_n \cdot x_n > b$ konvexe Mengen. Die konvexe Hülle H(M) einer Menge M ist die kleinste konvexe Menge, die M enthält. Intuitiv kann man sich die konvexe Hülle von Punkten in der Ebene als das innere Gebiet eines elastischen Bandes vorstellen, das um die Punkte gelegt und dann zusammengezogen wird. Die Form des Bandes entspricht dem kleinsten konvexen Polygon, daß sämtliche Punkte in der Ebene umfaßt. Da ein Durchschnitt konvexer Mengen M_i mit $i=1,\dots,n$ selbst konvex ist, lautet eine gebräuchliche Definition der konvexen Hülle einer Menge M wie folgt:

$$H(M) := \cap_{i=1\dots n} M_i \text{ mit } M_i \text{ konvex und M enthalten in } M_i \qquad (8.6)$$

Da die meisten geometrischen Objekte unendlich viele Punkte umfassen bzw. da unendlich viele Mengen M_i mit der Eigenschaft „M enthalten in M_i" existieren, sind obige Definitionen der Konvexität resp. der konvexen Hülle für algorithmische Untersuchungen unbrauchbar. Dieser Abschnitt diskutiert deshalb die Begriffe „Konvexität" und „konvexe Hülle" aus der Sicht des Informatikers.

8.4.1 Prüfen auf Konvexität

Wir beschränken uns vorerst auf ebene Problemstellungen und fragen uns, was Konvexität von Polygonen bedeutet: Bei Polygonen können wir uns beim Inklusionstest anstelle beliebiger Punktepaare und zugehöriger Verbindungsstrecken auf die Diagonalen beschränken. Ein Polygon R heißt konvex, wenn sämtliche Diagonalen des Polygons im Innern von R verlaufen. Eine Diagonale ist eine Strecke zwischen je zwei nicht benachbarten Polygonpunkten. Anstelle der Überprüfung sämtlicher Diagonalpunkte als innere Punkte fordern wir, daß mindestens ein Punkt jeder Diagonale (z.B. der Mittelpunkt) im Innern von R liegt und daß sämtliche Schnittpunkte der Diagonalen mit den Polygonkanten lediglich Polygonpunkte ergeben.

In Abb. 8-10 ist R_2 nicht konvex, da der Inklusionstest des Punktes P_1 der Diagonalen D_1 negativ ist. Bei der Diagonalen D_2 liegt zwar der Mittelpunkt P_2 im Inneren von R_2, doch schneidet die Diagonale D_2 den Rand von R_2 in einem unerlaubten Punkt. Beide Überprüfungen der Diagonalen D_1 und D_2 bestätigen, daß R_2 konkav sein muß.

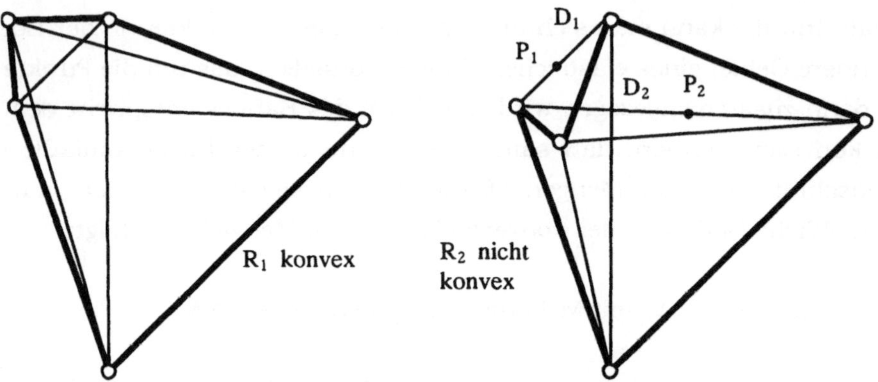

Abb. 8-10 Überprüfung der Konvexität von Polygonen

Wie sieht ein einfacher Algorithmus zur Überprüfung der Konvexität aus? Algorithmen zum Punkt-im-Polygon-Test kennen wir bereits aus Abschnitt 8.3. Da $n\cdot(n-3)/2$ Diagonalen in einem Polygon mit n Kanten existieren, verlangt die Zeit zur Konstruktion der Diagonalen den Aufwand $O(n^2)$, also brauchen wir insgesamt $O(n^3)$ zur primitiven Überprüfung der Konvexitätseigenschaft.

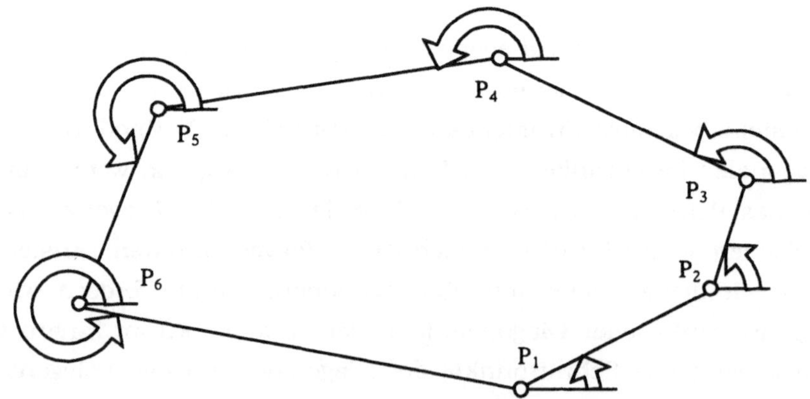

Abb. 8-11 Monoton zunehmende Winkelsequenz als Konvexitätskriterium

Überlegen wir nun, wieviele Elementaroperationen im Minimum zur Konvexitätsprüfung nötig sind. Sicher müssen wir sämtliche Polygonpunkte in Betracht ziehen, d.h. eine Minimalforderung wäre $k \cdot n$ Operationen bei einer Konstanten k. Bleibt nämlich ein beliebiger Punkt P_i eines konvexen Polygons unberücksichtigt, wo könnten wir diesen Punkt P_i verschieben und dadurch die Konvexität zerstören. Somit haben wir zwei Schranken gefunden: Ein Prüfalgorithmus für Konvexitätsfragen beliebiger, sich nicht selbst schneidender Polygone in der Ebene verlangt mindestens linearen Aufwand; zudem kennen wir einen Algorithmus mit Aufwand $O(n^3)$. Existiert nun ein besserer Algorithmus zwischen diesen Grenzen?

Betrachten wir Abb. 8-11 und stellen wir uns die entscheidende Frage: „Ist Polygon R konvex oder nicht?" Falls die im Gegenuhrzeigersinn gebildete Winkelsequenz der Kanten bezüglich der x-Achse (startend vom tiefliegendsten Punkt P_1 aus) eine monoton zunehmende Folge bildet, ist R konvex. Mit dieser Charakterisierung haben wir einen Algorithmus mit Zeitaufwand $O(n)$ für unsere Entscheidungsfrage gefunden. Mit anderen Worten, es dürfen bei einem konvexen Polygon nur Linksdrehungen auftreten, falls wir den Rand des Polygons ablaufen.

```
Algorithmus 8-6
(* Prüfen auf Konvexität                                                 *)

Input:   R = {P1,...,Pn}                       (* Polygon mit n Punkten       *)
Output: (R convex) or (R not convex)

Convexity:
begin
   Pn+1 := P1
   for i:=1 to n do
       if S(Pi,Pi+1,Pi+2) < 0
       then
             Return(R not convex)              (* unerlaubte Rechtsdrehung  *)
   return(R convex)
end (* Convexity *)
```

Die Funktion S evaluiert, ob ein Spaziergang auf dem Rand von R ausschließlich Linksdrehungen als Richtungsänderungen umfaßt. Gemäß Abschnitt 8.1 entspricht S>0 einer Links-, S<0 einer Rechtsdrehung und S=0 keiner Richtungsänderung.

8.4.2   Die Fächermethode von Graham

Einer der ersten Algorithmen zur Berechnung der konvexen Hülle von n Punkten in der Ebene mit Zeitaufwand $O(n \cdot \log n)$ und Speicher $O(n)$ stammt von [Graham 1972]. Der Algorithmus arbeitet wie folgt: Ein innerer Punkt Z der Menge M wird als Zentrum dreier nicht kollinearer Punkte P_x, P_y und P_z aus M bestimmt (Abb. 8-12). Falls kein Tripel nicht kollinearer Punkte existiert, ist die Menge M selbst kollinear und der Algorithmus stoppt. Die konvexe Hülle ist in diesem Fall eine Strecke. Falls ein Zentrum Z existiert, sortiert man sämtliche Punkte nach aufsteigendem Winkel bezüglich Z. Dazu wählt man als ersten Punkt einen Punkt der konvexen Hülle, beispielsweise den Punkt P_1 mit maximaler x-Koordinate; falls mehrere solche Punkte vorhanden sind, wählt man darunter denjenigen mit minimaler y-Koordinate.

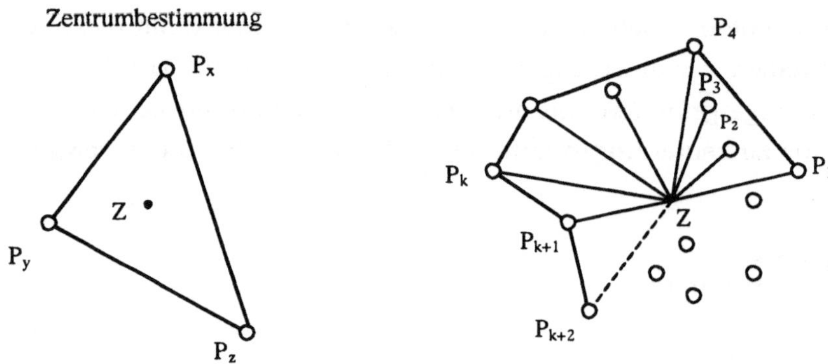

Abb. 8-12 Sukzessives Bilden der konvexen Hülle

Wir durchlaufen im Gegenuhrzeigersinn die sortierten Punkte $P_1,...,P_n$. Betrachten wir die drei Punkte P_k, P_{k+1} und P_{k+2} aus Abb. 8-12: Falls P_{k+2} eine Linksdrehung bezüglich P_k und P_{k+1} erzwingt, schreiten wir weiter und zählen den neuen Punkt P_{k+2} zur Kandidatenmenge. Anderenfalls liegt der mittlere Punkt P_{k+1} nicht in der konvexen Hülle und er kann gelöscht werden. Beim Löschen von P_{k+1} erfolgt ein „Backtracking" durch Konsultation der drei Punkte P_{k-1}, P_k und P_{k+2} etc.

```
Algorithmus 5-7
(* Bestimmen der konvexen Hülle nach [Graham 1972]                       *)

Input:    M = {P1,...,Pn}                    (* Menge von Punkten        *)
Output:   H(M) = {P1,...,Pm}                 (* konvexe Hülle            *)

Scan:
begin
    Z := InnerPoint(P1,...,Pn)               (* Schwerpunktskonstruktion *)
    if m Collinear
    then
        H(M) := Line(P1,...,Pn)
        Return
    P1 := StartPoint(P1,...,Pn)
    PointList := Sort(Z,P1;P2,...,Pn)        (* Sortieren der Punkte     *)
    Pk := P1
    while Next(Pk) <> P1 do                   (* Abschreiten der         *)
        Pk+1 := Next(Pk)                      (* Kandidatenmenge         *)
        Pk+2 := Next(Pk+1)
        if S(Pk,Pk+1,Pk+2) > 0               (* Linksdrehung            *)
        then
            Pk := Pk+1
        else
            Delete Pk+1 in PointList          (* Verletzung der          *)
            if Pk <> P1                       (* Konvexitätseigenschaft  *)
            then
                Pk := Previous(Pk)            (* Zurückschreiten         *)
    H(M) := PointList
end (* Scan *)
```

Obwohl ein Zurückschreiten möglich ist, erfolgt das Durchlaufen der Punkte in
linearer Zeit. Da jeder Punkt P_i höchstens einmal in der Punkteliste der konvexen Hülle eingefügt bzw. gelöscht werden kann, ist der Aufwand nie größer als
$2 \cdot n$. Insgesamt dominiert der Sortierschritt den Graham-Algorithmus, was im
Endeffekt zum Zeitaufwand $O(n \cdot \log n)$ und Speicherplatz $O(n)$ führt.

8.4.3 Konvexe Hülle durch Stützgerade

Es ist schwierig, den Algorithmus von Graham auf nicht ebene, d.h. höherdimensionale Problemstellungen zu übertragen. Zusätzlich ist der Algorithmus bei
der dynamischen Veränderung der Menge M schlecht geeignet, da der Sortierschritt dominant ist.

Der Algorithmus von [Jarvis 1973] behebt die angesprochenen Mängel. Er beruht auf der Methode der Stützgeraden. Eine Gerade L heißt Stützgerade der
Menge M, wenn sie zwei Punkte P_q und P_r aus M enthält, so daß die Punkte aus
M entweder alle im linken oder alle im rechten Halbraum von L liegen. Natürlich
gehört eine Stützgerade L zum Rand der konvexen Hülle H(M).

Wie kann man eine Stützgerade aus einer Menge M von Punkten konstruieren? Analog zu den Überlegungen aus dem vorigen Abschnitt 8.4.2 finden wir einen Startpunkt P_q, der zur konvexen Hülle gehört. Dazu suchen wir in linearer Zeit einen zweiten Punkt P_r mit der Eigenschaft, daß sämtliche Punkte von M in einer Halbebene der durch die Punkte P_q und P_r gebildeten Geraden L liegen.

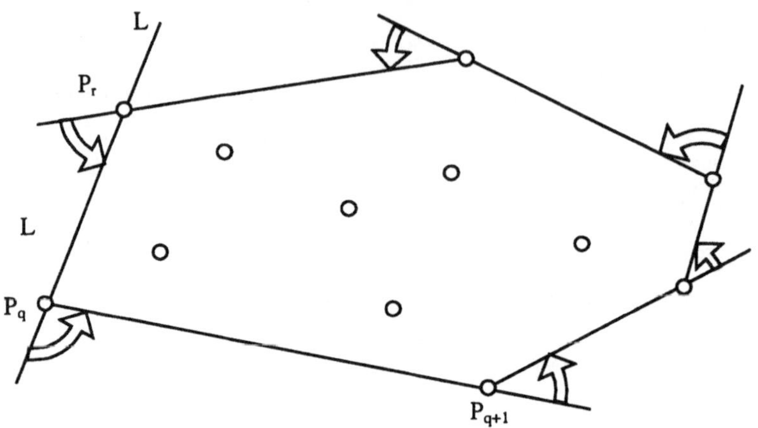

Abb. 8-13 Rotation der Stützgeraden zur Bildung der konvexen Hülle

Der nächste Punkt wird gemäß Abb. 8-13 wie folgt gefunden: Aus der Menge M wählt man denjenigen Punkt P_{q+1}, dessen Verbindungsgerade durch P_q den kleinsten Winkel mit L bildet. Die Zeit zur Konstruktion der konvexen Hülle beträgt $O(k \cdot n)$, falls k die Anzahl der Rotationen der Geraden L bezeichnet. Der Parameter k entspricht also auch der Anzahl Punkte aus M, die auf der konvexen Hülle H(M) liegen. Dadurch erhalten wir im schlimmsten Fall einen Aufwand $O(n^2)$, falls nämlich sämtliche Punkte aus M zum Rand der konvexen Hülle selbst gehören,

```
Algorithmus 8-8
(* konvexe Hülle durch Stützgerade nach [Jarvis 1973]                         *)

Input:   M = {P1,...,Pn}                  (* Menge von Punkten                 *)
Output:  H(M) = {P1,...,Pm}               (* konvexe Hülle                     *)

SupportingLine:
begin
    Pq := StartPoint(P1,...,Pn)           (* Konstruktion der Stützgeraden *)
    L := Line(Pq,Pr)
    H(M) := {Pq}
    Repeat
        Pq+1 := SmallestAngle(L; M - H(M))  (* Rotation der Stützgeraden     *)
        L := Line(Pq,Pq+1)
        H(M) := H(M) + {Pq+1}             (* Punkte auf der konvexen Hülle *)
    until Pq+1 = Pr
end (* SupportingLine *)
```

Die Methode der Stützgeraden besitzt Verallgemeinerungen im k-dimensionalen
Raum. Beispielsweise existiert im dreidimensionalen Raum zu einem Punkt aus
der konvexen Hülle einer Menge M eine Stützebene, die ebenfalls rotiert werden
kann. Da ein konvexes Polyeder mit n Ecken höchstens $3 \cdot n-6$ Kanten enthält
und die Rotation linearen Aufwand verlangt, ergibt dies einen $O(n^2)$ Algorithmus
[Chand/Kapur 1970].

8.4.4 Rekursive Bestimmung der konvexen Hülle

Eine andere Methode zur Konstruktion der konvexen Hülle einer Menge M ist
die folgende: Wir teilen M rekursiv in zwei ungefähr gleich große Mengen M_1 und
M_2 auf, bilden je die konvexen Hüllen $H(M_1)$ und $H(M_2)$ und vereinigen schließlich die Teilresultate. Da

$$H(M_1 \cup M_2) \supset H(M_1) \cup H(M_2) \tag{8.7}$$

gilt, erhalten wir die gesuchte konvexe Hülle der Vereinigungsmenge $M=M_1 \cup M_2$
durch den konvexen Abschluß $H(H(M_1) \cup H(M_2))$.

Wir betrachten eine Menge M von m Punkten in der Ebene und berechnen die
konvexe Hülle H(M) nach der Divide-et-Impera-Methode [Preparata/Hong 1977].
Sämtliche Punkte aus M seien bezüglich aufsteigender x-Koordinaten sortiert.
Wir halbieren die Menge M in zwei disjunkte Mengen M_1 und M_2 aufgrund der x-
Werte der gegebenen Koordinaten. Die konvexen Hüllen $H(M_1)$ der Menge M_1 und

H(M₂) der Menge M_2 werden auf rekursive Art berechnet. Der Vereinigungsschritt konstruiert die konvexe Hülle $H(H(M_1)\cup H(M_2))$, wobei die Tangentenkonstruktion gemäß Abb. 8-14 erfolgt.

Wir zeigen nun, daß die Tangentenkonstruktion für die zwei konvexen Polygone $H(M_1)$ und $H(M_2)$ lineare Zeit $O(m_1+m_2)$ benötigt, falls m_1 die Kardinalität von M_1 und m_2 diejenige von M_2 bezeichnet. Dazu setzen wir die beiden Polygone $H(M_1)=\{P_1,...,P_{m1}\}$ und $H(M_2)=\{Q_1,...,Q_{m2}\}$ im Gegenuhrzeigersinn sortiert voraus, startend mit P_1 als Punkt mit minimaler x-Koordinate aus M_1. Die Hilfstangente P_1Q_1 gilt als Startposition zur Konstruktion der gesuchten unteren Tangente. Die Konstruktionsregel für die untere Tangente lautet: Halte wenn immer möglich die Hilfstangente links fest und wandere im Gegenuhrzeigersinn weiter, solange die Monotonieeigenschaft der jeweiligen Rotationswinkel erhalten bleibt.

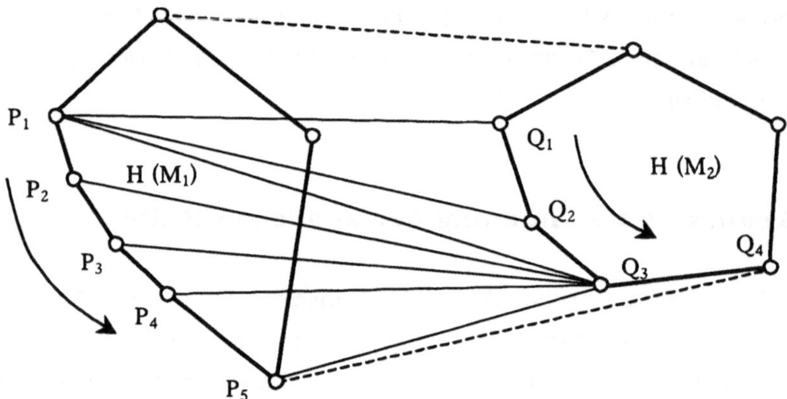

Abb. 8-14 Bildung der konvexen Hülle durch Divide-et-Impera-Technik

Betrachten wir dazu das konkrete Beispiel aus Abb. 8-14: Wir starten mit der Hilfstangente P_1Q_1 und durchlaufen die Punkte Q_i im Gegenuhrzeigersinn bis zu Q_3. Der Punkt Q_4 wird noch nicht besucht, da die Hilfstangente P_1Q_4 die Monotonie der Drehwinkel bezüglich P_1 verletzen würde. Anschließend rotieren wir Q_3P_1 um Q_3, bis wir aufgrund der Monotonie die Hilfstangente Q_3P_5 erhalten. Eine letzte Rotation von P_5Q_3 um P_5 liefert die gesuchte untere Tangente P_5Q_4. Diese Konstruktion gilt auf analoge Art auch für die obere Tangente und benötigt je linearen Aufwand, da jeder Punkt nur einmal weiter gesetzt werden kann.

Wir schätzen nun den totalen Zeitaufwand und bezeichnen mit T(n) die Zeit zur Berechnung der konvexen Hülle der Menge $M=M_1\cup M_2$:

$$T(1) = \text{konstant}$$

$$T(n) = 2 \cdot T(n/2) + V(n/2,n/2) \tag{8.8}$$

V ist die Zeit für den Vereinigungsschritt, gemäß oben also von linearer Ordnung. Somit ist T(n)=O(n·logn), d.h. der Sortierschritt ist dominant.

```
Algorithmus 8-9
(* konvexe Hülle durch Divide-et-Impera nach [Preparata/Hong 1977]         *)

Input:   M = {P1,...,Pn}                   (* Menge von Punkten          *)
Output:  H(M) = {P1,...,Pm}                (* konvexe Hülle              *)

Merge(H(M1),H(M2)):
begin
    Pi := LeftMost(H(M1))                  (* Hilfstangente PiQi         *)
    Qi := LeftMost(H(M2))
    loop                                   (* Rotieren der Hilfstangente *)
        while Angle(Qi,Qi+1) > 0 do
            Qi := Qi+1
        if Angle(Pi,Pi+1) < 0
        then
            Pi := Pi+1
        else
            exit
    TBottom := [Pi,Qi]                      (* untere Tangente            *)
    . . .
    TTop := . . .                           (* obere Tangente             *)
    H(M) := Combine(H(M1),H(M2),TBottom,TTop)
    return(H(M))
end (* Merge *)


ConvexHull(M):
begin
    if Card(M) < 3                          (* Abbruchkriterium           *)
    then
        return(M)
    else
        M1 := Split(M)                      (* Aufteilen der Menge        *)
        M2 := M - M1
        H(M1) := ConvexHull(M1)             (* rekursive Aufrufe          *)
        H(M2) := ConvexHull(M2)
        T := Merge(H(M1),H(M2))             (* Vereinigungsschritt        *)
        return (T)
end (* ConvexHull *)
```

Der Algorithmus 8-9 mit Aufwand O(n·logn) gilt für die Konstruktion von zwei- und dreidimensionalen konvexen Hüllen. In [Kirkpatrick/Seidel 1982] ist ein Algorithmus zum Aufbau einer konvexen Hülle in der Ebene mit Zeitaufwand O(n·logk) beschrieben, wobei k ≤ n die Anzahl Punkte aus M bezeichnet, die auf der konvexen Hülle H(M) liegen.

8.5 Schnittalgorithmen in der Ebene und im Raum

Unter das Thema der Schnittberechnung fallen eine ganze Anzahl von Fragestellungen: Schnitt von Geraden oder Strecken, Schnitt von Rechtecken, konvexen Polygonen, Sternpolygonen oder beliebigen Polygonen, Durchschnitt von Halbräumen, Schnitt von Polyedern etc. Aus dieser Vielfalt von Schnittproblemen greifen wir einige wenige heraus. Dabei legen wir Wert auf verschiedene algorithmische Methoden für gleiche oder ähnliche Schnittprobleme: Den Schnitt von achsenparallelen Objekten lösen wir mit der Divide-et-Impera-Technik; Schnittpunkte beliebiger Strecken in der Ebene berechnen wir mit einem Durchlaufalgorithmus; den Schnitt von Halbräumen führen wir auf die Bestimmung der konvexen Hülle von Punkten zurück!

8.5.1   Schnitt von achsenparallelen Objekten

Zusammenhängende Teilmengen des k-dimensionalen Raumes, die sich als kartesische Produkte von Intervallen der Koordinatenachsen bilden lassen, werden achsenparallele Objekte genannt. Im eindimensionalen Fall entspricht dies Punkten und Intervallen, in der Ebene erhalten wir Punkte, horizontale bzw. vertikale Strecken und achsenparalle Rechtecke etc.

Das Studium effizienter Algorithmen für die Klasse achsenparalleler Objekte ist vor allem beim Entwurf integrierter Schaltungen (VLSI) von zentraler Bedeutung. Wegen der Komplexität des Entwurfprozesses wird eine Schaltung in mehreren Hierarchiestufen geplant. Die einzelnen Zellen dieser Abstraktionsstufen lassen sich meistens durch achsenparallele Rechtecke umschreiben. Wegen der Größe der Datenmenge ist es beim Entwurf integrierter Schaltungen schwierig und aufwendig, eine platzsparende Auslegung der einzelnen Zellen zu finden und die Anordnung der Zellen auf Funktionalität zu prüfen. Aus diesen Gründen ist man an effizienten Algorithmen für Rechteckgeometrie interessiert.

Wir beschränken uns auf den zweidimensionalen Fall und untersuchen das folgende Schnittproblem: Gegeben sei eine Menge achsenparalleler Objekte in der Ebene, finde alle Paare sich schneidender Objekte. Eine Divide-et-Impera-Technik verlangt, die Objektmenge in zwei etwa gleich große Teilmengen zu zerlegen. Bei ungünstigem Vorgehen kann der Vereinigungsschritt nach dem erfolgreichen Lösen der Teilprobleme den Aufwand unvernünftig erhöhen. Ein wichtiges Prinzip bei achsenparallelen Objekten ist deshalb das folgende: Jede Strecke resp. jedes Rechteck mit x-Ausdehnung ungleich Null wird durch sein linkes und rechtes Ende dargestellt. Diese Darstellungsform vereinfacht die Teilmenge der Objekte bezüglich x-Koordinaten, da eine zur y-Achse parallele Teilgerade keine neuen Schnittobjekte einführt; die beiden Enden eines Objektes werden unabhängig behandelt.

Der Algorithmus [Güting/Wood 1984] für den Schnitt einer Menge M von achsenparallelen Strecken basiert auf der obigen Idee und arbeitet wie folgt: Wähle eine x-Koordinate, die die Menge M von horizontalen und vertikalen Strecken in zwei Teilmengen M_1 und M_2 zerlegt. Als rekursive Invariante gilt, daß `Intersection(M1)` alle Schnitte zwischen sämtlichen Strecken, die mindestens einen Endpunkt in M_1 haben, ausgibt. Haben wir durch `Intersection(M1)` und `Intersection (M2)` die jeweiligen Schnittpunkte berechnet, so müssen wir nur noch prüfen, ob Schnitte zwischen horizontalen Strecken in M_1 (aber nicht in M_2) und vertikalen Strecken in M_2 (bzw. umgekehrt) vorliegen. Betrachten wir dazu eine einzelne Strecke S_x gemäß Abb. 8-16, so können wir folgende Fallunterscheidung treffen:

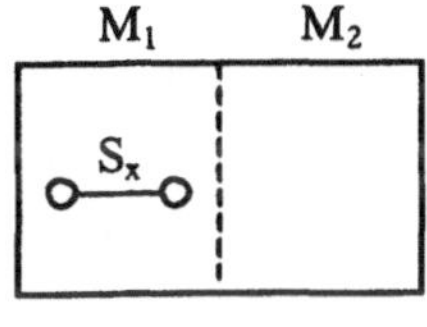

Beide Endpunkte von S_x liegen in M_1: S_x schneidet keine Strecke in M_2.

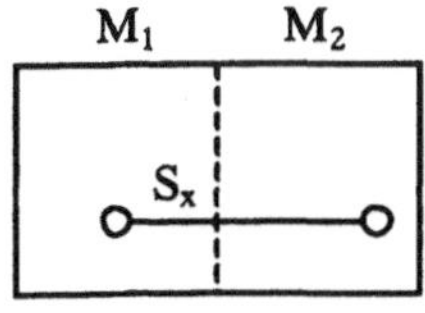

Linker Endpunkt in M_1, rechter in M_2: Aufgrund der rekursiven Invariante sind sämtliche Schnittpunkte gefunden, da S_x sowohl in M_1 als auch in M_2 vorkommt.

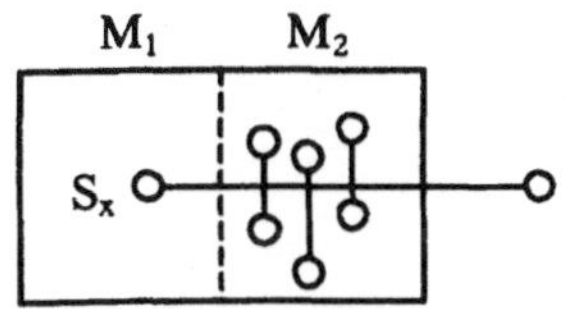

Linker Endpunkt in M_1, kein Endpunkt in M_2: S_x durchläuft die ganze Menge M_2 und schneidet alle vertikalen Strecken in M_2, deren y-Intervall die y-Koordinate von S_x umfassen.

Abb. 8-15 Fallunterscheidung für Schnitt achsenparalleler Strecken

Da nur der letzte Fall aus Abb. 8-15 von Interesse ist, führen wir folgende Mengen ein:

L_i: Menge von y-Koordinaten aller linken Endpunkte in M_i, deren rechter Endpunkt nicht in M_i liegt.

R_i: Menge von y-Koordinaten aller rechten Endpunkte in M_i, deren linker Endpunkt nicht in M_i liegt.

V_i: Menge von y-Intervallen, d.h. Projektionen auf die y-Achse aller vertikalen Strecken von M_i.

Der Vereinigungsschritt läßt sich wie folgt zusammenfassen: Es interessieren lediglich die y-Koordinaten der linken Endpunkte in M_1 bzw. der rechten Endpunkte in M_2 und die y-Intervalle der vertikalen Strecken. Die durchzuführende Operation muß eine Menge von Paaren (c,i) bestimmen, d.h.

$$C \times I := \left\{ (c, i) \mid \text{Koordinate } c \text{ aus } C, \text{Intervall } i \text{ aus } I \text{ mit } i \text{ enthält } c \right\} \tag{8.9}$$

für eine Menge von Koordinaten C und eine Menge von Intervallen I. Diese Operation muß sowohl für die linken Endpunkte in M_1 als auch für die rechten in M_2 durchgeführt werden.

Der folgende Algorithmus `Intersection` zum Schnitt einer Menge achsenparalleler Strecken klassifiziert zuerst die ursprünglich gegebenen Menge in Teilmengen L, R und V zu $M = L \cup R \cup V$. Als Abbruchkriterium der Rekursion dient die Kardinalität der Menge M. Liegen mindestens zwei Strecken vor, wird `Intersection` nochmals aufgerufen.

```
Algorithmus 8-10
(* Schnitt von achsenparallelen Strecken in der Ebene [Güting/Wood 1984]      *)

Input:  L, R                            (* Menge von y-Koordinaten            *)
        V                               (* Menge von y-Intervallen            *)
        M = L + R + V                   (* M sortiert bezüglich x             *)
Output: T                               (* Menge von Schnittpaaren            *)

Intersection(M,L,R,V):
begin
   if Card(M) = 1
   then
      case M of
           1: L:={x}, R:={ }, V:={ }    (* M=(x,y) linker Endpunkt           *)
           2: L:={ }, R:={y}, V:={ }    (* M=(x,y) rechter Endpunkt          *)
           3: L:={ }, R:= { }, V:= {[y1,y2]} (* M=(x,y1,y2) vertikale Strecke *)
   else
      M1 := Split(M)                    (* Aufteilen bezüglich x-Koord.      *)
      M2 := M - M1
      Intersection(M1,L1,R1,V1)         (* Aufruf Schnittalgorithmus         *)
      Intersection(M2,L2,R2,V2)
      Contact := L1 * R2                (* Vereinigungsschritt               *)
      L := (L1 - Contact) + L2
      R := R1 + (R2 - Contact)
      V := V1 + V2
      Output( (L1 - Contact) x V2)      (* Paarbildung für linke Endpunkte   *)
      Output( (R2 - Contact) x V1)      (* Paarbildung für rechte Endpunkte  *)
end (* Intersection *)
```

Betrachten wir nochmals den Vereinigungsschritt im Algorithmus 8-10. In der Variablen `Contact` fassen wir mittels Durchschnittbildung $L_1 \cap R_2$ die Menge horizontaler Strecken zusammen, die je einen Endpunkt in M_1 und einen in M_2 besitzen. Laut der Definition der Menge L_i resp R_i dürfen diese „kontaktierenden" Strecken in den entsprechenden Mengen natürlich nicht vorkommen und müssen deshalb abgezogen werden (L_1 - `Contact` resp. R_2 - `Contact`). Schließlich berechnen wir mit `Output` die Menge der Schnittpunkte von horizontalen und vertikalen Strecken.

Der Zeitbedarf von `Intersection` angewandt auf eine Menge von n Elementen ist für sämtliche Operationen beim Durchlaufen zweier paralleler Datenstrukturen O(n), außer für die Output-Operationen. Falls k Paare von Strecken ausgegeben werden, beträgt der Aufwand für den Output O(n+k). Gesamthaft resultiert für das Schnittproblem achsenparalleler Strecken bei der Divide-et-Impera-Technik ein Zeitaufwand von O(n·logn+k) und ein Speicheraufwand O(n). Der Algorithmus von [Güting/Wood 1984] löst das Schnittproblem achsenparalleler Rechtecke mit dieser Zeit- und Speicherkomplexität. Darüber hinaus können mit dem Algorithmus Masse und Konturen achsenparalleler Rechtecke berechnet werden.

8.5.2   Schnittberechnung mit der Durchlauftechnik

Eine Schwierigkeit bei geometrischen Problemstellungen ist, daß die Objekte in der Ebene oder im Raum keiner natürlicher Ordnung unterliegen. Was bedeutet beispielsweise bei einer Menge beliebiger Polygone in der Ebene, ein Polygon R_1 liegt „vor oder nach", „über oder unter" bzw. „rechts oder links" eines anderen Polygons R_2? Zeichnet man die Schwerpunkte der Polygone aus, so lassen sich gewisse Polygone bezüglich ihrer Schwerpunktkoordinaten miteinander vergleichen. Dies führt zu einer partiellen Ordnung, die sich nicht direkt zu einer totalen Ordnung erweitern läßt. Unter einer totalen Ordnung einer Menge geometrischer Objekte versteht man die Eigenschaft, daß für beliebige Objekte a, b, c dieser Menge eine Ordnungsrelation $\leq$ definiert ist, so daß aus $a \leq b$ und $b \leq c$ folgt, daß $a \leq c$ und aus $a \leq b$ und $b \leq a$ folgt $a = b$.

Trotz den erwähnten Schwierigkeiten interessiert man sich beim Studium von Datenstrukturen und Algorithmen für geordnete Mengen von Objekten, um effiziente Such- und Sortierverfahren anwenden zu können. Im Fall von achsenparallelen Strecken haben wir bereits gesehen, daß wir durch das Auszeichnen der Endpunkte jeder horizontalen Strecke zwei unabhängige Repräsentationen erhalten und damit eine Ordnung bezüglich der x-Achse einführen können (angenommen, es gibt keine zwei Strecken mit identischen x-Koordinaten!).

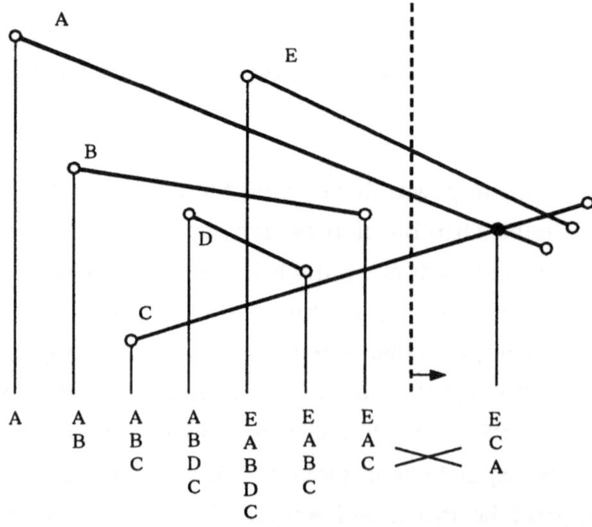

Abb. 8-16 Ordnungsrelation beim Durchlaufalgorithmus

Shamos und Hoey demonstrieren in ihrer Arbeit [Shamos/Hoey 1976] anschaulich, wie sich eine totale Ordnung beim Entscheidungsproblem „Sind n beliebige Strecken in der Ebene schnittfrei?" konstruieren läßt. Die Grundidee lautet wie folgt: Eine Lauflinie L parallel zur y-Achse überstreicht die Ebene von links nach rechts. Dabei werden nur die Endpunkte der Strecken betrachtet, wobei vertikale Strecken ausgeschlossen sind. Zusätzlich dürfen keine drei Strecken einen gemeinsamen Schnittpunkt haben. Bei dieser ebenen Durchlauftechnik (engl. plane sweep) wird festgestellt, ob eine Strecke bezüglich der y-Achse über einer anderen liegt oder umgekehrt (vgl. Abb. 8-16). Die Aussage „Segment u liegt über Segment v" ist eine Ordnungsrelation und führt zu einer totalen Ordnung. Sobald diese im Laufe der Zeit (d.h. beim Abstreichen der Ebene) verletzt wird, müssen Koinzidenzen bzw. Schnitte vorliegen. In [Shamos/Hoey 1976] ist ein Durchlaufalgorithmus gegeben, der in Zeit $O(n \cdot \log n)$ entscheidet, ob n Strecken schnittfrei sind.

Die Idee der Durchlauftechnik ist bei vielen algorithmischen Fragen aus der Computergeometrie und -grafik anwendbar. Sie kann nicht nur für die Entscheidungsfrage „Liegen n Strecken schnittfrei vor?" sondern auch für Schnittberechnungen direkt verwendet werden. Betrachten wir nun den weiterreichenden Algorithmus von [Bentley/Ottmann 1979] zur Schnittberechnung von n Strecken $S_1,...,S_n$. Der Einfachheit halber nehmen wir dabei an, daß sich keine drei Strecken in einem Punkt schneiden und daß keine vertikalen Strecken existieren. Wählen wir die Lauflinie L parallel zur y-Achse und durchlaufen wir die Ebene von links nach rechts, so sind aufgrund der gemachten Annahmen Entartungsfälle ausgeschlossen.

Bei der Durchlauftechnik genügt es, die Lauflinie L von links nach rechts von sogenannten Transitionspunkten zu Transitionspunkten zu verschieben. Die Transitionspunkte einer ebenen Szene mit beliebigen Strecken sind die Anfangs- und Endpunkte der Strecken sowie die gesuchten Schnittpunkte selbst. Beim Durchlaufen einer Szene von Transitionspunkt zu Transitionspunkt haben wir die Garantie, daß zwischen Transitionspunkten keine topologischen Veränderungen auftreten. Zusätzlich sprechen wir von den aktiven Strecken einer Lauflinie L und bezeichnen damit alle Strecken, die von L in einem bestimmten Transitionspunkt geschnitten werden. Mit dieser Terminologie definieren wir die folgenden Datenstrukturen:

X-Warteschlange   Transitionspunkte sind die Endpunkte der Strecken rechts
                         von der Lauflinie L nach x-Koordinaten sortiert resp. schon
                         entdeckte Schnittpunkte

Y-Tabelle   Aktive Strecken S_k sind geordnet nach der Y-Koordinate
                         des Schnittpunktes von S_k mit der Lauflinie L

Die Lauflinie wird nun von Transitionspunkt zu Transitionspunkt gemäß den
Einträgen in der X-Warteschlange positioniert; einige neue x-Werte können beim
Entdecken von Schnittpunkten hinzukommen. Auf der X-Warteschlange gibt es
deshalb die folgenden Operationen:

min(p)   Finde p mit minimaler x-Koordinate und lösche p in der X-
                         Warteschlange

put(p)   Füge einen neuen Punkt p am entsprechenden Ort bezüg-
                         lich der x-Koordinate ein

In jedem Transitionspunkt wird die Y-Tabelle nachgeführt. Die Y-Tabelle ist ein
binärer Suchbaum, der die aktiven Strecken enthält. Dieses Verzeichnis stellt
die folgenden Operationen zur Verfügung:

insert(s)   Füge eine Strecke s in die Y-Tabelle ein

delete(s)   Lösche eine Strecke s in der Y-Tabelle

succ(s)   Gebe zu einer Strecke s die benachbarte Strecke über s

pred(s)   Gebe zu einer Strecke s die benachbarte Strecke unter s

change(s_i,s_j)   Vertausche die Strecke s_i mit s_j in der Y-Tabelle

Die Elementaroperationen insert, delete, succ und pred sind O(logn) Operationen; change kann durch geschickte Anpassung des Suchbaumes auf O(logn)
reduziert werden. Mit den definierten Datenstrukturen und Operationen sieht
der Schnittalgorithmus für beliebige Strecken in der Ebene wie folgt aus:

```
Algorithmus 8-11
(* Schnittberechnungen von Strecken nach [Bentley/Ottmann 1979]            *)

Input:    X-Queue=[(x1,y1),...,(x2n,y2n)]      (* Eckpunkte nach x sortiert    *)
          Y-Table={ }                          (* aktive Strecken              *)
Output:   {p}                                  (* Menge von Schnittpunkten     *)

PlaneSweep:
Begin
    while X-Queue <> { } do
    p := min(X-Queue)        .
    case p of
        Startpoint(Sj):                        (* Startpunkt als Transition    *)
            insert(Sj)
            Si := succ(Sj)
            Sk := pred(Sj)
            Pji := Intersect(Sj,Si)            (* Prüfung auf Schnittpunkt     *)
            Pjk := Intersect(Sj,Sk)
            if Pji  <> 0 then put(Pji)
            if Pjk <> 0 then put(Pjk)
        Endpoint(Sj):                          (* Endpunkt als Transition      *)
            Si := succ(Sj)
            Sk := pred(Sj)
            delete(Sj)
            Pik := Intersect(Si,Sk)
            if Pik=RightOf(L)
            then
               put(Pik)
        Crosspoint(Si,Sj):                     (* Schnittpunkt als Transition  *)
            change(Si,Sj)
            Sh := succ(Sj)
            Sk := pred(Si)
            Pjh := Intersect(Sj,Sh)
            Pik := Intersect(Si,Sk)
            if Pjh=RightOf(L)
            then
              put(Pjh)
            if Pik=RightOf(L)
            then
              put(Pik)
            Output(p)
end (* PlaneSweep *)
```

Zur Analyse der Zeitkomplexität setzen wir n Strecken voraus, und mit s bezeichnen wir die Anzahl der gesuchten Schnittpunkte. Wir stellen fest, daß im Algorithmus 8-11 die Schleife für jeden Start- und Endpunkt sowie für jeden Schnittpunkt einmal durchlaufen wird, d.h. $2 \cdot n + s$ mal. Die Operationen der Y-Tabelle verlangen den Aufwand $O(\log n)$, was zu einem zeitlichen Gesamtaufwand von $O((n+s) \cdot \log n)$ führt. Der Speicherbedarf ist $O(n+s)$ für die X-Warteschlange (Reduktion auf $O(n)$ nach [Brown 1981] möglich!) und $O(n)$ für die Y-Tabelle.

Die Klasse von Durchlaufalgorithmen ist sehr allgemein, besonders für zweidimensionale Fragestellungen. In [Nievergelt/Preparata 1982] ist ein $O((n+s) \cdot \log n)$ Algorithmus für beliebig geschlossene Polygonfiguren gegeben. Zum Lösen unterschiedlicher geometrischer und topologischer Fragen wie das Berechnen von Flächeninhalt, Kontur, Zusammenhang oder einer Triangulation wird neben der X-Warteschlange und der Y-Tabelle eine anwendungsbezogene Datenstruktur unterhalten. Auch die Verallgemeinerung von Durchlaufalgorithmen auf dreidimensionale Fragen gelingt beispielsweise für den Schnitt eines beliebigen Polyeders mit einem konvexen [Mehlhorn/Simon 1985]. Die Konvexität ist in diesem Fall notwendig, um eine totale Ordnungsrelation definieren zu können.

8.5.3   Geometrische Transformationen für Halbraumschnitt

Eine wichtige Methode zur Lösung algorithmischer Probleme basiert auf geometrischen Transformationen. Anstelle des direkten Lösens des ursprünglichen Problems werden die Objekte in einem geeignet transformierten Raum untersucht. Betrachten wir dazu ein Beispiel in der Ebene in Abb. 8-17. Jedem Punkt $p=(p_x,p_y)$ in der Ebene kann eine Gerade $T(p)$ in einem transformierten Raum zugeordnet werden, deren Punkte die Gleichung $y = p_x \cdot x - p_y$ erfüllen. Die Transformation T können wir auch dazu verwenden, Geraden g der Form $y=g_1 \cdot x+g_2$ in Punkte $T(g):=(g_1,-g_2)$ zu überführen.

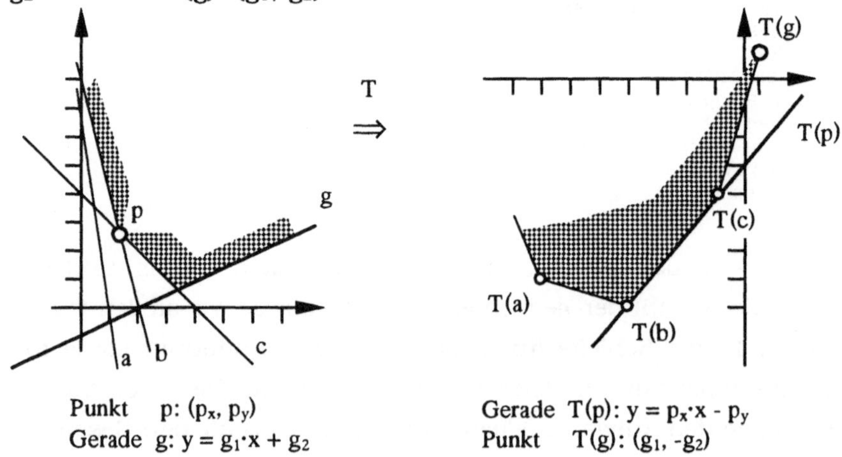

Abb. 8-17 Geometrische Transformation von Punkten und Geraden

Der Vorteil der Transformation leitet sich aus der folgenden Eigenschaft ab: Liegt der Punkt p über der Geraden g, so liegt der Punkt T(g) über der Geraden T(p) und umgekehrt. Zudem bleiben Koinzidenzen erhalten, d.h. liegt ein Punkt p auf der Geraden g, so geht die Gerade T(p) durch den Punkt T(g). Diese Dualität erlaubt nun, algorithmische Aspekte je nach Wunsch im Ursprungsraum oder im dualen Raum zu behandeln.

Als Anwendungsbeispiel geometrischer Transformationen behandeln wir den Schnitt von Halbräumen. Der Einfachheit halber nehmen wir an, daß die Grenzgeraden der Halbräume mit einer Richtung ausgezeichnet sind; dies erlaubt uns, von linken bzw. rechten Halbräumen einer Geraden zu sprechen. Der Durchschnitt von Halbräumen ist deshalb von Interesse, weil damit der Kern eines Polygons berechnet werden kann. Zum Kern gehören alle inneren Polygonpunkte, von welchen aus der gesamte Rand des Polygons sichtbar bleibt.

Es gilt die folgende Aussage: Der Kern eines im Gegenuhrzeigersinn orientierten Polygons ist der Durchschnitt seiner linken Halbräume. Zur Bestimmung des Kerns eines Polygons stellen wir fest, daß gewisse Halbräume redundant vorkommen. Die Halbebene H_k in Abb. 8-18 heißt redundant, wenn zwei Halbebenen H_i und H_j mit den folgenden Eigenschaften existieren:

i) Die Grenzgerade des Halbraumes H_k liegt über dem Schnittpunkt der beiden Grenzgeraden von H_i bzw. H_j

ii) Die Steigung der Grenzgeraden von H_k liegt zwischen den entsprechenden Steigungen der Grenzgeraden von H_i bzw. H_j

Im dualen Raum besteht natürlich eine analoge Aussage: Ein Punkt P_k im dualen Raum ist dann redundant, wenn er unter einer Strecke bestimmt durch zwei Punkte P_i und P_j liegt. Das „unter einer Strecke" liegen entspricht der Bedingung i), die Forderung „zwischen zwei Punkten (bezüglich der x-Achse)" entspricht ii).

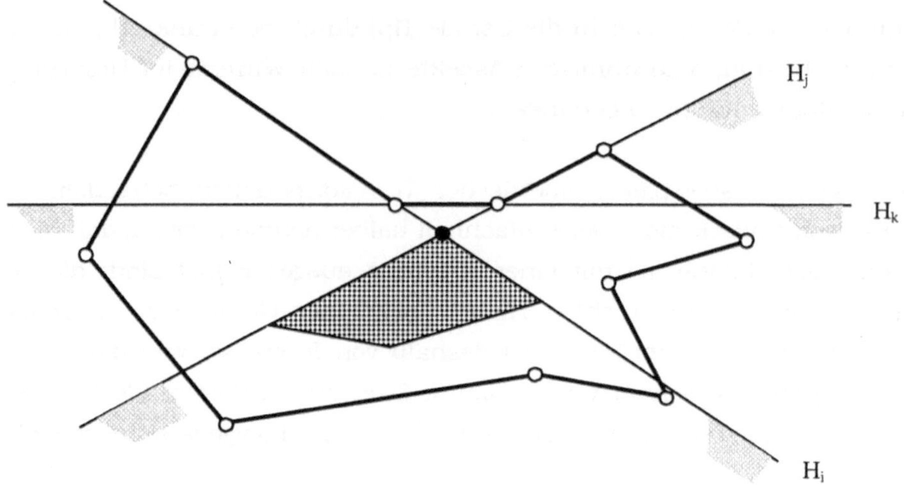

Abb. 8-18 Der Kern eines Polygons als Durchschnitt von Halbräumen

In [Brown 1979] wird gezeigt, daß die nicht redundanten Halbräume mit den Punkten der konvexen Hülle (je zweier Hälften) im Dualraum korrespondieren. Das Problem „Durchschnitt von Halbräumen" ist auf die Frage „Bestimmung der konvexen Hülle von Punkten" zurückgeführt (vgl. Abb. 8-18). Da die Berechnung der konvexen Hülle von n Punkten in der Ebene den Zeitaufwand O(n·logn) beansprucht, kann der Durchschnitt von n Halbräumen mit Hilfe geometrischer Transformationen in O(n·logn) Zeit bestimmt werden.

8.6 Nachbarschaften und Zerlegungsprobleme

Ein wichtiges geometrisches Suchproblem ist das sogenannte Postamtproblem:
Unter n Punkten M={P_1,...,P_n} in der Ebene (Postämter) bestimme man zu einem
vorgegebenen Punkt q den nächsten Punkt aus M. Ein eleganter Zugang zum
Postamtproblem geschieht mit Hilfe von Voronoi-Diagrammen. Diese unterteilen
die Ebene in Äquivalenzklassen, indem sie jedem Punkt P_i sein Voronoi-Polygon
V_i zuordnen. Das Suchen des nächsten Nachbarn kann auf das Bestimmen des
entsprechenden Voronoi-Polygons zurückgeführt werden (Punktlokalisierung!).

Betrachten wir n Punkte P_1,...,P_n in der Ebene. Das Voronoi-Polygon des Punktes P_i ist die Menge aller Punkte der Ebene, die näher bei P_i liegen als bei den
übrigen Punkten P_j mit i≠j. Es kann wie folgt gemäß der Abb. 8-19a konstruiert
werden: Wir bestimmen zu je zwei Punkten P_i und P_j mit i ≠ j die Mittelsenk-
rechte und den Halbraum H(P_i,P_j), der den Punkt P_i einschließt. Bilden wir den
Durchschnitt aller entsprechenden Halbräume des Punktes P_i, so erhalten wir
das Voronoi-Polygon:

$$V_i = \bigcap_{j=1,...,n \text{ mit } j\neq i} H(P_i,P_j)$$

Die Ebene kann nun vollständig mit den Voronoi-Polygonen V_1,...,V_n überdeckt
werden; dies führt zum Voronoi-Diagramm der Punkte P_1,...,P_n.

Verbindet man die Punkte P_i mit ihren jeweiligen Nachbarpunkten[2] P_j, erhält
man eine Unterteilung der Ebene in Dreiecke. Die dadurch entstehende, sogenannte Delaunay-Triangulierung ist die zum Voronoi-Diagramm duale Struktur.
Delaunay-Dreiecke haben die Eigenschaft, daß ein Umkreis eines Dreiecks keine
weiteren Punkte umschließt (Abb. 8-19b). Die äußeren Ränder der Delaunay-
Dreiecke bilden eine konvexe Hülle.

---

[2] Nachbarpunkte zu P_i sind Punkte die in Polygonen liegen, welche an V_i angrenzen.

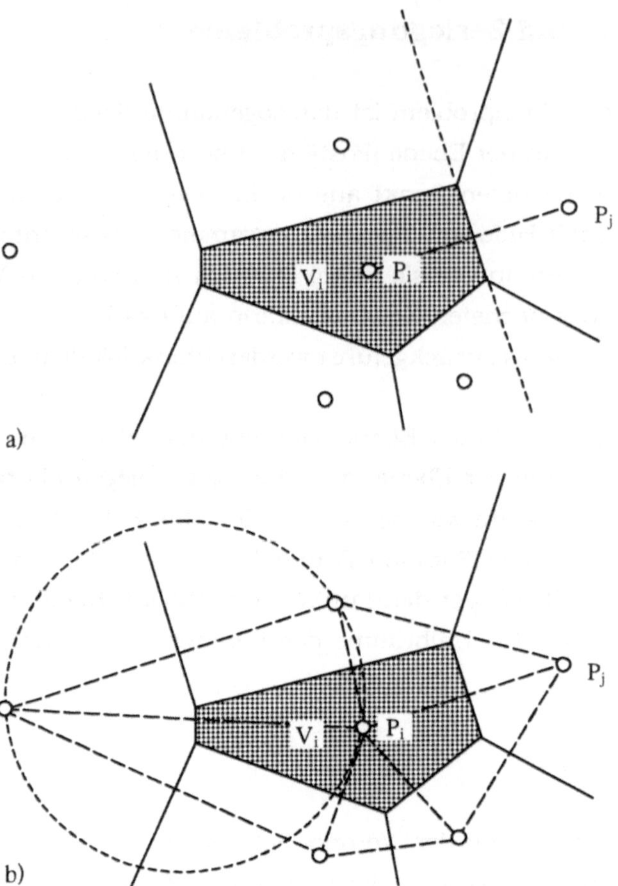

Abb. 8-19 a) Voronoi-Polygon und –Diagramm b) Delauney-
Triangulierung

Zur algorithmischen Konstruktion des Voronoi-Diagramms stellen wir fest, daß
ein Diagramm aus höchstens $O(n)$ Teilen besteht, auch wenn ein einzelnes
Voronoi-Polygon schon $O(n)$ Polygonkanten haben kann. Ein Voronoi-Polygon
läßt sich als Durchschnitt von Halbräumen gemäß Abschnitt 8.5.3 in der Zeit
$O(n{\cdot}logn)$ bilden; für das Diagramm würden wir somit Zeit $O(n^2{\cdot}logn)$ benötigen.
Wir skizzieren nun, wie die Konstruktion des Diagramms ebenfalls in der Zeit
$O(n{\cdot}logn)$ gelingt.

In [Shamos/Hoey 1975] ist ein Divide-et-Impera-Algorithmus angegeben, der die
Menge $M=\{P_1,...,P_n\}$ aufteilt, um rekursiv das Voronoi-Diagramm $VD(M)$ aus den
Teilmengen $VD(M_1)$ und $VD(M_2)$ zu erhalten. Der schwierigste Schritt ist zu zei-

gen, daß die Vereinigung von VD(M₁) mit VD(M₂) in linearer Zeit möglich ist. Dazu muß eine Trennlinie T mit der Eigenschaft

$$VD(M) = (VD(M_1) \cap T^+) \cup (VD(M_2) \cap T^-)$$

konstruiert werden, wenn T^+ den rechts von T liegenden Teil der Ebene und T^- den links von T liegenden Teil bezeichnet.

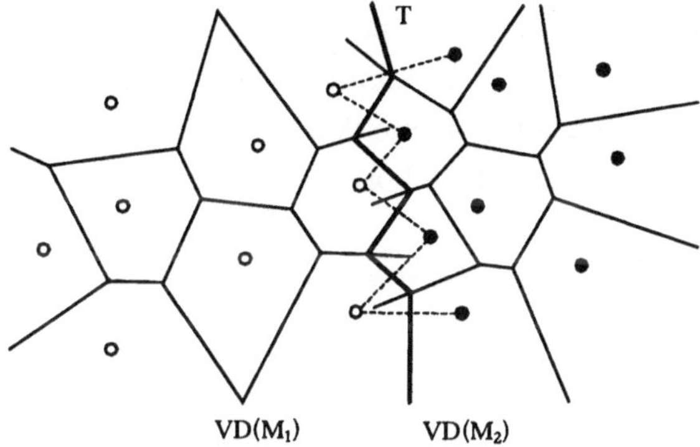

Abb. 8-20 Trennlinie T zweier Voronoi-Diagramme VD(M₁) und VD(M₂)

Die Trennlinie wird mit Hilfe der konvexen Hülle von M_1 und M_2 schrittweise aufgebaut. Aufgrund der Eigenschaft, daß die Voronoi-Polygone konvex sind, beansprucht der Vereinigungsschritt von VD(M₁) mit VD(M₂) den Zeitaufwand $O(m_1+m_2)$, wenn m_i die Kardinalität der Menge M_i bezeichnet (vgl. Abschnitt 8.4.4). Somit resultiert ein Zeitaufwand $O(n \cdot \log n)$ zur Konstruktion des Voronoi-Diagramms der Menge M.

Betrachten wir nun die Zeit- und Speicherkomplexität des Postamtproblems selbst. Da ein Voronoi-Diagramm eine Partition der Ebene darstellt, kann ein Punkt z.B. mit Hilfe monotoner Ketten (siehe Abschnitt 8.3.3) in der Suchzeit $O(\log n)$ und mit Zusatzspeicher $O(n)$ lokalisiert werden. Somit läßt sich das Postamtproblem mit $O(n)$ Speicher, $O(n \cdot \log n)$ Vorarbeit und $O(\log n)$ Suchzeit bewältigen.

Das Voronoi-Diagramm einer Menge von Punkten liefert eine Zerlegung der Ebene, mit derer Hilfe effiziente Suchalgorithmen für das Lokalisieren von Punkten entworfen werden können, vgl. z.B. [Kirkpatrick 1983].

8.7 Übungsaufgaben

1. Entwerfen Sie einen Algorithmus zur Triangulation eines konvexen sowie eines beliebigen Polygons.

2. Welche Vereinfachungen ergeben sich für den Punkt-im-Polygon-Test, wenn das Polygon trianguliert vorliegt?

3. Falls wir auf den Sortierschritt beim Divide-et-Impera Algorithmus für die Berechnung der konvexen Hülle verzichten, können sich die beiden zu vereinigenden konvexen Hüllen gegenseitig schneiden. Wie sieht ein entsprechender Algorithmus aus, der zwei beliebige konvexe Hüllen vereinigt?

4. Entwerfen Sie einen Plane-Sweep-Algorithmus, der die Schnittmenge von konvexen Polygonen in der Ebene berechnet.

5. Wie läßt sich der Plane-Sweep-Algorithmus verallgemeinern, wenn die Schnittpunkte beliebiger Polygone berechnet werden sollten (vgl. [Nievergelt/Preparata 1982])?

6. Vervollständigen Sie die y-Tabelle am Schluß der Abb. 8-16. Bei welchen Transitionen werden die vorkommenden Schnittpunkte gefunden?

Literaturverzeichnis

[Aldefeld 1983]
Aldefeld B.: On Automatic Recognition of 3D Structures from 2D Representations. Computer-Aided Design, Vol. 15, Nr. 2, March 1983, pp. 59-64

[Anand 1993]
Anand V. B.: Computer Graphics and Geometric Modeling for Engineers. John Wiley & Sons Inc. 1993

[Anton 1995]
Anton H.: Lineare Algebra, Spektrum, Akademischer Verlag, Heidelberg, 1995

[Aurenhammer 1991]
Aurenhammer F.: Voronoi Diagrams - A Survey of a Fundamental Data Structure. ACM Computing Surveys, Vol. 23, 1991, pp. 345-405

[Baer et al. 1979]
Baer A., Eastman C., Henrion M.: Geometric-Modelling - A Survey. Computer-Aided Design, Vol. 11, Nr. 5, September 1979, pp. 253-272

[Ballard/Brown 1982]
Ballard D.H., Brown C.M.: Computer Vision. Prentice Hall 1982

[Barnhill/Böhm 1983]
Barnhill R.E., Böhm W. (Eds.): Surfaces in CAGD. North-Holland 1983

[Barnhill/Riesenfeld 1974]
Barnhill R.E., Riesenfeld R.F.: Computer Aided Geometric Design. Academic Press 1974

[Barsky 1988]
Barsky B. A.: Computer Graphics and Geometric Modeling Using Betasplines. Springer 1988

[Baumgart 1975]
Baumgart B.G.: A Polyhedron Representation for Computer Vision. AFIPS Conference Proc., Vol. 44, 1975, pp. 589-596

[Bedworth/Henderson/Wolfe 1991]
Bedworth D., Henderson M. R., Wolfe P. M.: Computer Integrated Design and Manufacturing. McGraw-Hill, Inc. 1991

[Bentley 1975]
Bentley J.L.: Multidimensional Binary Search Trees Used for Associative Searching. CACM 18, 1975, pp. 509-517

[Bentley 1979]
Bentley J.L.: Multidimensional Binary Search Trees in Database Applications. IEEE Transactions on Software Engineering SE-5, Nr. 4, 1979, pp. 333-340

[Bentley/Ottmann 1979]
Bentley J.L., Ottmann T.: Algorithms for Reporting and Counting Geometric Intersections. IEEE Transactions on Computers, Vol. C-28, September 1979, pp. 643-647

[Besant 1983]
Besant C.B.: Computer-Aided Design and Manufacturing. Ellis Horwood Limited 1983

[Bieri/Nef 1983]
Bieri H., Nef W.: A Sweep-Plane Algorithm for Computing the Volume of Polyhedra Representation in Boolean Form. Linear Algebra and its Applications 52/53, 1983, pp. 69-97

[Bieri/Nef 1984]
Bieri H., Nef W.: Algorithms for the Euler Characteristic and Related Additive Functionals of Digital Objects. Computer Vision, Graphics, and Image Processing 28, 1984, pp. 166-175

[Böhm 1984]
Böhm W.: Efficient Evaluation of Splines. Computing 33, 1984, pp. 171-177

[Böhm et al. 1984]
Böhm W., Farin G., Kahmann J.: A Survey of Curve and Surface Methods in CAGD. Computer Aided Geometric Design 1, North-Holland 1984, pp. 1-60

[Böhm/Gose 1977]
Böhm W., Gose G.: Einführung in die Methoden der Numerischen Mathematik. Vieweg Verlag 1977

[Boyse/Gilchrist 1982]
Boyse J.W., Gilchrist J.E.: GMSolid - Interactive Modeling for Design and Analysis of Solids. IEEE Computer Graphics and Applications, Vol. 2, Nr. 2, March 1982, pp. 27-40

[Brady 1981]
Brady J.M. (Ed.): Computer Vision. North-Holland 1981

[Braid et al. 1980]
Braid I.C., Hillyard R.C., Stroud I.A.: Stepwise Construction of Polyhedra in Geometric Modeling. In: Brodlie K.W. (Ed.): Mathematical Methods in Computer Graphics and Design. Academic Press 1980, pp. 123-141

[Bresenham 1965]
Bresenham J.E.: Algorithm for Computer Control of Digital Plotter. IBM Systems Journal, Vol. 4, Nr. 1, 1965, pp. 25-30

[Bresenham 1977]
Bresenham J.E.: A Linear Algorithm for Incremental Digital Display of Circular Arcs. CACM, Vol. 20, Nr. 2, February 1977, pp. 100-106

[Brown 1979]
Brown K.Q.: Geometric Transformations for Fast Geometric Algorithms. Ph.D. Thesis, Dep. Computer Science, Carnegie-Mellon University, Pittsburgh, December 1979

[Brown 1981]
Brown K.Q.: Algorithms for Reporting and Counting Intersections. IEEE Transactions on Computers, Vol. 30, Nr. 2, 1981, pp. 147-148

[Brown 1982]
Brown C. M.: PADL-2: A Technical Summary. IEEE Computer Graphics and Applications. Vol. 2, No. 2, March 1982, pp. 69-84

[Brüderlin/Roller 1998]
Brüderlin B., Roller D. (eds): Geometric Constraint Solving and Applications. Springer 1998

[Burger/Gillies 1990]
Burger P. Gillies D.: 1990 Interactive Computer Graphics. Functional, Procedural and Device Level Methods. Addison Wesley 1990

[Burkhard 1983]
Burkhard W. A.: Interpolation-based Index Maintenance. BIT 23, 1983, pp. 274-294

[Chambers et al. 1983]
Chambers J.M., Cleveland W.S., Kleiner B., Tukey P.: Graphical Methods for Data Analysis. Wadsworth International Group, Duxbury Press, Boston 1983

[Chand/Kapur 1970]
Chand D.R., Kapur S.S.: An Algorithm for Convex Polytopes. Journal ACM, Vol. 17, Januar 1970, pp. 78-86

[Chang 1981]
Chang S.K.: Pictorial Information Systems. IEEE Computer (Special Issue), Vol. 14, Nr. 11, November 1981

[Cohen et al. 1980]
Cohen E., Lyche T., Riesenfeld R.F.: Discrete B-Splines and Subdivision Techniques in Computer Aided Geometric Design and Computer Graphics. Computer Graphics and Image Processing 14, 1980, pp. 87-111

[Cohen/Wallace 1993]
Cohen M.F., Wallace J. R.: Radiosity and Realistic Image Synthesis. Academic
Press 1993

[De Boor 1978]
De Boor C.: A Practical Guide to Splines. Springer 1978

[Dobkin/Lipton 1976]
Dobkin D.P., Lipton R.J.: Multidimensional Searching Problems. SIAM Journal
of Computing, Vol. 5, Nr. 2, June 1976, pp. 181-186

[Eastman/Henrion 1977]
Eastman C., Henrion M.: GLIDE: A Language for Design Information Systems.
Proc. SIGGRAPH '77, Computer Graphics, VOl. 11, No. 2, 1977, pp. 24 - 33

[Eastman/Weiler 1979]
EastmanC., Weiler K.: Geometric Modeling Using the Euler Operators. Proc.
First Annual Conference on Computer Graphics in CAD/CAM Systems, MIT
1979, pp. 248-259

[Edelsbrunner 1987]
Edelsbrunner H.: Algorithms in Combinatorial Geometry. Springer 1987

[Edelsbrunner et al. 1986]
Edelsbrunner H., Guibas L.J., Stolfi J.: Optimal Point Location in a Monotone
Subdivision. SIAM Journal of Computing 15, 1986, pp. 317-340

[Encarnação/Schlechtendahl 1983]
Encarnação J., Schlechtendahl E.G.: Computer Aided Design - Fundamentals
and System Architectures. Springer 1983

[Encarnação/Straßer/Klein 1996]
Encarnação J., Straßer W., Klein R.: Computer Graphics. Oldenbourg Verlag
1996

[Enderle et al. 1984]
Enderle G., Kansy K., Pfaff G.: Computer Graphics Programming - GKS The
Graphics Standard. Springer 1984

[Farin 1990]
Farin G.: Curves and Surfaces for Computer Aided Geometric Design. Academic Press 1990

[Faux/Pratt 1981]
Faux I.D., Pratt M.J.: Computational Geometry for Design and Manufacture. Ellis Horwood Ltd. 1981

[Fellner 1992]
Fellner W.D.: Computergrafik. BI-Wissenschaftsverlag 1992

[Ferguson 1964]
Ferguson J.C.: Multivariate Curve Interpolation. Journal ACM, Vol. 11, Nr. 2, 1964, pp. 221-228

[Flury B/Riedwyl 1983]
Flury B., Riedwyl H.: Angewandte multivariate Statistik - Computergestützte Analyse mehrdimensionaler Daten. G. Fischer Verlag 1983

[Foley/vanDam et al. 1994]
Foley J. D., vanDam A., Feiner S. K., Hughes J. F., Phillips R. L.: Introduction to Computer Graphics. Addison Wesley 1994

[Foley/vanDam/Feiner/Hughes 1990]
Foley J.D., van Dam A., Feiner S.K., Hughes J.F.: Fundamentals of Interactive Computer Graphics. Addison-Wesley 1990

[Giloi 1978]
Giloi W.K.: Interactive Computer Graphics - Data Structures, Algorithms, and Languages. Prentice Hall 1978

[GLUT]
http://www.opengl.org/developers/documentation/glut.html

[Gordon/Riesenfeld 1974]
Gordon W., Riesenfeld R.E.: B-Spline Curves and Surfaces. In: Barnhill R.E., Riesenfeld R.F. (Eds.): Computer Aided Geometric Design, Academic Press 1974, pp. 95-126

[Gouraud 1971]
Gouraud H.: Continuous Shading of Curved Surfaces. IEEE Transactions on Computers, C-20 (6) 1971, pp. 623 – 628.

[Graham 1972]
Graham R.L.: An Efficient Algorithm for Determining the Convex Hull of a Finite Planar Set. Information Processing Letters, Vol. 11, 1972, pp. 132-133

[Groover 1980]
Groover M.P.: Automation, Production Systems, and Computer-Aided Manufacturing. Prentice Hall 1980

[Güting/Wood 1984]
Güting R.H., Wood D.: Finding Rectangle Intersections by Divide-and-Conquer. IEEE Transactions on Computer, Vol. C-33, Nr. 7, July 1984, pp. 671-675

[Haeberli/Segal 1993]
Haeberli P., Segal M.: Texture Mapping as a fundamental Drawing Primitive, Silicon Graphics Computer Systems, 1993

[Harrington 1983]
Harrington S.: Computer Graphics - A Programming Approach. McGraw Hill 1983

[Hearn/Baker 1994]
Hearn D. Baker M. P.: Computer Graphics. Prentice Hall 1994

[Hill 1990]
Hill F. S.: Computer Graphics. Mcmillan Publishing Company 1990

[Hillyard 1982]
Hillyard R.C.: The Build Group of Solid Modelers. IEEE Computer Graphics and Applications, Vol. 2, Nr. 2, 1982, pp. 43-52

[Hinrichs 1985]
Hinrichs K.: Implementation of the GRID File - Design Concepts and Experience. BIT 25, 1985, pp. 569-592

[Hoffmann 1989]
Hoffmann C.: Geometric and Solid Modeling. Morgan Kaufmann 1989

[Huffman 1971]
Huffman D.A.: Impossible Objects as Nonsense Sentences. In: Meltzer B., Michie
D. (Eds.): Machine Intelligence 6. Edingburgh University Press, 1971, pp. 295-
323

[IRIT]
http://www.cs.technion.ac.il/~irit/

[Jared/Stroud 1983]
Jared G., Stroud I.: Local Operators in the BUILD System. In: Ellis T.M.R.,
Smenkov O.J. (Eds.): Advances in CAD/CAM. North-Holland 1983, pp. 55-65

[Jarvis 1973]
Jarvis R.A.: On the Identification of the Convex Hull of a Finite Set of Points in
the Plane. Information Processing Letters, Vol. 2, 1973, pp. 18-21

[Jeger 1973]
Jeger M.: Konstruktive Abbildungsgeometrie. Raeber Verlag 1973

[Kansy 1985]
Kansy K.: 3D Extensions to GKS. Computer & Graphics, Vol. 9, Nr. 3, 1985, pp.
267-273

[Kirkpatrick 1983]
Kirkpatrick D.G.: Optimal Search in Planar Subdivisions. SIAM Journal of Computing, Vol. 12, Nr. 1, 1983, pp. 28-35

[Kirkpatrick/Seidel 1982]
Kirkpatrick D.G., Seidel R.: The Ultimate Planar Convex Hull Algorithm? SIAM
Journal of Computing, Vol. 15, 1982, pp. 287-299

[Klein 1996]
Klein R.: Algorithmische Geometrie. Addison Wesley 1996

[Kleiner/Hartigan 1981]
Kleiner B., Hartigan J.A.: Representing Points in Many Dimensions by Trees and Castles (with Discussion). Journal of the Statistical Association 76, 1981, pp. 260-276

[Knuth 1979]
Knuth D.E.: TEX and METAFONT - New Directions in Typesetting. American Mathematical Society and Digital Press 1979

[Knuth 1985]
Knuth D. E.: The METAFONTbook. Addison Wesley 1985

[Lakatos 1976]
Lakatos I.: Proofs and Refutations - The Logic of Mathematical Discovery. Cambridge University Press 1976

[Lane/Carpenter/Whitted/Blinn 1980]
Lane J.M., Carpenter L.C., Whitted T., Blinn J.F.: Scan Line Methods for Displaying Parametrically Defined Surfaces. CACM, Vol. 23, Nr. 1, January 1980

[Lane/Riesenfeld 1980]
Lane J.M., Riesenfeld R.F.: A Theoretical Development for the Computer Generation of Piecewise Polynomial Surfaces. IEEE Transactions on Pattern Analysis and Machine Intelligence 2, 1980, pp. 35-46

[Laning/Madden 1979]
Laning J.H., Madden S.J.: Capabilities of the SHAPES System for Computer Aided Mechanical Design. Proc. 1st Annual Conf. Computer Graphics in CAD/CAM Systems, Cambridge, April 1979, pp. 223-231

[Laszlo 1996]
Laszlo M. J.: Computational Geometry and Applications in C++. Prentice Hall 1996

[Lee/Preparata 1977]
Lee D.T., Preparata F.P.: Location of a Point in a Planar Subdivision and its Applications. SIAM Journal of Computing, Vol. 16, Nr. 3, September 1977, pp. 594-606

[Lee/Preparata 1984]
Lee D.T., Preparata F.P.: Computational Geometry - A Survey. IEEE Transactions on Computers, Vol. C33, Nr. 12, December 1984, pp. 1072-1101

[Lee/Requicha 1982]
Lee Y.T., Requicha A.A.G.: Algorithms for Computing the Volume and other Integral Properties of Solids. CACM, Vol. 25, Nr. 9, September 1982, pp. 635-650

[Liang/Barsky 1983]
Liang Y-D., Barsky B.A.: An Analysis and Algorithm for Polygon Clipping. CACM, Vol. 26, Nr. 11, November 1983, pp. 868-877

[Liang/Barsky 1984]
Liang Y-D., Barsky B.A.: A New Concept and Method for Line Clipping. ACM Transactions on Graphics, Vol. 3, Nr. 1, January 1984, pp. 1-22

[Lorie/Meier 1984]
Lorie R.A., Meier A.: Using a Relational DBMS for Geographical Databases. Geo-Processing, Vol. 2, Nr. 3, 1984, pp. 243-257

[Magnenat-Thalmann/Thalmann 1985]
Magnenat-Thalmann N., Thalmann D.: Computer Animation - Theory and Practice. Springer 1985

[Mantyla M., Tamminen 1983]
Mantyla M., Tamminen M.: Localized Set Operators for Solid Modeling. Computer Graphics, Vol. 17, Nr. 3, July 1983, pp. 279-288

[Mantyla/Sulonen 1982]
Mantyla M., Sulonen R.: GWB - A Solid Modeler with Euler Operators. Computer Graphics and Applications, Vol. 2, Nr. 2, March 1982, pp. 1-97

[Markowska/Wesley 1980]
Markowska G., Wesley M.A.: Fleshing out Wire Frames. IBM Journal Research Development 24, 1980, pp. 582-597

[Markowska/Wesley 1981]
Markowska G., Wesley M.A.: Fleshing out Projections. IBM Journal Research Development 25, 1981, pp. 934-954

[McReynolds/Blythe 1999]
McReynolds T., Blythe D.: Advanced Graphics Programming Techniques Using OpenGL, SIGGRAPH '99 Course 29

[Meagher 1982]
Meagher D.: Geometric Modeling Using Octree Encoding. Computer Graphics and Image Processing 19, 1982, pp. 129-147

[Mehlhorn 1984]
Mehlhorn K.: Data Structures and Algorithms 3 - Multi-dimensional Searching and Computational Geometry. Springer 1984

[Mehlhorn/Simon 1985]
Mehlhorn K., Simon K.: Intersecting tow Polyhedra One of which is Convex. Interner Bericht, Universität Saarbrücken, 1985

[Meier 1986]
Meier A.: Applying Relational Database Techniques to Solid Modelling. Computer-Aided Design, Vol. 18, No. 6, 1986, pp. 319-326

[Messner/Taylor 1980]
Messner A.M., Taylor G.Q.: Solid Polyhedron Measures. Collected Algorithms from the ACM No 550. ACM Transactions on Mathematical Software. Vol 6, No. 1, March 1980 pp- 121 - 130

[Minsky/Papert 1969]
Minsky M., Papert S.: Perceptrons - An Introduction to Computational Geometry. The MIT Press Cambridge 1969

[Mortenson 1997]
Mortenson M. E.: Geometric Modeling. John Wiley 1997

[Mulmuley 1994]
Mulmuley K.: Computational Geometry - An Introduction through Randomized Algorithms. Prentice Hall 1994

[Nagy/Wagle 1979]
Nagy G., Wagle S.: Geographic Data Processing. Computing Surveys, Vol. 11, Nr. 2, 1979, pp. 139-181

[Naylor 1990]
Naylor B. F.: Binary Space Partition Trees as an Alternative Representation of Polytopes. Computer Aided Design, Vol. 22, No. 4, May 1990, pp. 250 - 253

[Nef 1978]
Nef W.: Beiträge zur Theorie der Polyeder mit Anwendungen in der Computer Graphik. Herbert Lang Verlag 1978

[Newell/Newell/Sancha 1972]
Newell M.E., Newell R.G., Sancha T.L.: A New Approach to the Shaded Picture Problem. Proc. ACM National Conference, 1972, pp. 443-450

[Newman/Sproull 1979]
Newman W.M., Sproull R.F.: Principles of Interactive Computer Graphics. McGraw Hill 1979

[Nievergelt et al. 1984]
Nievergelt J., Hinterberger H., Sevcik K.: The Grid File - An Adaptable, Symmetric Multikey File Structure. ACM Transactions on Database Systems, Vol. 9, Nr. 1, March 1984, pp. 38-71

[Nievergelt/Preparata 1982]
Nievergelt J., Preparata F.P.: Plane-Sweep Algorithms for Intersecting Geometric Figures. CACM, Vol. 25, Nr. 10, October 1982, pp. 739-747

[O' Rourke 1996]
O' Rourke J.: Computational Geometry in C. Cambridge University Press 1996

[Okino et al. 1973]
Okino N., Kakazu Y., Kubo H.: TIPS-1 - Technical Information Processing System for Computer-Aided Design, Drawing and Manufacturing. In: Hatvany J. (Ed.): Computer Languages for Numerical Control. North-Holland 1973, pp. 141-150

[OpenCascade]
http://www.opencascade.org/

[OpenGL]
http://www.opengl.org/

[OpenInventor]
Open Inventor 2.1 Release Notes
http://www.sgi.com/software/inventor/relnotes_2.1.html

[Pavlidis 1979]
Pavlidis T.: Filling Algorithms for Raster Graphics. Computer Graphics and Image Processing 10, 1979, pp. 126-141

[Pavlidis 1982]
Pavlidis T.: Algorithms for Graphics and Image Processing. Springer 1982

[Phong 1975]
Phong B-T. : Illumination for computer generated pictures. Communications of the ACM, volume 18, No. 6, June 1975, pp. 311-317

[Piegl/Tiller 1997]
Piegl L., Tiller W.: The NURBS Book. Springer 1997

[Pratt 1978]
Pratt W.K.: Digital Image Processing. John Wiley 1978

[Preiss 1984]
Preiss K.: Constructing the Solid Representation from Engineering Projections. Computer & Graphics, Vol. 8, Nr. 4, 1984, pp. 381-389

[Preparata/Hong 1977]
Preparata F.P., Hong S.J.: Convex Hulls of Finite Sets of Points in Two and Three Dimensions. CACM, Vol. 20, Nr. 2, February 1977, pp. 87-93

[Preparata/Shamos 1985]
Preparata F.P., Shamos M.I.: Computational Geometry. Springer 1985

[Rauber 1993]
Rauber T.: Algorithmen in der Computergraphik. Teubner 1993

[Requicha 1980]
Requicha A.A.G.: Representations for Rigid Solids - Theory, Methods and Systems. Computing Surveys, Vol. 12, Nr. 4, December 1980, pp. 437-464

[Robinson 1981]
Robinson J.T.: The k-d-B-Tree - A Search Stucture for Large Multidimensional Dynamic Indexes. Proc. ACM SIGMOD, Ann Arbor, Michigan 1981, p. 10-18

[Rogers 1985]
Rogers D.F.: Procedural Elements for Computer Graphics. McGraw-Hill 1985

[Roller 1995]
Roller D.: CAD: Effiziente Anpassung und Variantenkonstruktion. Springer 1995

[Rosenfeld/Kak 1982]
Rosenfeld A., Kak A.C.: Digital Image Processing. Academic Press 1982

[Roth 1982]
Roth S.D.: Ray Casting for Modeling Solids. Computer Graphics and Image Processing 18, 1982, pp. 109-144

[Samet 1984]
Samet H.: The Quadtree and Related Hierarchical Data Structures. Computing Surveys, Vol. 16, Nr. 2, June 1984, pp. 187-260

[Samet 1990]
Samet H.: The Design and Analysis of Spatial Data Structures. Addison Wesley 1990

[Sarraga 1982]
Sarraga R.F.: Computation of Surface Areas in GMSolid. IEEE Computer Graphics and Applications, September 1982, pp. 65-70

[Scheuermann/Ouskel 1982]
Scheuermann P., Ouskel M.: Multidimensional B-Trees for Associative Searching in Database Systems. Information Systems, Vol. 7, Nr. 2, 1982, pp. 123-137

[Sedgewick 1984]
Sedgewick A.: Algorithms. Addison Wesley 1984

[Shah/Nau/Mäntylä 1994]
Shah J., Nau D., Mäntylä M. (eds.): Advances in feature based manufacturing. North Holland, Elsevier 1994

[Shamos 1975]
Shamos M.I.: Geometric Complexity. Proc. 7th ACM Annual Symposium Theory of Computing, May 1975, pp. 224-233

[Shamos 1978]
Shamos M.I.: Computational Geometry. Ph.D. Thesis, Dep. Computer Science, Yale University, New Haven 1978

[Shamos/Hoey 1975]
Shamos M.I., Hoey D.: Closest-Point Problems. Proc. 16th IEEE Annual Symposium Foundation of Computer Science, October 1975, pp. 151-162

[Shamos/Hoey 1976]
Shamos M.I., Hoey D.: Geometric Intersection Problems. Proc. 17th IEEE Annual Symposium Foundation of Computer Science, October 1976, pp. 208-215

[Shapira 1974]
Shapira R.: A Technique for the Reconstruction of a Straight-Edge, Wire-Frame Object from Two or More Central Projections. Computer Graphics and Image Processing 3, 1974, pp. 318-326

[Shirley 2000]
Shirley P.: Realistic Ray Tracing. Peter, A K Peters, Limited, 2000

[Spur 1980]
Spur G.: Rechnerunterstützte Zeichnungserstellung und Arbeitsplanung. Carl Hanser Verlag 1980

[Spur/Krause 1984]
Spur G., Krause F.-L.: CAD Technik - Lehr und Arbeitsbuch für die Rechnerunterstützung in Konstruktion und Arbeitsplanung. Carl Hanser Verlag, München, 1984

[Sugihara 1982]
Sugihara K.: Mathematical Structures of Line Drawings of Polyhedrons - Toward Man-Machine Communication by Means of Line Drawings. IEEE Transactions on Pattern Analysis and Machine Intelligence 4, 1982, pp. 458-469

[Sutherland/Hodgeman 1974]
Sutherland I.E., Hodgeman G.W.: Reentrant Polygon Clipping. CACM, Vol. 17, Nr. 1, January 1974, pp. 32-42

[Sutherland/Sproull/Schumacker 1974]
Sutherland I.E., Sproull R.F., Schumacker R.A.: A Characterization of Ten Hidden-Surface Algorithms. ACM Computing Surveys, Vol. 6, Nr. 1, March 1974, pp. 1-55

[Tamminen 1982]
Tamminen M.: The Extendible Cell Method for Closest Point Problems. BIT 22, 1982, pp. 27-41

[Tiller 1983]
Tiller W.: Rational B-Splines for Curve and Surface Representation. IEEE Computer Graphics and Applications 3, 1983, pp. 61-69

[Tilove 1980]
Tilove R.B.: Set Membership Classification - A Unified Approach to Geometric Intersection Problems. IEEE Transactions on Computers, Vol. C29, Nr. 10, October 1980, pp. 874-883

[Tilove 1984]
Tilove R.B.: A Null-Object Detection Algorithm for Constructive Solid Geometry. CACM, Vol. 27, Nr. 7, 1984, pp. 684-694

[Warnock 1969]
Warnock J.E.: A Hidden-Surface Algorithm for Computer-Generated Halftone Pictures. Computer Science Department, University of Utah, TR 4-15, June 1969

[Watt 1990]
Watt A.: Fundamentals of Three-Dimensional Computer Graphics. Addison Wesley 1990

[Watt/Watt 1992]
Watt A. , Watt M.: Advanced Animation and Rendering Techniques. Theory and Practice. Addison Wesley 1992

[Weiler/Atherton 1977]
Weiler K., Atherton P.: Hidden Surface Removal Using Polygon Area Sorting. SIGGRAPH '77 Proc., Vol. 11, Nr. 2, 1977, pp. 214-222

[Whitted 1980]
Whitted J.T.: An Improved Illumination Model for Shaded Display. CACM, Vol. 23, 1980, pp. 343-349

[Wirth 1986]
Wirth N.: Algorithmen und Datenstrukturen. Teubner 1986

Stichwortverzeichnis